非线性算子不动点问题的迭代算法及其应用

何振华　李　蓉　著

科 学 出 版 社

北　京

内 容 简 介

本书研究了非线性算子不动点问题迭代逼近的收敛算法. 这些算法包括相同空间下的一些非线性算子不动点问题的迭代序列, 也包括不同空间下一些非线性算子不动点分裂问题的迭代序列, 并在合适的条件下验证了这些算法具有强收敛或者弱收敛性. 书中给出了许多非常初等的例子, 并通过这些例子说明一些非线性算子的关系、有界线性算子范数的计算等, 使得更容易理解这些抽象的非线性算子概念及其不动点迭代算法.

本书适合高年级数学本科生或者研究不动点迭代算法的研究生阅读, 也可以供与算法相关的科技工作者阅读.

图书在版编目(CIP)数据

非线性算子不动点问题的迭代算法及其应用/何振华, 李蓉著. —北京：科学出版社, 2023.6

ISBN 978-7-03-075849-1

Ⅰ. ①非… Ⅱ. ①何… ②李… Ⅲ. ①非线性算子-迭代法 Ⅳ. ①O177.6

中国国家版本馆 CIP 数据核字(2023)第 108877 号

责任编辑: 李 欣 贾晓瑞 / 责任校对: 杨聪敏

责任印制: 吴兆东 / 封面设计: 无极书装

科 学 出 版 社 出版

北京东黄城根北街 16 号

邮政编码: 100717

http://www.sciencep.com

北京九州迅驰传媒文化有限公司印刷

科学出版社发行 各地新华书店经销

*

2023 年 6 月第 一 版 开本: 720×1000 1/16

2024 年 1 月第二次印刷 印张: 10 3/4

字数: 217 000

定价: 88.00 元

(如有印装质量问题, 我社负责调换)

前　言

非线性系统是从某些物理现象或者某些经济现象抽象出来的数学模型. 通过研究这些抽象的数学模型, 来达到理解相应的物理现象或者经济现象的目的. 对非线性系统的研究, 既有定性研究 (比如研究系统本身的性质, 如解的存在性、稳定性等, 这类研究形成一类重要的数学分支——定性理论), 又有求解方面的研究 (比如系统的近似解算法等).

如果非线性系统满足一定条件, 那么系统解的问题可以转化为非线性映射的不动点问题. 当非线性映射不动点存在时, 构造合适的算法使之收敛到不动点, 是不动点理论的重要研究方向之一. 通常情况下, 一种数值方法对应求解一个系统, 然而, 运用不动点迭代方法求解时, 结合 Banach 空间几何理论, 可以实现一个算法求解多个问题的目的, 这是其他算法不具备的. 因此, 不动点迭代算法是非线性问题的一种重要求解方法. 这种方法不仅仅适合求解单个系统, 也可以用来求解多系统的同步解问题 (多系统的分裂解问题), 在理论上实现一个算法求解多个问题.

本书共 12 章. 第 1 章介绍一些基础知识. 第 2 章讨论了混合变分不等式的迭代算法. 第 3 章和第 4 章讨论了增生算子零点的迭代算法. 第 5 章讨论了均衡问题公共解的迭代算法. 第 6—12 章, 着重讨论了多系统的同步解问题 (多系统的分裂解问题), 建立了弱收敛或者强收敛的迭代算法, 给出了一些比较初等的例子说明相关概念, 也给出了一些例子说明相关算法. 这些例子非常有助于初步涉足这一领域的读者的学习.

许多国内外专家学者从事不动点迭代算法的研究, 取得丰硕的研究成果, 本书仅列出部分相关参考文献. 本书的写作完成, 参考了同行的研究成果, 对未及列出的参考文献的作者深表歉意. 前期工作的完成, 始终得到过本领域许多专家教授帮助指导, 在这里对所有帮助过的专家教授表示衷心的感谢!

阅读本书需要一些线性泛函和非线性泛函的知识. 本书适合从事不动点迭代算法研究的硕士生和相关的科技工作者阅读.

限于作者水平, 书中疏漏或者不足之处难以避免, 请读者批评指正.

何振华　李　蓉

2022 年 8 月

目　录

第 1 章　预 备 知 识

本章介绍一些基本的概念和引理, 其中有一部分概念或者引理可以从常见的线性泛函分析书或者非线性泛函分析类书籍中找到, 比如文献 [22, 94, 113, 116], 这里就不一一给出了, 其余的概念或者引理都给出了引用的参考文献.

1.1　概 念 介 绍

定义 1.1　设 $\mathbf{X}$ 是非空集合, 函数 $d: \mathbf{X} \times \mathbf{X} \longrightarrow [0, +\infty)$. 称 d 是 $\mathbf{X}$ 上的一个距离函数, 如果 $\forall x, y \in \mathbf{X}$, d 满足下面的条件:

(1) 非负性: $d(x,y) \geqslant 0$, 且 $d(x,y) = 0$ 当且仅当 $x = y$;

(2) 对称性: $d(x,y) = d(y,x)$;

(3) 三角不等式: $d(x,y) \leqslant d(x,z) + d(z,y)$.

如果集合 $\mathbf{X}$ 中定义了距离函数 d, 则称 $\mathbf{X}$ 是距离空间, 记作 $(\mathbf{X}, d)$.

定义 1.2　设 $\{x_n\}$ 是距离空间 $\mathbf{X}$ 中的一个点列. 如果任意正整数 m 和 n, $m > n \geqslant 1$, 有

$$\lim_{n\to\infty} d(x_n, x_m) = 0,$$

则称 $\{x_n\}$ 是 $\mathbf{X}$ 中的一个柯西列. 进一步, 如果存在 $x^* \in \mathbf{X}$ 使得

$$\lim_{n\to\infty} d(x_n, x^*) = 0,$$

则称 $\{x_n\}$ 在 $\mathbf{X}$ 中收敛, x^* 是其极限. 如果 $\mathbf{X}$ 的任意柯西列都收敛, 则称 $\mathbf{X}$ 是完备的距离空间.

定义 1.3　设 $\mathbf{X}$ 是非空集合, $\mathbb{K}$ 是实数域或复数域. 称 $\mathbf{X}$ 是数域 $\mathbb{K}$ 上的线性空间, 如果 $\forall x, y, z \in \mathbf{X}$, $\forall \alpha, \beta \in \mathbb{K}$, 下面的条件成立:

(1) $x + y = y + x$;

(2) $(x + y) + z = x + (y + z)$;

(3) 存在唯一的零元 $\theta \in X$, 使得 $x + \theta = \theta + x$;

(4) 存在唯一的 $w \in \mathbf{X}$, 使得 $x + w = \theta$, 通常把 w 写成 $-x$;

(5) $\alpha(\beta x) = (\alpha\beta)x$;

(6) $1x = x$;

(7) $(\alpha+\beta)x=\alpha x+\beta x$;

(8) $\alpha(x+y)=\alpha x+\alpha y$.

如果 $\mathbb{K}$ 是实数域, 则称 $\mathbf{X}$ 是实线性空间, 如果 $\mathbb{K}$ 是复数域, 则称 $\mathbf{X}$ 是复线性空间.

定义 1.4 设 $\mathbf{X}$ 是线性空间, 映射 $\|\cdot\|:\mathbf{X}\longrightarrow[0,+\infty)$. 称 $\|\cdot\|$ 是 $\mathbf{X}$ 上的一个范数, 如果 $\forall x,y\in\mathbf{X}$, $\forall\alpha\in\mathbb{K}$, $\|\cdot\|$ 满足下面的条件:

(1) 非负性: $\|x\|\geqslant 0$, 且 $\|x\|=0$ 当且仅当 $x=\theta$;

(2) 正齐次性: $\|\alpha x\|=|\alpha|\|x\|$;

(3) 三角不等式: $\|x+y\|\leqslant\|x\|+\|y\|$.

如果线性空间 $\mathbf{X}$ 中定义了范数 $\|\cdot\|$, 则称 $\mathbf{X}$ 是赋范空间, 记作 $(\mathbf{X},\|\cdot\|)$.

注 1.1 如果 $\mathbf{X}$ 是赋范空间, 则 $d(x,y)=\|x-y\|$ 是 $\mathbf{X}$ 的一个距离函数. 因此 $\mathbf{X}$ 也是一个距离空间. 特别地, 如果 $\mathbf{X}$ 在该距离的意义下是完备的, 则称 $\mathbf{X}$ 是完备的赋范空间或 Banach 空间.

定义 1.5 设 $\mathbf{H}$ 是数域 $\mathbb{K}$ 上的线性空间. 映射 $\langle\cdot,\cdot\rangle:\mathbf{H}\times\mathbf{H}\longrightarrow\mathbb{K}$. 称 $\langle\cdot,\cdot\rangle$ 是 $\mathbf{H}$ 中的一个内积, 如果 $\forall x,y,z\in\mathbf{H}$, $\forall\alpha,\beta\in\mathbb{K}$, $\langle\cdot,\cdot\rangle$ 满足下面的条件:

(1) 非负性: $\langle x,x\rangle\geqslant 0$, 且 $\langle x,x\rangle=0$ 当且仅当 $x=\theta$;

(2) 共轭对称性: $\langle x,y\rangle=\overline{\langle y,x\rangle}$;

(3) 关于第一变元线性性: $\langle\alpha x+\beta y,z\rangle=\alpha\langle x,z\rangle+\beta\langle y,z\rangle$.

注 1.2 定义了内积的线性空间 $\mathbf{H}$ 称为内积空间, 记作 $(\mathbf{H},\langle\cdot,\cdot\rangle)$. 如果任意 $x\in\mathbf{H}$, 定义 $\|x\|=\sqrt{\langle x,x\rangle}$, 则易知 $\|x\|$ 是 $\mathbf{H}$ 的一个范数, 并称 $\|x\|$ 是 $\mathbf{H}$ 的内积诱导出的范数. 因此, 内积空间也是赋范空间. 特别地, 如果 $\mathbf{H}$ 在内积诱导的范数的意义下是完备的, 则称 $\mathbf{H}$ 是完备的内积空间 (Hilbert 空间).

定义 1.6 设 $\mathbf{H}_1$ 和 $\mathbf{H}_2$ 是两个实的 Hilbert 空间. $A:\mathbf{H}_1\to\mathbf{H}_2$ 和 $B:\mathbf{H}_2\to\mathbf{H}_1$ 是两个有界线性算子. B 被称为是 A 的伴随算子, 如果任意 $z\in\mathbf{H}_1, w\in\mathbf{H}_2$, B 满足 $\langle Az,w\rangle=\langle z,Bw\rangle$. 特别地, 如果 $\mathbf{H}_1=\mathbf{H}_2$, 则称 B 是 A 的自伴算子.

众所周知, 一个有界线性算子的伴随算子总是存在的, 而且也是有界的、线性的和唯一的. 两个互为伴随算子的算子范数总是相同的, 即如果 B 是 A 的伴随算子, 则有$\|A\|=\|B\|$.

定义 1.7 (投影映射/算子) 设 K 是 Hilbert 空间 $\mathbf{H}$ 的非空闭凸子集. 对每一个 $x\in\mathbf{H}$, 在 K 中存在唯一距离 x 最近的点 (用 $P_K(x)$ 表示该点), 使得

$$\|x-P_K(x)\|\leqslant\|x-y\|,\quad\forall y\in K,$$

其中 P_K 被称为从 $\mathbf{H}$ 到 K 的度量投影映射 (有时也称为投影算子).

众所周知, 投影映射 P_K 具有下面的性质.

性质 1.1[86] 设 K 是 Hilbert 空间 $\mathbf{H}$ 的非空闭凸子集, P_K 是投影映射, 则

(1) 对任意 $x, y \in \mathbf{H}$,

$$\langle x - y, P_K x - P_K y \rangle \geqslant \|P_K x - P_K y\|^2; \tag{1.1}$$

(2) 对任意 $x \in \mathbf{H}$, $z \in K$,

$$z = P_K(x) \Leftrightarrow \langle x - z, z - y \rangle \geqslant 0, \quad \forall y \in K; \tag{1.2}$$

(3) 对任意 $x \in \mathbf{H}$, $y \in K$,

$$\|y - P_K(x)\|^2 + \|x - P_K(x)\|^2 \leqslant \|x - y\|^2. \tag{1.3}$$

定义 1.8 均衡问题

K 是实 Hilbert 空间 $\mathbf{H}$ 的非空闭凸子集, $\langle \cdot, \cdot \rangle$ 和 $\|\cdot\|$ 分别表示 $\mathbf{H}$ 的内积和范数. $\mathbf{R}$ 表示实数集. f 是从 $K \times K$ 到 $\mathbf{R}$ 的双变量函数. 经典的均衡问题如下: 找 $x \in K$ 使得

$$f(x, y) \geqslant 0, \quad \forall y \in K. \tag{1.4}$$

注 1.3 在物理、优化和经济中的许多问题都可以转化为问题 (1.4) 的形式, 见文献 [5, 63], 它包含了经典的变分不等式问题作为特例:

$$\text{找一个元 } x \in K \text{ 使得 } \langle Ax, y - x \rangle \geqslant 0, \quad \forall y \in K,$$

其中 $A : K \to K$ 是非线性算子.

因此问题 (1.4) 是很重要的数学模型. 许多文献都把问题 (1.4) 称为均衡问题 (或者平衡问题). 一般是建立迭代算法求解问题 (1.4).

在一定的条件下, 问题 (1.4) 可以转化为不动点问题, 然后通过非线性算子不动点算法给出近似解. 由于问题 (1.4) 的重要性, 本书也对问题 (1.4) 及其推广形式进行讨论.

定义 1.9[72] 称 Banach 空间 $\mathbf{E}$ 是满足 Opial 条件的, 如果 $\mathbf{E}$ 中任意弱收敛到 $x \in \mathbf{E}$ 的序列 $\{x_n\}$, 都有

$$\liminf_{n \to \infty} \|x_n - x\| < \liminf_{n \to \infty} \|x_n - y\|, \quad \forall y \in \mathbf{E}, \quad y \neq x.$$

注 1.4 众所周知, 如果 $\mathbf{H}$ 是 Hilbert 空间, 则 $\mathbf{H}$ 是满足 Opial 条件的[86].

定义 1.10 设 K 是实 Hilbert 空间的非空闭凸子集, T 是从 K 到 K 的映射. 称 T 是零点半闭的, 如果 $\{x_n\} \subset K$ 满足 $\|x_n - Tx_n\| \to 0$ 和 $x_n \rightharpoonup z \in K$ 时, 有 $Tz = z$. 符号 $\rightharpoonup$ 表示弱收敛.

定义 1.11[86]　设 $\mathbf{E}$ 是实 Banach 空间, $\mathbf{E}^*$ 是 $\mathbf{E}$ 的对偶空间. 定义 $x \in \mathbf{E}$, $J(x) = \{f \in \mathbf{E}^* : \langle x, f\rangle = \|x\|^2 = \|f\|^2\}$, 称 J 是从 $\mathbf{E}$ 到 $2^{\mathbf{E}^*}$ 正规对偶映射, 其中 $\langle\cdot,\cdot\rangle$ 表示 $\mathbf{E}$ 和 $\mathbf{E}^*$ 的正规对偶对.

定义 1.12　设 $\mathbf{E}$ 是 Banach 空间, $S_{\mathbf{E}}$ 和 $B_{\mathbf{E}}$ 分别是 $\mathbf{E}$ 的单位球面和闭单位球. 若任意 $x, y \in S_{\mathbf{E}}$,

$$\lim_{t\to 0}\frac{\|x+ty\|-\|x\|}{t}$$

存在, 则称 $\mathbf{E}$ 是光滑的. 若上述极限一致收敛到 $S_{\mathbf{E}}$ 中的一个元素, 则称 $\mathbf{E}$ 是一致光滑的. 若任意 $x, y \in S_{\mathbf{E}}$ 且 $x \neq y$, 不等式 $\left\|\dfrac{x+y}{2}\right\| < 1$ 成立, 则称 $\mathbf{E}$ 是严格凸的.

$\mathbf{E}$ 上的凸模 $\delta_{\mathbf{E}}$ 定义为

$$\delta_E(\varepsilon) := \inf\left\{1-\left\|\frac{x+y}{2}\right\|\,\middle|\, x, y \in B_E, \|x-y\| \geqslant \varepsilon\right\},\quad \forall \varepsilon \in [0,2].$$

若 $\forall \varepsilon \in (0,2]$, 有 $\delta_{\mathbf{E}}(\varepsilon) > 0$, 则称 $\mathbf{E}$ 是一致凸的.

注 1.5　如果 $\mathbf{E}^*$ 是严格凸的, 则 J 是单值的. 本书中, 单值的正规对偶映射用 j 表示.

定义 1.13　设 K 是 $\mathbf{H}$ 的非空闭凸子集, f 是从 $K\times K$ 到 $\mathbf{R}$ 的双变量函数. 称 f 是满足条件 (A1)—(A4) 的, 如果 f 满足:

(A1) $f(x,x) = 0$, 任意 $x \in K$;

(A2) f 是单调的, 也就是说, $f(x,y) + f(y,x) \leqslant 0$, 任意 x, $y \in K$;

(A3) 任意 $x, y, z \in K$, $\lim_{t\downarrow 0} f(tz + (1-t)x, y) \leqslant F(x,y)$;

(A4) 任意 $x \in K$, $y \mapsto f(x,y)$ 是凸的和下半连续的.

定义 1.14　设 K 是实赋范空间的非空闭凸子集, T 是从 K 到 K 的映射. 称 T 是非扩张映射, 如果 $x, y \in K$, 满足 $\|Tx - Ty\| \leqslant \|x - y\|$.

1.2　引　　理

引理 1.1[97]　设 $\{a_n\}$ 是非负实数列, 且

$$a_{n+1} \leqslant (1-\alpha_n)a_n + \alpha_n\sigma_n + \gamma_n,\quad \forall n \geqslant 0,$$

其中 $\alpha_n \in (0,1)$, $\sigma_n, \gamma_n \in \mathbf{R}$ 满足

(1) $\sum_{n=0}^{\infty}\alpha_n = \infty$;

(2) $\limsup_{n\to\infty}\sigma_n \leqslant 0$;

(3) $\gamma_n \geqslant 0$, $\sum_{n=0}^{\infty}\gamma_n < \infty$,

则 $\lim_{n\to\infty} a_n = 0$.

下面的引理 1.2 和引理 1.3 是引理 1.1 的变形形式.

引理 1.2[17]　设 $\{a_n\}$, $\{b_n\}$ 和 $\{c_n\}$ 是三个非负实数列, 且满足下面条件:

$$a_{n+1} \leqslant (1-\lambda_n)a_n + b_n + c_n, \quad \forall n \geqslant n_0,$$

其中 n_0 是非负整数. 设

(1) $\lambda_n \in (0,1)$, $\sum_{n=0}^{\infty} \lambda_n = \infty$;

(2) $b_n = o(\lambda_n)$;

(3) $\sum_{n=0}^{\infty} c_n < \infty$,

则 $a_n \to 0\ (n\to\infty)$.

引理 1.3[98]　设 $\{a_n\}$ 是一非负实数列, 并满足如下条件:

$$a_{n+1} \leqslant (1-\lambda_n)a_n + \gamma_n, \quad n \geqslant 0.$$

设

(1) $\lambda_n \in (0,1)$, $\sum_{n=0}^{\infty} \lambda_n = \infty$ 或者 $\prod_{n=0}^{\infty}(1-\lambda_n) = 0$;

(2) $\limsup_{n\to\infty} \dfrac{\gamma_n}{\lambda_n} \leqslant 0$ 或者 $\sum_{n=0}^{\infty} |\gamma_n| < \infty$,

则 $\lim_{n\to\infty} a_n = 0$.

引理 1.4[16]　设 $\mathbf{E}$ 是实线性赋范空间, J 是 $\mathbf{E}$ 中的正规对偶映射, 则任意 $x, y \in \mathbf{E}$, $j(x+y) \in J(x+y)$, 有 $\|x+y\|^2 \leqslant \|x\|^2 + 2\langle y, j(x+y)\rangle$.

引理 1.5[79]　设 $\{x_n\}$ 和 $\{y_n\}$ 是 Banach 空间 $\mathbf{E}$ 中的有界序列. $\{\beta_n\} \subset [0,1]$ 满足

$$0 < \liminf_{n\to\infty} \beta_n \leqslant \limsup_{n\to\infty} \beta_n < 1.$$

如果 $x_{n+1} = \beta_n y_n + (1-\beta_n)x_n$,

$$\limsup_{n\to\infty}(\|y_{n+1}-y_n\| - \|x_{n+1}-x_n\|) \leqslant 0,$$

则 $\lim_{n\to\infty} \|y_n - x_n\| = 0$.

下面的引理虽然简单, 但是很有用.

引理 1.6[18]　设 $\mathbf{H}$ 是实 Hilbert 空间. $\forall x, y \in \mathbf{H}$, 则有:

(1) $\|x+y\|^2 \leqslant \|y\|^2 + 2\langle x, x+y\rangle$;

(2) $\|\alpha x + (1-\alpha)y\|^2 = \alpha\|x\|^2 + (1-\alpha)\|y\|^2 - \alpha(1-\alpha)\|x-y\|^2$, $\alpha \in \mathbf{R}$;

(3) $\|x-y\|^2 = \|x\|^2 + \|y\|^2 - 2\langle x, y\rangle$.

1994 年, Blum 和 Oettli[5, 63] 证明了下面的引理 1.7, 该引理在求解均衡问题中起到了关键作用.

引理 1.7[5]　设 K 是 $\mathbf{H}$ 的非空闭凸子集, f 是从 $K\times K$ 到 $\mathbf{R}$ 的双变量函数且满足条件 (A1)—(A4). 设 $r>0$ 和 $x\in\mathbf{H}$, 则存在 $z\in K$ 使得

$$f(z,y)+\frac{1}{r}\langle y-z,z-x\rangle\geqslant 0,\quad \forall y\in K.$$

引理 1.8[31]　设 K 是 $\mathbf{H}$ 的非空闭凸子集, f 是从 $K\times K$ 到 $\mathbf{R}$ 的双变量函数且满足条件 (A1)—(A4). 设 $r>0$ 和 $x\in\mathbf{H}$, 定义 $T_r^f:\mathbf{H}\to K$ 如下:

$$T_r^f(x)=\left\{z\in K:f(z,y)+\frac{1}{r}\langle y-z,z-x\rangle\geqslant 0,\forall y\in K\right\}.$$

则

(i) T_r^f 是单值的;

(ii) T_r^f 是相对非扩张映射, 也就是, 对任意 $x,y\in\mathbf{H}$, 成立

$$\|T_r^fx-T_r^fy\|^2\leqslant\langle T_r^fx-T_r^fy,x-y\rangle;$$

(iii) $F(T_r^f)=EP(f)$, 其中 $F(T_r^f)$ 表示映射 T_r^f 的不动点集;

(iv) $EP(f)$ 是闭凸子集, 其中 $EP(f)$ 表示均衡问题 (1.4) 的解集.

引理 1.9[43]　设 K 是 $\mathbf{H}$ 的非空闭凸子集. T_r^f 与引理 1.8 相同. 则对于 $r,s>0$ 和 $x,y\in\mathbf{H}$, 有

$$\|T_r^f(x)-T_s^f(y)\|\leqslant\|y-x\|+\frac{|s-r|}{s}\|T_s^f(y)-y\|.$$

证明　对于 $r,s>0$ 和 $x,y\in\mathbf{H}$, 根据引理 1.8 的 (i) 可知 $z_1=T_r^f(x)$, $z_2=T_s^f(y)$. 由 T_r^f 的定义知

$$f(z_1,u)+\frac{1}{r}\langle u-z_1,z_1-x\rangle\geqslant 0,\quad \forall u\in K \tag{1.5}$$

和

$$f(z_2,u)+\frac{1}{s}\langle u-z_2,z_2-y\rangle\geqslant 0,\quad \forall u\in K. \tag{1.6}$$

在 (1.5) 式和 (1.6) 式中分别取 $u=z_2$ 和 $u=z_1$, 则有

$$f(z_1,z_2)+\frac{1}{r}\langle z_2-z_1,z_1-x\rangle\geqslant 0 \tag{1.7}$$

和

$$f(z_2,z_1)+\frac{1}{s}\langle z_1-z_2,z_2-y\rangle\geqslant 0. \tag{1.8}$$

根据 f 满足条件 (A2), 从 (1.7) 式和 (1.8) 式得

$$\frac{1}{r}\langle z_2 - z_1, z_1 - x\rangle + \frac{1}{s}\langle z_1 - z_2, z_2 - y\rangle \geqslant 0,$$

这意味着

$$\langle z_2 - z_1, z_1 - x\rangle - \left\langle z_2 - z_1, r\frac{z_2 - y}{s}\right\rangle \geqslant 0.$$

因此

$$\left\langle z_2 - z_1, z_1 - z_2 + z_2 - x - \frac{r}{s}(z_2 - y)\right\rangle \geqslant 0,$$

即

$$\|z_2 - z_1\|^2 \leqslant \left\langle z_2 - z_1, z_2 - x - \frac{r}{s}(z_2 - y)\right\rangle \leqslant \|z_2 - z_1\| \left\|z_2 - x - \frac{r}{s}(z_2 - y)\right\|,$$

于是

$$\begin{aligned}\|z_2 - z_1\| &\leqslant \left\|z_2 - x - \frac{r}{s}(z_2 - y)\right\| \\ &\leqslant \|y - x\| + \left\|\left(1 - \frac{r}{s}\right)(z_2 - y)\right\| \\ &= \|y - x\| + \frac{|s - r|}{s}\|T_s^f(y) - y\|,\end{aligned}$$

也就是

$$\|T_r^f(x) - T_s^f(y)\| \leqslant \|y - x\| + \frac{|s - r|}{s}\|T_s^f(y) - y\|.$$

证完.

引理 1.10(半闭原理)[36] 设 $\mathbf{H}$ 表示实 Hilbert 空间, K 是 $\mathbf{H}$ 的闭凸子集. $S: K \to \mathbf{H}$ 是非扩张映射. 则 $I - S$ 在 K 中是半闭的, 其中 I 是恒等映射, 也就是, 如果 $x_n \rightharpoonup x \in K$ 和 $(I - S)x_n \to y$, 则 $x \in K$, $(I - S)x = y$. 符号 $\to$ 表示强收敛.

引理 1.11[45] 设 T_r^f 与引理 1.8 相同. 如果 $\mathscr{F}(T_r^f) = EP(f) \neq \varnothing$, 则任意 $x \in \mathbf{H}, x^* \in \mathscr{F}(T_r^F)$, $\|T_r^F x - x\|^2 \leqslant \|x - x^*\|^2 - \|T_r^F x - x^*\|^2$.

证明 根据引理 1.8 的 (ii) 和引理 1.6 的 (3) 可知

$$\begin{aligned}\|T_r^F x - x^*\|^2 &\leqslant \langle T_r^F x - x^*, x - x^*\rangle \\ &= \frac{1}{2}(\|T_r^F x - x^*\|^2 + \|x - x^*\|^2 - \|T_r^F x - x\|^2),\end{aligned}$$

即 $\|T_r^F x - x\|^2 \leqslant \|x - x^*\|^2 - \|T_r^F x - x^*\|^2$. 证完.

第 2 章 混合变分不等式问题的迭代算法

变分不等式问题先从研究单变量的情形开始, 再演变到研究双变量的形式, 并引进下半连续函数, 得到一类新的混合变分不等式问题. 本章利用预解算子研究松弛强制混合变分不等式问题解的迭代算法.

2.1 概念、问题和引理

设 $\mathbf{H}$ 是实 Hilbert 空间, 内积和范数分别是 $\langle\cdot,\cdot\rangle$ 和 $\|\cdot\|$. 设 I 表示 $\mathbf{H}$ 中的恒等映射, $T(\cdot,\cdot):\mathbf{H}\times\mathbf{H}\to\mathbf{H}$ 是非线性算子. $\partial\varphi$ 表示 φ 的次微分, 其中 $\varphi:\mathbf{H}\to\mathbf{R}\cup\{+\infty\}$ 是 $\mathbf{H}$ 中的真凸下半连续函数. 众所周知, $\partial\varphi$ 是极大单调算子 (极大单调算子的定义可参考非线性泛函分析书籍, 如 [86]).

1998 年, Noor[71] 考虑如下问题: 找 $u\in\mathbf{H}$, 使得

$$\langle Tu, v-u\rangle+\varphi(v)-\varphi(u)\geqslant 0,\quad \forall v\in\mathbf{H}. \tag{$*$}$$

问题 $(*)$ 被称为混合变分不等式问题. Noor[71] 给出如下的迭代求解算法:

$$u_{n+1}=u_n+Tu_n-Tu_{n+1}-\gamma R(u_n),\quad n=0,1,2,\cdots,$$

其中 $u_0\in\mathbf{H}$, $R(u_n)=u_n-J_\varphi[u_n-Tu_n]$, $\gamma\in(0,2)$, $J_\varphi=(I+\partial\varphi)^{-1}$ 是预解算子. 在合适的条件下, Noor 证明了该算法收敛到混合变分不等式的一个解. 问题 $(*)$ 也得到了 Bnouhachem 等的研究[6].

现在我们把 $(*)$ 推广成如下的问题:

找 x^*, $y^*\in\mathbf{H}$, 使得

$$\langle\rho T(y^*,x^*)+x^*-y^*, x-x^*\rangle+\varphi(x)-\varphi(x^*)\geqslant 0,\quad \forall x\in\mathbf{H}\text{ 和 }\rho>0; \tag{2.1}$$

$$\langle\eta T(x^*,y^*)+y^*-x^*, x-y^*\rangle+\varphi(x)-\varphi(y^*)\geqslant 0,\quad \forall x\in\mathbf{H}\text{ 和 }\eta>0. \tag{2.2}$$

如果 K 是 $\mathbf{H}$ 中的闭凸子集, $\varphi(x)=I_K(x)$, $x\in K$, 其中 I_K 是 K 中的示性函数, 其定义为

$$I_K(x)=\begin{cases}0, & \text{如果 } x\in K,\\ +\infty, & \text{其他},\end{cases}$$

那么问题 (2.1) 式和 (2.2) 式将变为: 找 x^*, $y^* \in K$, 使得

$$\langle \rho T(y^*, x^*) + x^* - y^*, x - x^* \rangle \geqslant 0, \quad \forall x \in K \text{ 和 } \rho > 0; \tag{2.3}$$

$$\langle \eta T(x^*, y^*) + y^* - x^*, x - y^* \rangle \geqslant 0, \quad \forall x \in K \text{ 和 } \eta > 0. \tag{2.4}$$

问题 (2.3) 式和 (2.4) 式已经得到 Chang 等的研究[17].

现在介绍问题 (2.1) 式和 (2.2) 式的特例.

(I) 如果 $\eta = 0$, 则问题 (2.1) 式和 (2.2) 式将变为: 找 $x^* \in \mathbf{H}$ 使得

$$\langle \rho T(J_\varphi(x^*), x^*) + x^* - J_\varphi(x^*), x - x^* \rangle + \varphi(x) - \varphi(x^*) \geqslant 0, \quad \forall x \in \mathbf{H} \text{ 和 } \rho > 0. \tag{2.5}$$

(II) 如果 $\rho = 1, \eta = 1$, 则问题 (2.1) 式和 (2.2) 式将变为: 找 x^*, $y^* \in \mathbf{H}$ 使得

$$\langle T(y^*, x^*) + x^* - y^*, x - x^* \rangle + \varphi(x) - \varphi(x^*) \geqslant 0, \quad \forall x \in \mathbf{H} \text{ 和 } \rho > 0; \tag{2.6}$$

$$\langle T(x^*, y^*) + y^* - x^*, x - y^* \rangle + \varphi(x) - \varphi(y^*) \geqslant 0, \quad \forall x \in \mathbf{H} \text{ 和 } \eta > 0. \tag{2.7}$$

(III) 如果 $T : \mathbf{H} \to \mathbf{H}$ 是单变量映射, 则问题 (2.1) 式和 (2.2) 式将变为: 找 x^*, $y^* \in \mathbf{H}$ 使得

$$\langle \rho T(y^*) + x^* - y^*, x - x^* \rangle + \varphi(x) - \varphi(x^*) \geqslant 0, \quad \forall x \in \mathbf{H} \text{ 和 } \rho > 0; \tag{2.8}$$

$$\langle \eta T(x^*) + y^* - x^*, x - y^* \rangle + \varphi(x) - \varphi(y^*) \geqslant 0, \quad \forall x \in \mathbf{H} \text{ 和 } \eta > 0. \tag{2.9}$$

(IV) 如果 $T : \mathbf{H} \to \mathbf{H}$ 是单变量映射, 且 $\rho = 1$, $\eta = 1$, 则问题 (2.1) 式和 (2.2) 式将变为: 找 x^*, $y^* \in \mathbf{H}$ 使得

$$\langle T(y^*) + x^* - y^*, x - x^* \rangle + \varphi(x) - \varphi(x^*) \geqslant 0, \quad \forall x \in \mathbf{H}; \tag{2.10}$$

$$\langle T(x^*) + y^* - x^*, x - y^* \rangle + \varphi(x) - \varphi(y^*) \geqslant 0, \quad \forall x \in \mathbf{H}. \tag{2.11}$$

注 2.1 如果 $\varphi(x) = I_K(x)$, 则问题 (2.10) 式和 (2.11) 式将变为: 找 x^*, $y^* \in K$ 使得

$$\langle \rho T(y^*) + x^* - y^*, x - x^* \rangle \geqslant 0, \quad \forall x \in K \text{ 和 } \rho > 0; \tag{2.12}$$

$$\langle \eta T(x^*) + y^* - x^*, x - y^* \rangle \geqslant 0, \quad \forall x \in K \text{ 和 } \eta > 0. \tag{2.13}$$

问题 (2.12) 式和 (2.13) 式已经被 Verma 等研究[92].

下面介绍一些定义和引理.

定义 2.1[7] 设 T 是极大单调算子, 与 T 相关的预解算子定义为: 任意 $\rho > 0$,

$$J_T(u) = (I + \rho T)^{-1}(u), \quad \forall u \in \mathbf{H}.$$

引理 2.1[7] 给定 $u \in \mathbf{H}$, 则 $z \in \mathbf{H}$ 满足不等式

$$\langle u - z, x - u \rangle + \rho\varphi(x) - \rho\varphi(u) \geqslant 0, \quad \forall x \in \mathbf{H},$$

当且仅当 $u = J_\varphi(z)$, 其中 $J_\varphi = (I + \rho\partial\varphi)^{-1}$ 是预解算子, $\rho > 0$ 是常数. 而且 J_φ 是非扩张映射, 也就是说, $u, v \in \mathbf{H}$, $\|J_\varphi v - J_\varphi u\| \leqslant \|v - u\|$.

引理 2.2 问题 (2.1) 式和 (2.2) 式等价于找 $x^*, y^* \in \mathbf{H}$ 使得

$$\begin{aligned} x^* &= J_\varphi(y^* - \rho T(y^*, x^*)), \quad \rho > 0; \\ y^* &= J_\varphi(x^* - \eta T(x^*, y^*)), \quad \eta > 0, \end{aligned}$$

其中 $J_\varphi = (I + \partial\varphi)^{-1}$.

证明 设 $x^*, y^* \in \mathbf{H}$ 是下面混合变分不等式的解:

$$\begin{aligned} &\langle \rho T(y^*, x^*) + x^* - y^*, x - x^* \rangle + \rho'\varphi(x) - \rho'\varphi(x^*) \geqslant 0, \quad \forall x \in \mathbf{H}, \quad \rho, \rho' > 0; \\ &\langle \eta T(x^*, y^*) + y^* - x^*, x - y^* \rangle + \eta'\varphi(x) - \eta'\varphi(y^*) \geqslant 0, \quad \forall x \in \mathbf{H}, \quad \eta, \eta' > 0. \end{aligned} \tag{$**$}$$

根据引理 2.1, 问题 $(**)$ 等价于

$$x^* = J_{1\varphi}(y^* - \rho T(y^*, x^*)), \quad \rho > 0; \quad y^* = J_{2\varphi}(x^* - \eta T(x^*, y^*)), \quad \eta > 0,$$

其中 $J_{1\varphi} = (I + \rho'\partial\varphi)^{-1}$, $J_{2\varphi} = (I + \eta'\partial\varphi)^{-1}$. 当 $\rho' = \eta' = 1$ 时, 问题 $(**)$ 退化成问题 (2.1) 式和 (2.2) 式, $J_{1\varphi} = J_{2\varphi} = (I + \partial\varphi)^{-1}$. 因此完成引理 2.1 的证明.

证完.

映射 $T : \mathbf{H} \to \mathbf{H}$ 被称为是 r-强单调的, 如果对 $x, y \in \mathbf{H}$, 成立

$$\langle T(x) - T(y), x - y \rangle \geqslant r\|x - y\|^2,$$

其中 $r > 0$. 这意味着

$$\|T(x) - T(y)\| \geqslant r\|x - y\|,$$

即 T 是 r-扩张映射. 特别地, 当 $r = 1$ 时, T 是扩张映射.

$T : \mathbf{H} \to \mathbf{H}$ 被称为是 μ-强制的[6, 71], 如果对于 $x, y \in \mathbf{H}$, 成立

$$\langle T(x) - T(y), x - y \rangle \geqslant \mu\|Tx - Ty\|^2, \quad 常数\ \mu > 0.$$

显然, 每一个 μ-强制映射 T 都是 $(1/\mu)$-Lipschitz 连续的.

$T : \mathbf{H} \to \mathbf{H}$ 被称为是松弛 γ-强制的, 如果存在常数 $\gamma > 0$ 使得

$$\langle T(x)-T(y),x-y\rangle \geqslant (-\gamma)\|Tx-Ty\|^2, \quad \forall x,y\in \mathbf{H}.$$

$T:\mathbf{H}\to\mathbf{H}$ 被称为是松弛 (γ,r)-强制的, 如果存在常数 γ, $r>0$ 使得

$$\langle T(x)-T(y),x-y\rangle \geqslant (-\gamma)\|Tx-Ty\|^2+r\|x-y\|^2, \quad \forall x,y\in \mathbf{H}.$$

上述最后一个定义中, 如果 $\gamma=0$, T 是 r-强单调的. 与强单调映射相比, 这类映射更一般. 易知有下面的隐含关系:

$$r\text{-强单调} \Rightarrow \text{松弛}\,(\gamma,r)\text{-强制}.$$

注 2.2 文献 [92] 给出了 r-强单调映射 T 的例子.

2.2 迭代算法

在这一节, 通过预解算子方法, 给出问题 (2.1) 式和 (2.2) 式的迭代解算法. 算法的收敛性分析将在 2.3 节给出.

算法 2.1 任取 x_0, $y_0\in\mathbf{H}$, 定义 $\{x_n\}$ 和 $\{y_n\}$ 为

$$\begin{cases} x_{n+1}=(1-\alpha_n)x_n+\alpha_n J_\varphi[y_n-\rho T(y_n,x_n)], \\ y_n=(1-\beta_n)x_n+\beta_n J_\varphi[x_n-\eta T(x_n,y_n)], \end{cases} \tag{2.14}$$

其中 $J_\varphi=(I+\partial\varphi)^{-1}$ 是预解算子, ρ 和 $\eta>0$ 是常数, $\{\alpha_n\}$, $\{\beta_n\}\subset[0,1]$.

如果 $T:\mathbf{H}\to\mathbf{H}$ 是单变量映射, 则算法 2.1 将退化成下面的形式:

算法 2.2 任取 x_0, $y_0\in\mathbf{H}$, 序列 $\{x_n\}$ 和 $\{y_n\}$ 按以下方式产生

$$\begin{cases} x_{n+1}=(1-\alpha_n)x_n+\alpha_n J_\varphi[y_n-\rho T(y_n)], \\ y_n=(1-\beta_n)x_n+\beta_n J_\varphi[x_n-\eta T(x_n)], \end{cases} \tag{2.15}$$

其中 $J_\varphi=(I+\partial\varphi)^{-1}$ 是预解算子, ρ 和 $\eta>0$ 是两个常数, $\{\alpha_n\}$, $\{\beta_n\}\subset[0,1]$.

如果在算法 2.1 中, $\beta_n=1$, 则有

算法 2.3 任取 $x_0\in\mathbf{H}$, 序列 $\{x_n\}$ 和 $\{y_n\}$ 按以下方式产生

$$\begin{cases} x_{n+1}=(1-\alpha_n)x_n+\alpha_n J_\varphi[y_n-\rho T(y_n,x_n)], \\ y_n=J_\varphi[x_n-\eta T(x_n,y_n)], \end{cases} \tag{2.16}$$

其中 $J_\varphi=(I+\partial\varphi)^{-1}$ 是预解算子, ρ 和 $\eta>0$ 是两个常数, $\{\alpha_n\}\subset[0,1]$.

如果在算法 2.1 中, $\eta=0$, $\beta_n=1$, 则有

算法 2.4 任取 $x_0\in\mathbf{H}$, 序列 $\{x_n\}$ 按以下方式产生

$$x_{n+1}=(1-\alpha_n)x_n+\alpha_n J_\varphi[J_\varphi(x_n)-\rho T(J_\varphi(x_n),x_n)], \tag{2.17}$$

其中 $J_\varphi=(I+\partial\varphi)^{-1}$ 是预解算子, $\rho>0$ 是常数, $\alpha_n\in[0,1]$.

2.3 算法的收敛性分析

本节分析算法 2.1 的收敛性, 其中映射 $T:\mathbf{H}\times\mathbf{H}\to\mathbf{H}$ 是松弛 (γ,r)-强制的, 且关于第一变量是 μ-Lipschitz 连续的.

定义 2.2 双变量映射 $T:\mathbf{H}\times\mathbf{H}\to\mathbf{H}$ 被称为是松弛 (γ,r)-强制的, 如果存在常数 γ, $r>0$ 使得对任意 x, $y\in\mathbf{H}$, 成立

$$\langle T(x,u)-T(x,v),x-y\rangle\geqslant(-\gamma)\|T(x,u)-T(y,v)\|^2+r\|x-y\|^2,\quad\forall u,v\in\mathbf{H}.$$

定义 2.3 映射 $T:\mathbf{H}\times\mathbf{H}\to\mathbf{H}$ 被称为是关于第一变量 μ-Lipschitz 连续的, 如果存在一个常数 $\mu>0$ 使得对任意 x, $y\in\mathbf{H}$, 成立

$$\|T(x,u)-T(y,v)\|\leqslant\mu\|x-y\|,\quad\forall\, u,v\in\mathbf{H}.$$

定理 2.1 设 $\mathbf{H}$ 是实 Hilbert 空间. $T(\cdot,\cdot):\mathbf{H}\times\mathbf{H}\to\mathbf{H}$ 是双变量松弛 (γ,r)-强制和关于第一变量 μ-Lipschitz 连续的. $(x^*,y^*)\in\mathbf{H}\times\mathbf{H}$ 是问题 (2.1) 式和 (2.2) 式的一个解, $\{x_n\},\{y_n\}$ 由算法 2.1 产生. 如果 $\{\alpha_n\}$, $\{\beta_n\}\subset[0,1]$ 满足条件:

(i) $\sum_{n=0}^{\infty}\alpha_n=\infty$;

(ii) $\lim_{n\to\infty}(1-\beta_n)=0$;

(iii) $0<\rho,\eta<\dfrac{2(r-\gamma\mu^2)}{\mu^2}$;

(iv) $r>\gamma\mu^2$,

则 $\{x_n\}$ 和 $\{y_n\}$ 分别强收敛到 x^* 和 y^*.

证明 因为 x^* 和 $y^*\in\mathbf{H}$ 是问题 (2.1) 式和 (2.2) 式的一个解, 因此

$$\begin{aligned}x^*&=J_\varphi(y^*-\rho T(y^*,x^*)),\quad\rho>0,\\y^*&=J_\varphi(x^*-\eta T(x^*,y^*)),\quad\eta>0.\end{aligned}$$

根据 (2.1) 式知

$$\begin{aligned}&\|x_{n+1}-x^*\|\\=&\|(1-\alpha_n)(x_n-x^*)+\alpha_n(J_\varphi[y_n-\rho T(y_n,x_n)]-J_\varphi[y^*-\rho T(y^*,x^*)])\|\\\leqslant&(1-\alpha_n)\|x_n-x^*\|+\alpha_n\|y_n-y^*-\rho[T(y_n,x_n)-T(y^*,x^*)]\|.\end{aligned}\tag{2.18}$$

注意到 T 是双变量松弛 (γ,r)-强制和关于第一变量 μ-Lipschitz 连续的, 因此

$$\|y_n-y^*-\rho[T(y_n,x_n)-T(y^*,x^*)]\|^2$$

$$\begin{aligned}
&= \|y_n - y^*\|^2 + \rho^2\|T(y_n, x_n) - T(y^*, x^*)\|^2 \\
&\quad -2\rho\langle T(y_n, x_n) - T(y^*, x^*), y_n - y^*\rangle \\
&\leqslant \|y_n - y^*\|^2 + \rho^2\mu^2\|y_n - y^*\|^2 - 2\rho r\|y_n - y^*\|^2 \\
&\quad +2\rho\gamma\|T(y_n, x_n) - T(y^*, x^*)\|^2 \\
&\leqslant \theta\|y_n - y^*\|^2. \qquad (2.19)
\end{aligned}$$

其中 $\theta = \sqrt{1 + \rho^2\mu^2 - 2\rho r + 2\rho r\mu^2} < 1$ (条件 (iii)). 把 (2.19) 式代入 (2.18) 式, 得

$$\|x_{n+1} - x^*\| \leqslant (1 - \alpha_n)\|x_n - x^*\| + \theta\alpha_n\|y_n - y^*\|. \qquad (2.20)$$

再从 (2.1) 式可知

$$\begin{aligned}
&\|y_n - y^*\| \\
&= \|(1 - \beta_n)(x_n - y^*) + \beta_n(J_\varphi[x_n - \eta T(x_n, y_n)] - J_\varphi[x^* - \eta T(x^*, y^*)])\| \\
&\leqslant (1 - \beta_n)\|x_n - y^*\| + \beta_n\|x_n - x^* - \eta[T(x_n, y_n) - T(x^*, y^*)]\| \\
&\leqslant (1 - \beta_n)\|x_n - x^*\| + (1 - \beta_n)\|x^* - y^*\| \\
&\quad +\beta_n\|x_n - x^* - \eta[T(x_n, y_n) - T(x^*, y^*)]\|. \qquad (2.21)
\end{aligned}$$

类似地, 可以获得

$$\begin{aligned}
&\|x_n - x^* - \eta[T(x_n, y_n) - T(x^*, y^*)]\|^2 \\
&= \|x_n - x^*\|^2 + \eta^2\|T(x_n, y_n) - T(x^*, y^*)\|^2 \\
&\quad -2\eta\langle T(x_n, y_n) - T(x^*, y^*), x_n - x^*\rangle \\
&\leqslant \|x_n - x^*\|^2 + \eta^2\mu^2\|x_n - x^*\|^2 + 2\eta\gamma\|T(x_n, y_n) - T(x^*, y^*)\|^2 \\
&\quad -2\eta r\|x_n - x^*\|^2 \\
&\leqslant (1 + \eta^2\mu^2 - 2\eta r + 2\eta\gamma\mu^2)\|x_n - x^*\|^2. \qquad (2.22)
\end{aligned}$$

设 $\sigma = \sqrt{1 + \eta^2\mu^2 - 2\eta r + 2\eta\gamma\mu^2}$, 则 $\sigma < 1$(条件 (iii)). 把 (2.22) 式代入 (2.21) 式可得

$$\begin{aligned}
\|y_n - y^*\| &\leqslant (1 - \beta_n)\|x_n - x^*\| + (1 - \beta_n)\|x^* - y^*\| + \beta_n\sigma\|x_n - x^*\| \\
&\leqslant \|x_n - x^*\| + (1 - \beta_n)\|x^* - y^*\|. \qquad (2.23)
\end{aligned}$$

把 (2.23) 式代入 (2.20) 式获得

$$\|x_{n+1} - x^*\| \leqslant (1 - (1 - \theta)\alpha_n)\|x_n - x^*\| + \theta\alpha_n(1 - \beta_n)\|x^* - y^*\|. \qquad (2.24)$$

利用引理 2.1 和条件 (i), (ii), 从 (2.24) 式可得

$$\lim_{n\to\infty} \|x_{n+1} - x^*\| = 0,$$

即

$$x_n \to x^*, \quad n \to \infty.$$

再从 (2.23) 式得

$$\lim_{n\to\infty} \|y_n - y^*\| = 0,$$

即

$$y_n \to y^*, \quad n \to \infty.$$

证完.

注 2.3 定理 2.1 推广和改进了文献 [17] 的主要结果.

推论 2.1 设 $\mathbf{H}$ 是实 Hilbert 空间. $T: \mathbf{H} \to \mathbf{H}$ 是单变量松弛 (γ, r)-强制和 μ-Lipschitz 连续的. $x^*, y^* \in \mathbf{H}$ 是问题 (2.1) 和 (2.2) 的解, 序列 $\{x_n\}, \{y_n\}$ 由算法 2.2 产生. 如果 $\{\alpha_n\}, \{\beta_n\} \subset [0,1]$ 满足:

(i) $\sum_{n=0}^{\infty} \alpha_n = \infty$;

(ii) $\sum_{n=0}^{\infty} (1-\beta_n) < \infty$;

(iii) $0 < \rho, \eta < \dfrac{2(r-\gamma\mu^2)}{\mu^2}$;

(iv) $r > \gamma\mu^2$,

则序列 $\{x_n\}$ 和 $\{y_n\}$ 分别强收敛到 x^* 和 y^*.

注 2.4 推论 2.1 推广和改进了文献 [92] 的结果.

推论 2.2 设 $\mathbf{H}$ 是实 Hilbert 空间. $T(\cdot,\cdot): \mathbf{H} \times \mathbf{H} \to \mathbf{H}$ 是双变量松弛 (γ, r)-强制和关于第一变量是 μ-Lipschitz 连续的. $(x^*, y^*) \in \mathbf{H} \times \mathbf{H}$ 是问题 (2.1) 和 (2.2) 的一个解, $\{x_n\}, \{y_n\}$ 由算法 2.3 产生. 如果 $\{\alpha_n\} \in [0,1], \rho, \eta, \gamma, \mu$ 满足下面条件:

(i) $\sum_{n=0}^{\infty} \alpha_n = \infty$;

(ii) $0 < \rho,\ \eta < \dfrac{2(r-\gamma\mu^2)}{\mu^2}$;

(iii) $r > \gamma\mu^2$,

则 $\{x_n\}$ 和 $\{y_n\}$ 分别收敛到 x^* 和 y^*.

推论 2.3 设 $\mathbf{H}$ 是实 Hilbert 空间. $T(\cdot,\cdot): \mathbf{H} \times \mathbf{H} \to \mathbf{H}$ 是双变量松弛 (γ, r)-强制和关于第一变量是 μ-Lipschitz 连续的. $x^* \in \mathbf{H}$ 是问题 (2.5) 的一个解, 序列 $\{x_n\}$ 由算法 2.4 产生. 如果 $\{\alpha_n\} \in [0,1]$ 满足以下条件:

(i) $\sum_{n=0}^{\infty} \alpha_n = \infty$;

(ii) $0 < \rho, \ \eta < \dfrac{2(r - \gamma\mu^2)}{\mu^2}$;

(iii) $r > \gamma\mu^2$,

则 $\{x_n\}$ 强收敛到 x^*.

注 2.5 本章结果推广了文献 [17] 及其参考文献的结果. 本章内容来源于文献 [39].

第 3 章　增生算子零点的迭代算法

本章介绍增生算子零点的迭代方法. 在合适的条件下, 增生算子的零点问题可以转化为非线性算子的不动点问题, 然后再利用不动点问题的迭代方法求解.

3.1　概　　念

设 $\mathbf{E}$ 是实 Banach 空间, $\mathbf{E}^*$ 是 $\mathbf{E}$ 的对偶空间. J 表示从 $\mathbf{E}$ 到 $2^{\mathbf{E}^*}$ 的正规对偶映射. 下面用 K 表示 $\mathbf{E}$ 的非空闭凸子集. $F(T)$ 表示映射 T 的不动点集.

定义 3.1　算子 $\mathscr{A}$ (可能是集值算子) 被称为增生算子, 如果 $\forall\, x_i \in D(\mathscr{A})$ 和 $y_i \in \mathscr{A}x_i (i = 1, 2)$, 存在 $j(x_2 - x_1) \in J(x_2 - x_1)$ 使得 $\langle y_2 - y_1, j(x_2 - x_1)\rangle \geqslant 0$, 其中 $D(\mathscr{A})$ 和 $R(\mathscr{A})$ 分别表示算子 $\mathscr{A}$ 的定义域和值域. 进一步地, 一个增生算子 $\mathscr{A}$ 被称为 m-增生算子, 如果任意 $r > 0$, $R(I + r\mathscr{A}) = \mathbf{E}$.

注 3.1　对每一个 $r > 0$, 如果 $\mathscr{A}$ 是 m-增生算子, 则 $J_r := (I + r\mathscr{A})^{-1}$ 是一个从 $R(I + r\mathscr{A})$ 到 $D(\mathscr{A})$ 的单值非扩张映射, 并且 $F(J_r) = N(\mathscr{A})$, 其中 $N(\mathscr{A}) = \{x \in D(\mathscr{A}) : \mathscr{A}x = 0\}$[86]. 因此, 增生子的零点问题也可以转化为非扩张映射的不动点问题, 再利用非线性算子不动点问题的迭代方法求解增生算子的零点问题.

增生算子零点的迭代算法, 通常有 Mann 迭代、Ishikawa 迭代、粘性迭代、最速下降法等迭代方法, 见文献 [21, 23, 57, 73, 100, 102, 103, 111] 等.

Kim 和 Xu[57] 以及 Xu[100] 分别研究了下面的迭代方法

$$x_{n+1} = \alpha_n u + (1 - \alpha_n) J_{r_n} x_n, \tag{3.1}$$

其中 $x_0 \in E, J_{r_n} = (I + r_n\mathscr{A})^{-1}$, $\alpha_n \in [0, 1]$. 然后分别得到下面的定理 THKX 和定理 HKX:

定理 THKX[57]　设 $\mathbf{E}$ 是一致光滑 Banach 空间, $\mathscr{A}$ 是 $\mathbf{E}$ 中的 m-增生算子, $N(\mathscr{A}) \neq \varnothing$. $\{x_n\}$ 由 (3.1) 产生. 设 $\{\alpha_n\}$ 和 $\{r_n\}$ 满足:

(i) $\alpha_n \to 0$, $\sum_{n=0}^{\infty} \alpha_n = \infty$, $\sum_{n=0}^{\infty} |\alpha_{n+1} - a_n| < \infty$;

(ii) $r_n \geqslant \varepsilon > 0$, $\sum_{n=0}^{\infty} \left|1 - \dfrac{r_{n-1}}{r_n}\right| < \infty$,

则 $\{x_n\}$ 强收敛到 $\mathscr{A}$ 的零点.

定理 HKX[100] 设 $\mathbf{E}$ 是一致光滑 Banach 空间, $\mathscr{A}$ 是 $\mathbf{E}$ 中的 m-增生算子, 且 $C=\overline{D(\mathscr{A})}$ 是凸的. 设

(i) $\alpha_n \to 0$, $\sum_{n=1}^{\infty}\alpha_n=\infty$, $\sum_{n=1}^{\infty}|\alpha_{n+1}-\alpha_n|<\infty$;

(ii) $r_n \geqslant \varepsilon>0$, $\sum_{n=1}^{\infty}|r_{n+1}-r_n|<\infty$,

则 $\{x_n\}$ 强收敛到 $\mathscr{A}$ 的一个零点.

Qin 和 Su 也研究了 m-增生算子零点的迭代方法, 他们在文献 [73] 中给出了下面的迭代算法:

$$
\begin{cases}
y_n=\beta_n x_n+(1-\beta_n)J_{r_n}x_n,\\
x_{n+1}=\alpha_n u+(1-\alpha_n)y_n,
\end{cases} \tag{3.2}
$$

其中 $u\in K$, 参数 $\{\alpha_n\}\subset(0,1)$, $\{\beta_n\}\subset[0,1]$. 然后他们获得了强收敛定理:

定理 QS[73] 设 $\mathbf{E}$ 是一致光滑 Banach 空间, $\mathscr{A}$ 是 $\mathbf{E}$ 中的 m-增生算子, $N(\mathscr{A})\neq\varnothing$. 设 $u\in K$, $\{x_n\}_{n=0}^{\infty}$ 由 (3.2) 产生. 若参数 $\{\alpha_n\}_{n=0}^{\infty}\subset[0,1]$, $\{\beta_n\}_{n=0}^{\infty}$ 和 $\{r_n\}_{n=0}^{\infty}$ 满足:

(i) $\sum_{n=0}^{\infty}\alpha_n=\infty$, $\alpha_n\to 0$;

(ii) $r_n\geqslant\varepsilon>0$, $n\geqslant 1$, $\beta_n\in[0,a)$, $a\in(0,1)$;

(iii) $\sum_{n=0}^{\infty}|\alpha_{n+1}-\alpha_n|<\infty$, $\sum_{n=0}^{\infty}|\beta_{n+1}-\beta_n|<\infty$, $\sum_{n=1}^{\infty}|r_n-r_{n-1}|<\infty$,

则 $\{x_n\}_{n=0}^{\infty}$ 强收敛到 $\mathscr{A}$ 的零点.

在定理 QS 中, 条件 (iii) 的要求是比较苛刻的, 例如, 取

$$
\alpha_n=\begin{cases}
0, & \text{当 } n=2k,\\
\dfrac{1}{n}, & \text{当 } n=2k-1,
\end{cases}
$$

$$
\beta_n=\begin{cases}
0, & \text{当 } n=2k,\\
\dfrac{1}{2}+\dfrac{1}{n+1}, & \text{当 } n=2k-1,
\end{cases}
\qquad
r_n=\begin{cases}
\dfrac{1}{2}, & \text{当 } n=2k,\\
\dfrac{1}{4}, & \text{当 } n=2k-1,
\end{cases}
$$

其中 k 是正整数. 显然, 参数 α_n, β_n 和 r_n 并不满足定理 QS 的条件 (iii), 也不满足定理 THKX 的条件 (i)—(ii). 因此, 能否减少参数的条件限制, 使得选用参数的范围更广? 基于这样的目的, 本章利用文献 [25, 105] 的方法, 重新分析算法 (3.2), 获得了新的强收敛定理.

下面先介绍一些引理.

引理 3.1[62] 设 K 是具有 Gâteaux 可微范数的自反 Banach 空间 $\mathbf{E}$ 的非空闭凸子集. $T:K\to K$ 是非扩张映射, $F(T)\neq\varnothing$. 设非扩张映射在 $\mathbf{E}$ 的每一

个非空闭凸有界子集中都有不动点性质. 则存在连续流 $t \to z_t$, $0 < t < 1$, 满足 $z_t = tu + (1-t)Tz_t$ 收敛到 T 的不动点, 其中 $u \in K$.

引理 3.2[3, 73]　设 $\lambda > 0$, $\mu > 0$ 和 $x \in E$, 则

$$J_\lambda x = J_\mu \left(\frac{\mu}{\lambda} x + \left(1 - \frac{\mu}{\lambda}\right) J_\lambda x \right).$$

3.2　新参数条件下算法的收敛性分析

本节作如下假设:

(a) $\mathbf{E}$ 是具有 Gâteaux 可微范数的实一致凸 Banach 空间;

(b) K 是 $\mathbf{E}$ 的非空闭凸子集;

(c) 非扩张映射在 $\mathbf{E}$ 的每一个非空闭凸子集有不动点性质.

定理 3.1　设 $\mathscr{A} : K \to \mathbf{E}$ 是 m-增生映射, $N(\mathscr{A}) \neq \varnothing$. 设 $u, x_0 \in K$, $\{x_n\}$ 由算法 (3.2) 产生. 如果 $\alpha_n \in [0,1]$, $\{\beta_n\}$, $\{r_n\}$ 满足条件:

(i) $\alpha_n \to 0$, $\sum_{n=0}^{\infty} \alpha_n = \infty$;

(ii) $0 < a \leqslant \beta_n \leqslant b < 1$;

(iii) $\lim\limits_{n\to\infty} |r_{n+1} - r_n| = 0$, $r_n \geqslant 1 - a > 0$,

则 $\{x_n\}$ 强收敛到 $\mathscr{A}$ 的零点.

证明　已知 $F(J_{r_n}) = N(\mathscr{A}) \neq \varnothing$, J_{r_n} 是非扩张映射. 设 $p \in F(J_{r_n})$, 由 (3.2) 得

$$\|y_n - p\| \leqslant \|x_n - p\|, \quad \|x_{n+1} - p\| \leqslant \alpha_n \|u - p\| + (1-\alpha_n)\|x_n - p\|,$$

即有 $\|x_n - p\| \leqslant \max\{\|x_0 - p\|, \|u - p\|\}$. 因此, $\{x_n\}$ 是有界的, 进一步可知 $\{y_n\}$ 也是有界的.

现在, 证明 $\|x_{n+1} - x_n\| \to 0$, $n \to \infty$. 为此, 设

$$\gamma_n = 1 - (1-\alpha_n)\beta_n, \quad \overline{y}_n = \frac{x_{n+1} - x_n + \gamma_n x_n}{\gamma_n},$$

即 $\overline{y}_n = \dfrac{\alpha_n u + (1-\alpha_n)(1-\beta_n) J_{r_n} x_n}{\gamma_n}$, 则

$$\overline{y}_{n+1} - \overline{y}_n = \left(\frac{\alpha_{n+1}}{\gamma_{n+1}} - \frac{\alpha_n}{\gamma_n} \right) u + \frac{(1-\alpha_{n+1})(1-\beta_{n+1}) J_{r_{n+1}} x_{n+1}}{\gamma_{n+1}} - \frac{(1-\alpha_n)(1-\beta_n) J_{r_n} x_n}{\gamma_n}$$

$$
\begin{aligned}
&= \left(\frac{\alpha_{n+1}}{\gamma_{n+1}} - \frac{\alpha_n}{\gamma_n}\right)u + \frac{(1-\alpha_n)(1-\beta_n)(J_{r_{n+1}}x_{n+1} - J_{r_n}x_n)}{\gamma_n} \\
&\quad + \left(\frac{(1-\alpha_{n+1})(1-\beta_{n+1})}{\gamma_{n+1}} - \frac{(1-\alpha_n)(1-\beta_n)}{\gamma_n}\right)J_{r_{n+1}}x_{n+1} \\
&= \left(\frac{\alpha_{n+1}}{\gamma_{n+1}} - \frac{\alpha_n}{\gamma_n}\right)u + \frac{(1-\alpha_n)(1-\beta_n)(J_{r_{n+1}}x_{n+1} - J_{r_n}x_n)}{\gamma_n} \\
&\quad + \left(\frac{1-\alpha_{n+1}-(1-\alpha_{n+1})\beta_{n+1}}{\gamma_{n+1}} - \frac{1-\alpha_n-(1-\alpha_n)\beta_n}{\gamma_n}\right)J_{r_{n+1}}x_{n+1} \\
&= \left(\frac{\alpha_{n+1}}{\gamma_{n+1}} - \frac{\alpha_n}{\gamma_n}\right)u + \frac{(1-\alpha_n)(1-\beta_n)(J_{r_{n+1}}x_{n+1} - J_{r_n}x_n)}{\gamma_n} \\
&\quad + \left(\frac{\gamma_{n+1}-\alpha_{n+1}}{\gamma_{n+1}} - \frac{\gamma_n-\alpha_n}{\gamma_n}\right)J_{r_{n+1}}x_{n+1} \\
&= \left(\frac{\alpha_{n+1}}{\gamma_{n+1}} - \frac{\alpha_n}{\gamma_n}\right)u + \frac{(1-\alpha_n)(1-\beta_n)(J_{r_{n+1}}x_{n+1} - J_{r_n}x_n)}{\gamma_n} \\
&\quad + \left(\frac{\alpha_n\gamma_{n+1}-\gamma_n\alpha_{n+1}}{\gamma_n\gamma_{n+1}}\right)J_{r_{n+1}}x_{n+1} \\
&=: \nu_n u + \frac{(1-\alpha_n)(1-\beta_n)(J_{r_{n+1}}x_{n+1} - J_{r_n}x_n)}{\gamma_n} + \xi_n J_{r_{n+1}}x_{n+1}.
\end{aligned} \tag{3.3}
$$

由 (3.3) 式和引理 3.2 得

$$
\begin{aligned}
&\|\overline{y}_{n+1}-\overline{y}_n\| \\
&\leqslant |\nu_n|\|u\| + \frac{(1-\beta_n)\|J_{r_{n+1}}x_{n+1}-J_{r_n}x_n\|}{\gamma_n} + |\xi_n|\|J_{r_{n+1}}x_{n+1}\| \\
&= \frac{(1-\beta_n)\left\|J_{r_{n+1}}x_{n+1}-J_{r_{n+1}}x_n + J_{r_n}\left(\frac{r_n}{r_{n+1}}x_n + \left(1-\frac{r_n}{r_{n+1}}\right)J_{r_{n+1}}x_n\right)-J_{r_n}x_n\right\|}{\gamma_n} \\
&\quad + |\nu_n|\|u\| + |\xi_n|\|J_{r_{n+1}}x_{n+1}\| \\
&= \frac{(1-\beta_n)\left(\|x_{n+1}-x_n\| + \left|1-\frac{r_n}{r_{n+1}}\right|M_0\right)}{\gamma_n} + |\nu_n|\|u\| + |\xi_n|\|J_{r_{n+1}}x_{n+1}\|,
\end{aligned} \tag{3.4}
$$

其中 $\|J_{r_{n+1}}x_n - x_n\| \leqslant M_0$. 根据引理 3.3、条件 (i)—(iii) 和 $\{x_n\}$ 的有界性, 从 (3.4) 式可得

$$\limsup_{n\to\infty}\{\|\overline{y}_{n+1}-\overline{y}_n\|-\|x_{n+1}-x_n\|\}\leqslant 0. \tag{3.5}$$

由引理 1.5 和 (3.5) 式, 可知 $\lim_{n\to\infty}\|\overline{y}_n - x_n\| = 0$, 这意味着 $\lim_{n\to\infty}\|x_{n+1}-x_n\| = 0$. 因为

$$\|x_{n+1}-y_n\| = \alpha_n\|u-y_n\|\to 0,\quad n\to\infty,$$

故 $\|x_n - y_n\|\to 0$, 且

$$\|x_n - J_{r_n}x_n\| = \frac{1}{1-\beta_n}\|x_n-y_n\|\to 0,\quad n\to\infty. \tag{3.6}$$

取一个实数 r, 使得 $0<r<1-a$, 从引理 3.2 得到

$$\|J_{r_n}x_n - J_rx_n\| = \left\|J_r\left(\frac{r}{r_n}x_n+\left(1-\frac{r}{r_n}\right)J_{r_n}x_n\right)-J_rx_n\right\|\leqslant\|x_n-J_{r_n}x_n\|,$$

这意味着

$$\begin{aligned}\|x_n-J_rx_n\| &\leqslant \|x_n-J_{r_n}x_n\|+\|J_{r_n}x_n-J_rx_n\|\\ &\leqslant 2\|x_n-J_{r_n}x_n\|\to 0,\quad n\to\infty.\end{aligned}$$

设 z_t 表示 H_t 的不动点, 其中 H_t 定义为

$$H_tx = tu+(1-t)J_rx,\quad x\in\mathbf{E},\quad \forall t\in(0,1).$$

于是由引理 1.4, 可知

$$\begin{aligned}\|z_t-x_n\|^2 &= \|t(u-x_n)+(1-t)(J_rz_t-x_n)\|^2\\ &\leqslant (1-t)^2\|J_rz_t-x_n\|^2+2t\langle u-x_n, j(z_t-x_n)\rangle\\ &\leqslant (1-t)^2(\|J_rz_t-J_rx_n\|+\|J_rx_n-x_n\|)^2\\ &\quad +2t\langle u-z_t+z_t-x_n, j(z_t-x_n)\rangle\\ &\leqslant (1+t^2)\|z_t-x_n\|^2+\|J_rx_n-x_n\|(2\|z_t-x_n\|+\|J_rx_n-x_n\|)\\ &\quad +2t\langle u-z_t, j(z_t-x_n)\rangle.\end{aligned}$$

因此,

$$\langle u-z_t, j(x_n-z_t)\rangle\leqslant\frac{t}{2}\|z_t-x_n\|^2+\frac{\|J_rx_n-x_n\|}{2t}(2\|z_t-x_n\|+\|J_rx_n-x_n\|).$$

在上述不等式中让 $n \to \infty$, 则有

$$\limsup_{n\to\infty}\langle u - z_t, j(x_n - z_t)\rangle \leqslant \frac{t}{2}M,$$

其中 $M > 0$ 是一个满足 $\|z_t - x_n\|^2 \leqslant M$ 的常数, $t \in (0,1)$, $n \geqslant 0$. 现在让 $t \to 0^+$, 则

$$\limsup_{t\to 0^+}\limsup_{n\to\infty}\langle u - z_t, j(x_n - z_t)\rangle \leqslant 0.$$

因此, 对于 $\forall \varepsilon > 0$, 存在一个正数 δ' 使得对任意 $t \in (0, \delta')$,

$$\limsup_{n\to\infty}\langle u - z_t, j(x_n - z_t)\rangle \leqslant \frac{\varepsilon}{2}.$$

另一方面, 根据引理 3.1 可知

$$z_t \to p \in F(J_{r_n}) = N(A), \quad t \to 0^+.$$

此外, j 在 $\mathbf{E}$ 的有界子集上由 $\mathbf{E}$ 的范数拓扑到 $\mathbf{E}^*$ 的范数拓扑是一致连续的, 因此存在 $\delta'' > 0$ 使得对任意 $t \in (0, \delta'')$, 成立

$$\begin{aligned}
&|\langle u - p, j(x_n - p)\rangle - \langle u - z_t, j(x_n - z_t)\rangle| \\
\leqslant\ & |\langle u - p, j(x_n - p)\rangle - \langle u - p, j(x_n - z_t)\rangle| \\
&+ |\langle u - p, j(x_n - z_t)\rangle - \langle u - z_t, j(x_n - z_t)\rangle| \\
\leqslant\ & \|u - p\|\|j(x_n - p) - j(x_n - z_t)\| + \|z_t - p\|\|x_n - z_t\| \\
<\ & \frac{\varepsilon}{2}.
\end{aligned}$$

取 $\delta = \min\{\delta', \delta''\}$, 则对于 $t \in (0, \delta)$, 成立

$$\langle u - p, j(x_n - p)\rangle \leqslant \langle u - z_t, j(x_n - z_t)\rangle + \frac{\varepsilon}{2}.$$

故

$$\limsup_{n\to\infty}\langle u - p, j(x_n - p)\rangle \leqslant \varepsilon, \quad 其中\ \varepsilon > 0\ 是任意的,$$

由此可知

$$\limsup_{n\to\infty}\langle u - p, j(x_n - p)\rangle \leqslant 0. \tag{3.7}$$

下面证明 $\{x_n\}$ 强收敛到 p. 由引理 1.4 和 (3.2) 式得

$$\|x_{n+1} - p\|^2 = \|\alpha_n(u - p) + (1 - \alpha_n)(y_n - p)\|^2$$

$$\leqslant (1-\alpha_n)\|y_n - p\|^2 + 2\alpha_n\langle u-p, j(x_{n+1}-p)\rangle$$
$$\leqslant (1-\alpha_n)\|x_n - p\|^2 + 2\alpha_n\langle u-p, j(x_{n+1}-p)\rangle, \tag{3.8}$$

根据引理 1.1 可知, $\{x_n\}$ 强收敛到 p. 证完.

注 3.2 如果 **E** 是一致光滑 Banach 空间, 则 **E** 是具有一致 Gâteaux 可微范数的自反 Banach 空间, 且非扩张映射在 **E** 的有界闭凸子集上有不动点性质[111]. 因此, 如果 **E** 是实一致光滑 Banach 空间, 那么定理 3.1 也成立.

注 3.3 运用文献 [105, 25] 的方法, 我们用新的条件 $0 < a \leqslant \beta_n \leqslant b < 1$ 和 $r_n \geqslant a > 0$, $\lim_{n\to\infty}|r_{n+1} - r_n| = 0$ 替代定理 QS 的条件 (iii). 同时, 本章中的相关证明比定理 QS 的证明简单一些. 我们也把定理 THKX 和定理 HKX 推广到具有一致 Gâteaux 可微范数的 Banach 空间.

本章内容来源于文献 [40].

第 4 章 有限族增生算子公共零点的迭代算法

本章讨论 Banach 空间中, 一有限族增生算子公共零点的迭代算法.

4.1 一步迭代格式下的增生算子公共零点的强收敛算法

引理 ZS[111] 设 K 是严格凸 Banach 空间 $\mathbf{E}$ 的非空闭凸子集. $\mathscr{A}_i : K \to \mathbf{E}$, $i = 1, 2, \cdots, r$ 是一族 m-增生映射, $\bigcap_{i=1}^{r} N(\mathscr{A}_i) \neq \varnothing$. 设 $a_0, a_1, \cdots, a_r$ 是 $(0, 1)$ 的实数, $\sum_{i=0}^{r} a_i = 1$, $S_r = a_0 I + a_1 J_{\mathscr{A}_1} + \cdots + a_r J_{\mathscr{A}_r}$, 其中 $J_{\mathscr{A}_i} = (I + \mathscr{A}_i)^{-1}$. 则 S_r 是非扩张映射且 $F(S_r) = \bigcap_{i=1}^{r} N(\mathscr{A}_i)$.

2006 年, Zegeye 和 Shahzad[111] 建立了下面的一步迭代格式:

$$x_{n+1} := \alpha_n u + (1 - \alpha_n) S_r x_n, \quad n \geqslant 0, \tag{4.1}$$

其中

$$S_r := a_0 I + a_1 J_{\mathscr{A}_1} + \cdots + a_r J_{\mathscr{A}_r}, \quad J_{\mathscr{A}_i} := (I + \mathscr{A}_i)^{-1},$$

$$0 < a_i < 1 \ (i = 0, 1, \cdots, r), \quad \sum_{i=0}^{r} a_i = 1.$$

根据迭代格式 (4.1), Zegeye 和 Shahzad 在具有一致 Gâteaux 可微范数的自反严格凸的 Banach 空间 $\mathbf{E}$ 下, 获得了下面的强收敛定理.

定理 ZS[111] 设 K 是 $\mathbf{E}$ 下的非空闭凸子集, 且在 K 中的非扩张映射具有不动点性质. 如果 $\{\alpha_n\}$ 满足条件:

(i) $\lim_{n\to\infty} \alpha_n = 0$;

(ii) $\sum_{n=0}^{\infty} \alpha_n = \infty$;

(iii) $\sum_{n=1}^{\infty} |\alpha_n - \alpha_{n-1}| < \infty$ 或者 $\lim_{n\to\infty} \dfrac{|\alpha_n - \alpha_{n-1}|}{\alpha_n} = 0$,

则 (4.1) 式定义的 $\{x_n\}$ 强收敛到 $\mathscr{A}_i x = 0$ 的公共零点, $i = 1, 2, \cdots, r$.

4.2 两步迭代格式下的增生算子公共零点的强收敛算法

在本节中, 我们建立两步迭代格式, 并证明具有强收敛性, 减少了迭代格式对参数的限制, 改进了文献 [111] 的结果.

定理 4.1　设 K 是 $\mathbf{E}$ 的非空闭凸有界子集, 其中 $\mathbf{E}$ 是具有一致 Gâteaux 可微范数的严格凸的自反 Banach 空间. $\mathscr{A}_i : K \to \mathbf{E}$, $i = 1, 2, \cdots, r$ 是一有限族 m-增生算子, $\bigcap_{i=1}^{r} N(\mathscr{A}_i) \neq \varnothing$. 设 $u, x_0 \in K$, 序列 $\{x_n\}$ 按以下方式产生:

$$\begin{cases} x_{n+1} = \alpha_n u + (1-\alpha_n) y_n, \\ y_n = (1-\beta_n) x_n + \beta_n S_r x_n, \end{cases} \tag{4.2}$$

其中

$$S_r := a_0 I + a_1 J_{\mathscr{A}_1} + \cdots + a_r J_{\mathscr{A}_r}, \quad J_{\mathscr{A}_i} := (I + \mathscr{A}_i)^{-1},$$

$$0 < a_i < 1, \quad i = 0, 1, \cdots, r, \quad \sum_{i=0}^{r} a_i = 1.$$

设非扩张映射在 K 中有不动点性质, 且 $\{\alpha_n\}, \{\beta_n\} \subset [0, 1]$ 满足条件:

(i) $\lim_{n\to\infty} \alpha_n = 0$;

(ii) $\sum_{n=0}^{\infty} \alpha_n = \infty$;

(iii) $0 < a \leqslant \beta_n \leqslant 1$, $n \geqslant 0$,

则 $\{x_n\}$ 强收敛到 $\mathscr{A}_i x = 0$ $(i = 1, 2, \cdots, r)$ 的公共零点.

证明　根据引理 ZS, $F(S_r) = \bigcap_{i=1}^{r} N(\mathscr{A}_i) \neq \varnothing$, 且 S_r 是非扩张映射. 设 $p \in F(S_r)$, 根据 (4.2) 式,

$$\begin{aligned} &\|y_n - p\| \leqslant \|x_n - p\|, \\ &\|x_{n+1} - p\| \leqslant \alpha_n \|u - p\| + (1-\alpha_n)\|x_n - p\|, \end{aligned}$$

即可得

$$\|x_n - p\| \leqslant \max\{\|x_0 - p\|, \|u - p\|\}.$$

因此, $\{x_n\}$ 是有界序列, 并由此可知 $\{y_n\}$ 和 $\{S_r x_n\}$ 也是有界序列.

现在证明 $\|x_{n+1} - x_n\| \to 0$, $n \to \infty$. 为此, 设

$$\overline{y}_n = \frac{x_{n+1} - x_n + \gamma_n x_n}{\gamma_n},$$

即

$$\overline{y}_n = \frac{\alpha_n u + (1-\alpha_n)\beta_n T_r x_n}{\gamma_n}.$$

再设

$$\gamma_n = (1 + \beta_n a_0)\alpha_n + (1 - \alpha_n - a_0)\beta_n,$$

其中 $T_r := a_1 J_{\mathscr{A}_1} + \cdots + a_r J_{\mathscr{A}_r}$. 于是

$$\begin{aligned}\overline{y}_{n+1} - \overline{y}_n &= \left(\frac{\alpha_{n+1}}{\gamma_{n+1}} - \frac{\alpha_n}{\gamma_n}\right)u + \frac{(1-\alpha_{n+1})\beta_{n+1}T_r x_{n+1}}{\gamma_{n+1}} - \frac{(1-\alpha_n)\beta_n T_r x_n}{\gamma_n} \\ &= \left(\frac{\alpha_{n+1}}{\gamma_{n+1}} - \frac{\alpha_n}{\gamma_n}\right)u + \frac{(1-\alpha_n)\beta_n(1-a_0)}{\gamma_n}\frac{T_r x_{n+1} - T_r x_n}{1-a_0} \\ &\quad + \left(\frac{(1-\alpha_{n+1})\beta_{n+1}}{\gamma_{n+1}} - \frac{(1-\alpha_n)\beta_n}{\gamma_n}\right)T_r x_{n+1},\end{aligned}$$

这意味着

$$\begin{aligned}\|\overline{y}_{n+1} - \overline{y}_n\| \leqslant{}& \left|\frac{\alpha_{n+1}}{\gamma_{n+1}} - \frac{\alpha_n}{\gamma_n}\right|\|u\| + \|x_{n+1} - x_n\| \\ &+ \left|\frac{(1-\alpha_{n+1})\beta_{n+1}}{\gamma_{n+1}} - \frac{(1-\alpha_n)\beta_n}{\gamma_n}\right|\|T_r x_{n+1}\|.\end{aligned} \tag{4.3}$$

根据条件 (i) 和 $\{x_n\}$ 的有界性, 由 (4.3) 式可得

$$\limsup_{n\to\infty}\{\|\overline{y}_{n+1} - \overline{y}_n\| - \|x_{n+1} - x_n\|\} \leqslant 0. \tag{4.4}$$

根据引理 1.5 和 (4.4) 式, 可知 $\lim_{n\to\infty}\|\overline{y}_n - x_n\| = 0$, 从而

$$\lim_{n\to\infty}\|x_{n+1} - x_n\| = 0.$$

又因为 $\|x_{n+1} - y_n\| = \alpha_n\|u - y_n\| \to 0,\ n\to\infty$, 所以 $\|x_n - y_n\| \to 0$,

$$\|x_n - S_r x_n\| = \frac{1}{\beta_n}\|x_n - y_n\| \to 0, \quad n\to\infty. \tag{4.5}$$

设 z_t 表示压缩映射 H_t 的不动点, 其中 H_t 为

$$H_t x = tu + (1-t)S_r x, \quad x\in\mathbf{E}, \quad \forall t\in(0,1).$$

再根据引理 1.4, 我们得到

$$\begin{aligned}\|z_t - x_n\|^2 &= \|t(u - x_n) + (1-t)(S_r z_t - x_n)\|^2 \\ &\leqslant (1-t)^2\|S_r z_t - x_n\|^2 + 2t\langle u - x_n, j(z_t - x_n)\rangle \\ &\leqslant (1-t)^2(\|S_r z_t - S_r x_n\| + \|S_r x_n - x_n\|)^2 \\ &\quad +2t\langle u - z_t + z_t - x_n, j(z_t - x_n)\rangle\end{aligned}$$

$$\leqslant (1+t^2)\|z_t - x_n\|^2 + \|S_r x_n - x_n\|(2\|z_t - x_n\| + \|S_r x_n - x_n\|)$$
$$+2t\langle u - z_t, j(z_t - x_n)\rangle.$$

因此

$$\langle u - z_t, j(x_n - z_t)\rangle \leqslant \frac{t}{2}\|z_t - x_n\|^2 + \frac{\|S_r x_n - x_n\|}{2t}(2\|z_t - x_n\| + \|S_r x_n - x_n\|),$$

在上述不等式中令 $n \to \infty$, 则有

$$\limsup_{n\to\infty}\langle u - z_t, j(x_n - z_t)\rangle \leqslant \frac{t}{2}M,$$

其中 $M \geqslant 0$ 是一个满足 $\|z_t - x_n\|^2 \leqslant M$ 的常数, $t \in (0,1)$, $n \geqslant 0$. 现在让 $t \to 0^+$, 则

$$\limsup_{t\to 0^+}\limsup_{n\to\infty}\langle u - z_t, j(x_n - z_t)\rangle \leqslant 0.$$

于是, 对于 $\forall \varepsilon > 0$, 存在一正数 δ' 使得任意的 $t \in (0,\delta')$,

$$\limsup_{n\to\infty}\langle u - z_t, j(x_n - z_t)\rangle \leqslant \frac{\varepsilon}{2}.$$

另一方面, 根据引理 3.1 可知 $z_t \to p \in F(S_r) = \bigcap_{i=1}^r N(\mathscr{A}_i)$, $t \to 0^+$. 注意到, j 在 $\mathbf{E}$ 的有界子集中由 $\mathbf{E}$ 的范数拓扑到 $\mathbf{E}^*$ 的范数拓扑是一致连续的, 因此存在 $\delta'' > 0$ 使得, 对于 $t \in (0,\delta'')$, 成立

$$|\langle u - p, j(x_n - p)\rangle - \langle u - z_t, j(x_n - z_t)\rangle|$$
$$\leqslant |\langle u - p, j(x_n - p)\rangle - \langle u - p, j(x_n - z_t)\rangle|$$
$$+ |\langle u - p, j(x_n - z_t)\rangle - \langle u - z_t, j(x_n - z_t)\rangle|$$
$$= |\langle u - p, j(x_n - p) - j(x_n - z_t)\rangle| + |\langle z_t - p, j(x_n - z_t)\rangle|$$
$$\leqslant \|u - p\|\|j(x_n - p) - j(x_n - z_t)\| + \|z_t - p\|\|x_n - z_t\|$$
$$< \frac{\varepsilon}{2}.$$

取 $\delta = \min\{\delta', \delta''\}$, $t \in (0,\delta)$, 则

$$\langle u - p, j(x_n - p)\rangle \leqslant \langle u - z_t, j(x_n - z_t)\rangle + \frac{\varepsilon}{2}.$$

因此,

$$\limsup_{n\to\infty}\langle u - p, j(x_n - p)\rangle \leqslant \varepsilon, \quad \text{其中 } \varepsilon > 0 \text{ 是任意的},$$

从而

$$\limsup_{n\to\infty}\langle u-p, j(x_n-p)\rangle \leqslant 0. \tag{4.6}$$

现在证明 $\{x_n\}$ 强收敛到 p. 根据引理 1.4 和 (4.2) 式得

$$\begin{aligned}\|x_{n+1}-p\|^2 &= \|\alpha_n(u-p)+(1-\alpha_n)(y_n-p)\|^2\\ &\leqslant (1-\alpha_n)\|y_n-p\|^2+2\alpha_n\langle u-p, j(x_{n+1}-p)\rangle\\ &\leqslant (1-\alpha_n)\|x_n-p\|^2+2\alpha_n\langle u-p, j(x_{n+1}-p)\rangle,\end{aligned} \tag{4.7}$$

由条件 (i)—(ii) 和引理 1.3 知, $\{x_n\}$ 强收敛到 p. 证完.

注 4.1 迭代格式 (4.2) 与迭代格式 (4.1) 是不同的. 如果在 (4.2) 式中 $\beta_n \equiv 1(n\geqslant 0)$, 则迭代格式 (4.2) 将退化为迭代格式 (4.1). 因此, 如果 $\beta_n \equiv 1(n\geqslant 0)$, 将得到下面的推论 4.1.

推论 4.1 设 K, $\mathbf{E}$, $\mathscr{A}_i(i=1,2,\cdots,r)$, S_r, α_n 满足定理 4.1 的条件. u, $x_0\in K$, $\{x_n\}$ 按照以下方式产生:

$$x_{n+1}=\alpha_n u+(1-\alpha_n)S_r x_n, \tag{4.8}$$

则 $\{x_n\}$ 强收敛到 p, 其中 p 是 $\mathscr{A}_i x=0$ 的公共解, $i=1,2,\cdots,r$.

注 4.2 因为推论 4.1 是在参数 α_n 满足 $\lim\alpha_n=0$ 和 $\sum_{n=0}^{\infty}\alpha_n=\infty$ 的条件下获得, 因此, 推论 4.1 改进了定理 ZS.

推论 4.2 设 K 是 $\mathbf{E}$ 的非空闭凸有界子集, 其中 $\mathbf{E}$ 是具有一致 Gâteaux 可微范数的自反 Banach 空间. $\mathscr{A}:K\to\mathbf{E}$ 是 m-增生算子, $N(\mathscr{A})\neq\varnothing$. 设 $u,x_0\in K$, 序列 $\{x_n\}$ 按下面方式产生:

$$x_{n+1}=\alpha_n u+(1-\alpha_n)Sx_n,\quad n\geqslant 0, \tag{4.9}$$

其中

$$S=aI+(1-a)J_{\mathscr{A}},\quad J_{\mathscr{A}}=(I+\mathscr{A})^{-1},\quad 0<a<1.$$

设非扩张映射在 K 中有不动点性质, 且 $\{\alpha_n\}\subset[0,1]$ 满足

$$\lim_{n\to\infty}\alpha_n=0,\quad \sum_{n=0}^{\infty}\alpha_n=\infty,$$

则 $\{x_n\}$ 强收敛到 $\mathscr{A}x=0$ 的一个零点.

证明 类似于定理 4.1 的证明, 这里略去. 证完.

注 4.3 在推论 4.2 中, 去掉了空间严格凸的条件.

注 4.4 如果 $\mathbf{E}$ 是一致光滑的, 则 $\mathbf{E}$ 是具有一致 Gâteaux 可微范数的自反赋范空间, 且在 $\mathbf{E}$ 的任意有界闭凸子集上的非扩张映射都有不动点性质[111]. 因此, 如果推论 4.2 中的 $\mathbf{E}$ 是一致光滑的 Banach 空间, 那么推论 4.2 也成立.

引理 4.1[111] 设 A 是实 Banach 空间 E 中的连续增生算子, 且 $D(A)=E$, 则 A 是 m-增生算子.

定理 4.2 设 $\mathbf{E}$ 和 α_n, β_n 满足定理 4.1 的条件. 设 $\mathscr{A}_i:\mathbf{E}\to\mathbf{E}$, $i=1,2,\cdots,r$ 是一族连续的增生算子, 且 $\bigcap_{i=1}^r N(\mathscr{A}_i)\neq\varnothing$. 给定 $u,x_0\in\mathbf{E}$, $\{x_n\}$ 由算法 (4.2) 产生, 则 $\{x_n\}$ 强收敛到 $\mathscr{A}_i x=0, i=1,2,\cdots,r$ 的一个公共零点.

证明 根据引理 4.1 知 $\mathscr{A}_i(i=1,2,\cdots,r)$ 是 m-增生算子. 因此由定理 4.1 知道定理 4.2 成立. 证完.

如果 $\beta_n\equiv 1$(或 $\beta_n\equiv 1$ 和 $i=1$), 则由定理 4.2 得到下面的推论 4.3 和推论 4.4.

推论 4.3 设 $\mathbf{E}$ 和 α_n 定理 4.1 的条件. $\mathscr{A}_i:\mathbf{E}\to\mathbf{E}$, $i=1,2,\cdots,r$, 是一连续的增生算子, $\bigcap_{i=1}^r N(\mathscr{A}_i)\neq\varnothing$. 给定 $u,x_0\in\mathbf{E}$, 序列 $\{x_n\}$ 为

$$x_{n+1}=\alpha_n u+(1-\alpha_n)S_r x_n, \tag{4.10}$$

其中 $S_r:=a_0I+a_1J_{\mathscr{A}_1}+\cdots+a_rJ_{\mathscr{A}_r}$, $J_{\mathscr{A}_i}:=(I+\mathscr{A}_i)^{-1}$, $0<a_i<1, i=0,1,\cdots,r$, $\sum_{i=0}^r a_i=1$. 则 $\{x_n\}$ 强收敛到 $\mathscr{A}_i x=0, i=1,2,\cdots,r$ 的一个公共零点.

推论 4.4 设 $\mathbf{E}$ 和 α_n 满足推论 4.3 的条件. 设 $\mathscr{A}:\mathbf{E}\to\mathbf{E}$ 是连续增生算子, $N(\mathscr{A})\neq\varnothing$. 给定 $u,x_0\in\mathbf{E}$, 设序列 $\{x_n\}$ 为

$$x_{n+1}=\alpha_n u+(1-\alpha_n)Sx_n, \tag{4.11}$$

其中 $S:=aI+(1-a)J_{\mathscr{A}}$, $J_{\mathscr{A}}:=(I+\mathscr{A})^{-1}$, $0<a<1$. 则 $\{x_n\}$ 强收敛到 $\mathscr{A}x=0$ 的一个解.

定理 4.3 设 $\mathbf{E}$ 和 α_n, β_n 满足定理 4.1 的条件. 设 $T_i:K\to\mathbf{E}$, $i=1,2,\cdots,r$ 是一族伪压缩映射 (见第 11 章), 且 $i=1,2,\cdots,r$, $(I-T_i)$ 是 K 中的 m-增生算子, $\bigcap_{i=1}^r F(T_i)\neq\varnothing$. 对给定 $u,x_0\in\mathbf{E}$, 设 $\{x_n\}$ 为

$$\begin{cases} x_{n+1}=\alpha_n u+(1-\alpha_n)y_n, \\ y_n=(1-\beta_n)x_n+\beta_n S_r x_n, \end{cases} \tag{4.12}$$

其中

$$S_r:=a_0I+a_1J_{T_1}+\cdots+a_rJ_{T_r}, \quad J_{T_i}:=(I+(I-T_i))^{-1},$$

$$0 < a_i < 1, \quad i = 0, 1, \cdots, r, \quad \sum_{i=0}^{r} a_i = 1.$$

则 $\{x_n\}$ 强收敛到 $\{T_1, T_2, \cdots, T_r\}$ 的一个公共不动点.

证明 设 $\mathscr{A}_i = (I - T_i)(i = 1, 2, \cdots, r)$, 则 $\mathscr{A}_i$ 是 m-增生算子. 注意到 $N(\mathscr{A}_i) = F(T_i)$, 因此, $\bigcap_{i=1}^{r} N(\mathscr{A}_i) = \bigcap_{i=1}^{r} F(T_i) \neq \varnothing$. 由定理 4.1 知道结论成立. 证完.

如果定理 4.3 中, $\beta_n \equiv 1$(或者 $\beta_n \equiv 1$, $i = 1$), 则有下面的推论 4.5 和推论 4.6.

推论 4.5 设 $\mathbf{E}$, K 和 α_n 都满足定理 4.1 的条件. 设 $T_i : K \to \mathbf{E}$, $i = 1, \cdots, r$ 是一族连续伪压缩映射, 且 $\bigcap_{i=1}^{r} F(T_i) \neq \varnothing$. 给定 $u, x_0 \in \mathbf{E}$, 设 $\{x_n\}$ 为

$$x_{n+1} = \alpha_n u + (1 - \alpha_n) S_r x_n, \tag{4.13}$$

其中

$$S_r := a_0 I + a_1 J_{T_1} + \cdots + a_r J_{T_r}, \quad J_{T_i} := (I + (I - T_i))^{-1},$$

$$0 < a_i < 1, \quad i = 0, 1, \cdots, r, \quad \sum_{i=0}^{r} a_i = 1.$$

则 $\{x_n\}$ 强收敛到 $\{T_1, T_2, \cdots, T_r\}$ 的一个公共不动点.

推论 4.6 设 $\mathbf{E}$, K 和 α_n 满足推论 4.2. 设 $T : K \to \mathbf{E}$ 是连续伪压缩映射, $F(T) \neq \varnothing$. 给定 $u, x_0 \in \mathbf{E}$, $\{x_n\}$ 为

$$x_{n+1} = \alpha_n u + (1 - \alpha_n) S x_n, \tag{4.14}$$

其中

$$S = aI + (1 - a) J_T, \quad J_T = (I + (I - T))^{-1}, \quad 0 < a < 1.$$

则 $\{x_n\}$ 强收敛到 T 的不动点.

定理 4.4 设 $\mathbf{E}$ 和 α_n, β_n 满足定理 4.1 的条件. 设 $T_i : \mathbf{E} \to \mathbf{E}$, $i = 1, \cdots, r$ 是一族 $\mathbf{E}$ 中的连续伪压缩映射, $\bigcap_{i=1}^{r} F(T_i) \neq \varnothing$. 给定 $u, x_0 \in \mathbf{E}$, 设 $\{x_n\}$ 由算法 (4.12) 产生, 则 $\{x_n\}$ 强收敛到 $\{T_1, T_2, \cdots, T_r\}$ 的一个公共不动点.

证明 根据定理 4.2 和定理 4.3, 可知定理 4.4 成立. 证完.

推论 4.7 设 $\mathbf{E}$ 和 α_n 满足推论 4.2 的条件. 设 $T : \mathbf{E} \to \mathbf{E}$ 是连续的伪压缩映射, $F(T) \neq \varnothing$. 给定 $u, x_0 \in \mathbf{E}$, 设 $\{x_n\}$ 由 (2.14) 产生, 则 $\{x_n\}$ 强收敛到 T 的一个不动点.

注 4.5 推论 4.3 和推论 4.5 分别改进了文献 [111] 的定理 3.8 和定理 3.9.

本章内容来源于文献 [38].

第 5 章　有限个均衡问题公共解的收敛性算法及一些评注

5.1　均衡问题及其研究情况

H 表示实 Hilbert 空间, θ 表示零向量, $\langle\cdot,\cdot\rangle$ 和 $\|\cdot\|$ 分别表示内积和范数. 符号 **N** 和 **R** 分别表示正整数集和实数集. K 是 **H** 的非空闭凸子集. f 是从 $K\times K$ 到 **R** 的双变量函数, 经典的均衡问题如下: 找 $x\in K$ 使得

$$f(x,y)\geqslant 0,\quad \forall y\in K. \tag{5.1}$$

设 $EP(f)$ 表示问题 (5.1) 的解集. 第 1 章已经指出, 问题 (5.1) 是很重要的数学模型. 因此, 问题 (5.1) 得到了许多作者的讨论, 如文献 [5, 18, 31, 35, 63] 及其参考文献等. 后来, 许多相关领域的研究者把问题 (5.1) 推广到求均衡问题和非线性算子不动点问题的公共解, 并建立了相应的迭代算法, 如文献 [53, 56, 80, 85, 87, 93].

本章中, 考虑非扩张映射 $S:K\longrightarrow K$ 的不动点问题与 k 个从 $K\times K$ 到 **R** 的均衡问题的公共解问题:

$$\text{找一个元 } x\in K \text{ 使得 } Sx=x \text{ 且 } f_i(x,y)\geqslant 0,\quad \forall y\in K,\quad i=1,\cdots,k. \tag{5.2}$$

这里用 $\bigcap_{i=1}^k EP(f_i)$ 表示 $f_i(x,y)\geqslant 0, \forall y\in K, i=1,2,\cdots,k$ 的公共解集.

特别地, 如果 $f_i(x,y)=\langle A_ix,y-x\rangle$, 其中 $A_i:K\to K$ 是非线性算子, $i=1,2,\cdots,k$, 则问题 (5.1) 将变为下面的变分不等式问题的公共解问题:

$$\text{找一个元 } x\in K \text{ 使得 } Sx=x \text{ 且 } \langle A_ix,y-x\rangle\geqslant 0,\quad \forall y\in K. \tag{5.3}$$

可见, 问题 (5.3) 是问题 (5.2) 的特例.

为了寻找问题 (5.2) 的公共元, 本章构建如下的迭代算法:

$$\begin{cases} f_1(u_n^1,y)+\dfrac{1}{r_n}\langle y-u_n^1,u_n^1-x_n\rangle\geqslant 0, \quad \forall y\in K,\\ f_2(u_n^2,y)+\dfrac{1}{r_n}\langle y-u_n^2,u_n^2-x_n\rangle\geqslant 0, \quad \forall y\in K,\\ \qquad\qquad\cdots\cdots\\ f_k(u_n^k,y)+\dfrac{1}{r_n}\langle y-u_n^k,u_n^k-x_n\rangle\geqslant 0, \quad \forall y\in K,\\ x_{n+1}=\alpha_n g(x_n)+(1-\alpha_n)y_n,\\ y_n=(1-\lambda)x_n+\lambda S z_n,\\ z_n=\dfrac{u_n^1+\cdots+u_n^k}{k}, \quad n\geqslant 1, \end{cases} \tag{5.4}$$

其中 $x_1\in K$, $g:K\to K$ 是 ρ-压缩映射, $\lambda,\rho\in(0,1)$. 当参数 $\{\alpha_n\}$ 和 $\{r_n\}$ 满足一定的条件, 可以证明 (5.4) 产生的序列 $\{x_n\}$ 和 $\{u_n^i\}(i=1,2,\cdots,k)$ 分别强收敛到 $(\bigcap_{i=1}^k EP(f_i))\cap F(S)$ 的一个元.

设 $I=\{1,2,\cdots,k\}$ 是一有限指标集. 对于 $i\in I$, 设 f_i 是从 $K\times K$ 到 $\mathbf{R}$ 的双变量函数且满足条件 (A1)—(A4). 定义 $T_{r_n}^i$: $\mathbf{H}\to K$ 为

$$T_{r_n}^i(x)=\left\{z\in K: f_i(z,y)+\frac{1}{r_n}\langle y-z,z-x\rangle\geqslant 0,\ \forall y\in K\right\}.$$

对于 $(i,n)\in I\times\mathbf{N}$, 根据引理 1.8, $T_{r_n}^i$ 是相对非扩张的单值映射, 并且 $F(T_{r_n}^i)=EP(f_i)$ 是闭凸集. 对于 $i\in I$, $x_n\in\mathbf{H}$, 设 $u_n^i=T_{r_n}^i x_n$, $n\in\mathbf{N}$.

例 定义 $f_i:[-1,0]\times[-1,0]\to\mathbf{R}$ 为

$$f_i(x,y)=(1+x^{2i})(x-y), \quad i=1,2,3.$$

易知, 对每一个 $i\in\{1,2,3\}$, $f_i(x,y)$ 满足条件 (A1)—(A4) 且 $\bigcap_{i=1}^3 EP(f_i)=\{0\}$. 因此 $\bigcap_{i=1}^3 EP(f_i)$ 是 $[-1,0]$ 中的非空闭凸集. 设 $Sx=x^3$ 和 $gx=\dfrac{1}{2}x$, $\forall x\in[-1,0]$. 则 g 是从 K 到自身的 $\dfrac{1}{2}$-压缩映射, $S:K\to K$ 是非扩张映射且

$$\left(\bigcap_{i=1}^3 EP(f_i)\right)\cap F(S)=\{0\}\neq\varnothing.$$

设 λ, $\{r_n\}$ 和 $\{\alpha_n\}\subset(0,1)$ 分别满足条件:

(i) $\lambda \in (0,1)$;

(ii) $\{r_n\} \subset [1,+\infty)$;

(iii) $\lim_{n\to\infty} \alpha_n = 0$, $\sum_{n=1}^{\infty} \alpha_n = +\infty$.

比如, 可以分别取 $\lambda = \frac{1}{3}$, $\{\alpha_n\} \subset (0,1)$ 和 $\{r_n\} \subset [1,+\infty)$ 为

$$\alpha_n = \begin{cases} 0, & \text{当 } n \text{ 是偶数}, \\ \dfrac{1}{n}, & \text{当 } n \text{ 是奇数} \end{cases} \quad \text{和} \quad r_n = \begin{cases} 2, & \text{当 } n \text{ 是偶数}, \\ 2-\dfrac{1}{n}, & \text{当 } n \text{ 是奇数}. \end{cases}$$

定义序列 $\{x_n\}$ 为

$$\begin{cases} x_1 \in [-1,0], \\ u_n^i = T_{r_n}^i x_n, \quad i=1,2,3, \\ x_{n+1} = \alpha_n g(x_n) + (1-\alpha_n) y_n, \\ y_n = (1-\lambda)x_n + \lambda S z_n, \\ z_n = \dfrac{u_n^1 + u_n^2 + u_n^3}{3}, \quad \forall n \in \mathbf{N}. \end{cases} \tag{5.5}$$

则 $\{x_n\}$ 和 $\{u_n^i\}$, $i=1,2,3$ 分别强收敛到 0.

证明 (a) 根据引理 1.7, (5.5) 式是良定的.

(b) 设 $K=[-1,0]$. 对于 $i \in \{1,2,3\}$, 定义

$$L_i(y,z,v,r) = (z-y)\left[(1+z^{2i}) - \frac{1}{r}(z-v)\right], \quad \forall y,z,v \in K, \quad \forall r \geqslant 1.$$

则对于每一个 $v \in K$ 和 $i \in \{1,2,3\}$, 存在唯一的 $z=0 \in K$ 使得

$$(\mathscr{P}) \qquad L_i(y,z,v,r) \geqslant 0, \quad \forall y \in K, \quad \forall r \geqslant 1,$$

或者,

$$\begin{aligned}(1+z^{2i})(z-y) + \frac{1}{r}\langle y-z, z-v\rangle &= (1+z^{2i})(z-y) + \frac{1}{r}(y-z)(z-v) \\ &\geqslant 0, \quad \forall y \in K, \quad \forall r \geqslant 1.\end{aligned}$$

显然, $z=0$ 是 $(\mathscr{P})$ 的一个解. 另一方面, 并不存在 $z \in [-1,0)$ 使得 $z-y \leqslant 0$ 和 $(1+z^{2i}) - \frac{1}{r}(z-v) \leqslant 0$. 因此 $z=0$ 是问题 $(\mathscr{P})$ 的唯一解.

(c) 注意到, (5.5) 式等同于下面的 (5.6) 式:

$$\begin{cases} x_1 \in [-1,0], \\ f_i(u_n^i, y) + \dfrac{i}{r_n}\langle y - u_n^i, u_n^i - x_n\rangle \geqslant 0, \quad \forall y \in K, \quad \forall i = 1,2,3, \\ x_{n+1} = \alpha_n g(x_n) + (1-\alpha_n)y_n, \\ y_n = (1-\lambda)x_n + \lambda S z_n, \\ z_n = \dfrac{u_n^1 + u_n^2 + u_n^3}{3}, \quad n \in \mathbf{N}. \end{cases} \tag{5.6}$$

易知 $\{x_n\} \subset [-1,0]$, 因此根据 (b), $u_n^1 = u_n^2 = u_n^3 \equiv 0$, $n \in \mathbf{N}$, 所以仅仅需要证明 $x_n \to 0$ 即可.

进一步可以获得 $z_n \equiv 0$, $n \in \mathbf{N}$. 因此, $y_n = (1-\lambda)x_n$ 且

$$\begin{aligned} x_{n+1} &= \alpha_n g(x_n) + (1-\alpha_n)y_n \\ &= \frac{1}{2}\alpha_n x_n + (1-\alpha_n)(1-\lambda)x_n \\ &= \left[\left(1 - \frac{1}{2}\alpha_n\right) - (1-\alpha_n)\lambda\right] x_n, \quad n \in \mathbf{N}. \end{aligned} \tag{5.7}$$

由 (5.7) 式可知

$$|x_{n+1}| = \left[\left(1 - \frac{1}{2}\alpha_n\right) - (1-\alpha_n)\lambda\right] |x_n| \leqslant \left(1 - \frac{1}{2}\alpha_n\right)|x_n|. \tag{5.8}$$

因此 $\{|x_n|\}$ 是一个严格单调减少的序列, 且 $|x_n| \geqslant 0$, $n \in \mathbf{N}$, 即 $\lim_{n\to\infty}|x_n|$ 存在. 对任意 $n, m \in \mathbf{N}$, $n > m$, 利用 (5.8) 式, 可知

$$\begin{aligned} |x_{n+1}| &\leqslant \left(1 - \frac{1}{2}\alpha_n\right)|x_n| \\ &\leqslant \left(1 - \frac{1}{2}\alpha_n\right)\left(1 - \frac{1}{2}\alpha_{n-1}\right)|x_{n-1}| \\ &\leqslant \cdots \leqslant \prod_{j=m}^{n}\left(1 - \frac{1}{2}\alpha_j\right)|x_m|, \end{aligned}$$

这意味着 $\limsup_{n\to\infty}|x_n| \leqslant 0 \leqslant \liminf_{n\to\infty}|x_n|$. 所以 $\{x_n\}$ 强收敛到 0. 证完.

本章把上述例子推广到更一般的情形, 考虑 k 个均衡问题与非扩张映射的公共解的迭代算法. 同时, 我们运用本章构造的迭代算法, 求解具有下半连续的一有

限族凸函数的优化问题. 本章最后, 指出一些所谓的广义均衡问题或者混合均衡问题, 实际上还是通常的均衡问题.

下面的定理在本章中是重要的.

引理 5.1 设 $\mathbf{H}$ 是实 Hilbert 空间, 任意的 $x_1, x_2, \cdots, x_k \in \mathbf{H}$ 和 $a_1, a_2, \cdots, a_k \in [0,1]$, $\sum_{i=1}^k a_i = 1$, $k \in \mathbf{N}$, 成立

$$\left\|\sum_{i=1}^k a_i x_i\right\|^2 = \sum_{i=1}^k a_i\|x_i\|^2 - \sum_{i=1}^{k-1}\sum_{j=i+1}^k a_i a_j \|x_i - x_j\|^2. \tag{5.9}$$

证明 易知 (5.9) 式成立, 如果 $a_j = 1$, 因此, 只需要证明当 $a_j \neq 1$ 时, (5.9) 式成立. 现在用数学归纳法证明.

显然, 当 $k = 1$ 时, (5.9) 式成立. 设 $x_1, x_2 \in \mathbf{H}$, $a_1, a_2 \in [0,1]$, $a_1 + a_2 = 1$. 根据引理 1.6, 可知

$$\|a_1x_1 + a_2x_2\|^2 = a_1\|x_1\|^2 + a_2\|x_2\|^2 - a_1a_2\|x_1 - x_2\|^2,$$

这说明当 $k = 2$ 时, (5.9) 式成立. 现在假设当 $k = l \in \mathbf{N}$ 时, (5.9) 式成立.

设 $y = \sum_{i=2}^{l+1} \dfrac{a_i}{1-a_1} x_i$, 其中 $\sum_{i=1}^{l+1} a_i = 1$,

$$x_1, x_2, \cdots, x_l, x_{l+1} \in \mathbf{H}, \quad a_1, a_2, \cdots, a_l, a_{l+1} \in [0,1).$$

则根据归纳假设可知

$$\begin{aligned}
\left\|\sum_{i=1}^{l+1} a_i x_i\right\|^2 &= \|a_1x_1 + (1-a_1)y\|^2 \\
&= a_1\|x_1\|^2 + (1-a_1)\|y\|^2 - a_1(1-a_1)\|x_1 - y\|^2 \\
&= \sum_{i=1}^{l+1} a_i\|x_i\|^2 - \frac{1}{1-a_1}\sum_{i=2}^{l}\sum_{j=i+1}^{l+1} a_ia_j\|x_i - x_j\|^2 \\
&\quad -a_1(1-a_1)\left\|\sum_{i=2}^{l+1}\frac{a_i}{1-a_1}(x_i - x_1)\right\|^2 \\
&= \sum_{i=1}^{l+1} a_i\|x_i\|^2 - \frac{1}{1-a_1}\sum_{i=2}^{l}\sum_{j=i+1}^{l+1} a_ia_j\|x_i - x_j\|^2 \\
&\quad -a_1(1-a_1)\sum_{i=2}^{l+1}\frac{a_i}{1-a_1}\|x_1 - x_i\|^2
\end{aligned}$$

$$
\begin{aligned}
&+a_1(1-a_1)\sum_{i=2}^{l}\sum_{j=i+1}^{l+1}\frac{a_i}{1-a_1}\frac{a_j}{1-a_1}\|x_i-x_j\|^2\\
=&\sum_{i=1}^{l+1}a_i\|x_i\|^2-\frac{1}{1-a_1}\sum_{i=2}^{l}\sum_{j=i+1}^{l+1}a_ia_j\|x_i-x_j\|^2\\
&-\sum_{i=2}^{l+1}a_1a_i\|x_1-x_i\|^2+\frac{a_1}{1-a_1}\sum_{i=2}^{l}\sum_{j=i+1}^{l+1}a_ia_j\|x_i-x_j\|^2\\
=&\sum_{i=1}^{l+1}a_i\|x_i\|^2-\sum_{i=2}^{l+1}a_1a_i\|x_1-x_i\|^2-\sum_{i=2}^{l}\sum_{j=i+1}^{l+1}a_ia_j\|x_i-x_j\|^2\\
=&\sum_{i=1}^{l+1}a_i\|x_i\|^2-\sum_{i=1}^{l}\sum_{j=i+1}^{l+1}a_ia_j\|x_i-x_j\|^2.
\end{aligned}
$$

因此, 当 $k=l+1$ 时, (5.9) 式成立. 证完.

5.2 算法的收敛性及其应用

定理 5.1 设 K 是 $\mathbf{H}$ 的闭凸子集, $I=\{1,2,\cdots,k\}$ 是有限指标集. f_i 是从 $K\times K$ 到 $\mathbf{R}$ 满足条件 (A1)—(A4) 的双变量函数, $S:K\to K$ 是非扩张映射, $g:K\to K$ 是 ρ-压缩映射. $\Omega=\left(\bigcap_{i=1}^{k}EP(f_i)\right)\cap F(S)\neq\varnothing$, λ, $\rho\in(0,1)$. 序列 $\{x_n\}$ 按以下方式产生:

$$
\begin{cases}
x_1\in K,\\
u_n^i=T_{r_n}^i x_n,\quad \forall i\in I.\\
x_{n+1}=\alpha_n g(x_n)+(1-\alpha_n)y_n,\\
y_n=(1-\lambda)x_n+\lambda S z_n,\\
z_n=\dfrac{u_n^1+\cdots+u_n^k}{k},\quad \forall n\in\mathbf{N}.
\end{cases}
\tag{$*$}
$$

如果参数 $\{\alpha_n\}\subset(0,1)$ 和 $\{r_n\}\subset(0,+\infty)$ 满足:

(D1) $\lim_{n\to\infty}\alpha_n=0$, $\sum_{n=1}^{\infty}\alpha_n=+\infty$, $\lim_{n\to\infty}|\alpha_{n+1}-\alpha_n|=0$;

(D2) $\liminf_{n\to\infty}r_n>0$, $\lim_{n\to\infty}|r_{n+1}-r_n|=0$,

则 $\{x_n\}$ 和 $\{u_n^i\}$ 分别强收敛到 $c=P_\Omega g(c)\in\Omega$, $i\in I$.

证明 分为几个步骤给出证明.

步骤 1 存在唯一的 $c \in \Omega \subset \mathbf{H}$ 使得 $P_\Omega g(c) = c$.

因为 $P_\Omega g$ 在 $\mathbf{H}$ 中是 ρ-压缩的, Banach 压缩原理保证存在唯一的 $c \in \mathbf{H}$ 使得 $c = P_\Omega g(c) \in \Omega$.

步骤 2 证明序列 $\{x_n\}$, $\{y_n\}$, $\{z_n\}$ 和 $\{u_n^i\}$, $\forall\, i \in I$ 都是有界的.

首先, 注意到 $(*)$ 是等价于 $(**)$ 的, 其中 $(**)$ 为

$$\begin{cases} x_1 \in K, \\ f_1(u_n^1, y) + \dfrac{1}{r_n}\langle y - u_n^1, u_n^1 - x_n\rangle \geqslant 0, \quad \forall y \in K, \\ f_2(u_n^2, y) + \dfrac{1}{r_n}\langle y - u_n^2, u_n^2 - x_n\rangle \geqslant 0, \quad \forall y \in K, \\ \qquad\qquad \cdots\cdots \\ f_k(u_n^k, y) + \dfrac{1}{r_n}\langle y - u_n^k, u_n^k - x_n\rangle \geqslant 0, \quad \forall y \in K, \\ x_{n+1} = \alpha_n g(x_n) + (1-\alpha_n) y_n, \\ y_n = (1-\lambda) x_n + \lambda S z_n, \\ z_n = \dfrac{u_n^1 + \cdots + u_n^k}{k}, \quad n \in \mathbf{N}. \end{cases} \tag{$**$}$$

对每一个 $i \in I$, 成立

$$\|u_n^i - c\| = \|T_{r_n}^i x_n - T_{r_n}^i c\| \leqslant \|x_n - c\|, \quad \forall n \in \mathbf{N}. \tag{5.10}$$

对于 $n \in \mathbf{N}$, 从 $(**)$ 式可得

$$\|z_n - c\| \leqslant \|x_n - c\|$$

和

$$\|y_n - c\| \leqslant \|x_n - c\|. \tag{5.11}$$

因为 g 是一个 ρ-压缩的, 由 $(**)$ 式可知

$$\begin{aligned} \|x_{n+1} - c\| &\leqslant \alpha_n \|g(x_n) - c\| + (1-\alpha_n)\|y_n - c\| \\ &\leqslant \alpha_n \|g(x_n) - g(c)\| + \alpha_n \|g(c) - c\| + (1-\alpha_n)\|y_n - c\| \\ &\leqslant \alpha_n \rho \|x_n - c\| + \alpha_n \|g(c) - c\| + (1-\alpha_n)\|x_n - c\| \\ &= [1 - \alpha_n(1-\rho)]\|x_n - c\| + \alpha_n(1-\rho)\frac{\|g(c) - c\|}{1-\rho} \end{aligned}$$

$$\leqslant \max\left\{\|x_n - c\|, \frac{\|g(c) - c\|}{1-\rho}\right\}, \quad n \in \mathbf{N}.$$

由此可得

$$\|x_n - c\| \leqslant \max\left\{\|x_1 - c\|, \frac{\|g(c) - c\|}{1-\rho}\right\}, \quad n \in \mathbf{N},$$

这说明 $\{x_n\}$ 是有界的. 进一步由此可知 $\{y_n\}$, $\{z_n\}$ 和 $\{u_n^i\}$ 都是有界的, $\forall\, i \in I$.

步骤 3 证明 $\lim_{n\to\infty}\|x_{n+1} - x_n\| = 0$.

对每一个 $i \in I$, 因为 $u_{n-1}^i, u_n^i \in K$, 于是根据 (**) 式可知

$$f_i(u_n^i, u_{n-1}^i) + \frac{1}{r_n}\langle u_{n-1}^i - u_n^i, u_n^i - x_n\rangle \geqslant 0 \tag{5.12}$$

和

$$f_i(u_{n-1}^i, u_n^i) + \frac{1}{r_{n-1}}\langle u_n^i - u_{n-1}^i, u_{n-1}^i - x_{n-1}\rangle \geqslant 0. \tag{5.13}$$

由 (5.12) 式、(5.13) 式和条件 (A2) 得

$$\begin{aligned} 0 &\leqslant r_n\left[f_i(u_n^i, u_{n-1}^i) + f_i(u_{n-1}^i, u_n^i)\right] \\ &\quad + \langle u_{n-1}^i - u_n^i, u_n^i - x_n - \frac{r_n}{r_{n-1}}(u_{n-1}^i - x_{n-1})\rangle \\ &\leqslant \left\langle u_{n-1}^i - u_n^i, u_n^i - x_n - \frac{r_n}{r_{n-1}}(u_{n-1}^i - x_{n-1})\right\rangle, \end{aligned}$$

这意味着

$$\left\langle u_{n-1}^i - u_n^i, u_{n-1}^i - u_n^i + x_n - x_{n-1} + x_{n-1} - u_{n-1}^i + \frac{r_n}{r_{n-1}}(u_{n-1}^i - x_{n-1})\right\rangle \leqslant 0. \tag{5.14}$$

根据 (5.14) 式得

$$\|u_n^i - u_{n-1}^i\| \leqslant \|x_n - x_{n-1}\| + \left|\frac{r_n - r_{n-1}}{r_{n-1}}\right| \|x_{n-1} - u_{n-1}^i\|, \quad n \in \mathbf{N}. \tag{5.15}$$

设 $M := \frac{1}{k}\sum_{i=1}^k \|x_{n-1} - u_{n-1}^i\| < \infty$. 对任意 $n \in \mathbf{N}$, 因为 $z_n = \frac{1}{k}(u_n^1 + \cdots + u_n^k)$, 所以根据 (5.15) 式得

$$\|z_n - z_{n-1}\| \leqslant \frac{1}{k}\sum_{i=1}^k \|u_n^i - u_{n-1}^i\| \leqslant \|x_n - x_{n-1}\| + M\left|\frac{r_n - r_{n-1}}{r_{n-1}}\right|. \tag{5.16}$$

为了方便起见, 设

$$v_n = \frac{x_{n+1} - (1-\beta_n)x_n}{\beta_n}, \tag{5.17}$$

再设 $\beta_n = 1-(1-\lambda)(1-\alpha_n)$, $n \in \mathbf{N}$. 则对于 $n \in \mathbf{N}$, 有

$$x_{n+1} - x_n = \beta_n(v_n - x_n) \tag{5.18}$$

和

$$v_n = \frac{\alpha_n g(x_n) + \lambda(1-\alpha_n)Sz_n}{\beta_n}. \tag{5.19}$$

因为

$$\begin{aligned} v_{n+1} - v_n &= \frac{\alpha_{n+1} g(x_{n+1})}{\beta_{n+1}} - \frac{\alpha_n g(x_n)}{\beta_n} - \frac{\lambda(1-\alpha_n)Sz_n}{\beta_n} + \frac{\lambda(1-\alpha_{n+1})Sz_{n+1}}{\beta_{n+1}} \\ &= \frac{\alpha_{n+1} g(x_{n+1})}{\beta_{n+1}} - \frac{\alpha_n g(x_n)}{\beta_n} - \frac{\lambda(1-\alpha_n)(Sz_n - Sz_{n+1})}{\beta_n} \\ &\quad -\lambda\left(\frac{1-\alpha_n}{\beta_n} - \frac{1-\alpha_{n+1}}{\beta_{n+1}}\right)Sz_{n+1}, \end{aligned}$$

并注意到 (5.16) 式得

$$\begin{aligned} &\|v_{n+1} - v_n\| - \|x_{n+1} - x_n\| \\ \leqslant\ & \frac{\alpha_{n+1}\|g(x_{n+1})\|}{\beta_{n+1}} + \frac{\alpha_n\|g(x_n)\|}{\beta_n} + \frac{\lambda(1-\alpha_n)\|z_n - z_{n+1}\|}{\beta_n} \\ & + \left|\frac{1-\alpha_n}{\beta_n} - \frac{1-\alpha_{n+1}}{\beta_{n+1}}\right| \|Sz_{n+1}\| - \|x_{n+1} - x_n\| \\ \leqslant\ & \frac{\alpha_{n+1}\|g(x_{n+1})\|}{\beta_{n+1}} + \frac{\alpha_n\|g(x_n)\|}{\beta_n} + \left[\frac{\lambda(1-\alpha_n)}{\beta_n} - 1\right]\|x_{n+1} - x_n\| \\ & + \frac{M}{\beta_n}\left|\frac{r_{n+1} - r_n}{r_n}\right| + \left|\frac{1-\alpha_n}{\beta_n} - \frac{1-\alpha_{n+1}}{\beta_{n+1}}\right| \|Sz_{n+1}\|. \end{aligned}$$

结合条件 (D1), (D2), 可知

$$\limsup_{n\to\infty}\{\|v_{n+1} - v_n\| - \|x_{n+1} - x_n\|\} \leqslant 0. \tag{5.20}$$

利用引理 1.5 和 (5.20) 式得

$$\lim_{n\to\infty}\|v_n - x_n\| = 0. \tag{5.21}$$

于是根据 (5.18) 式和 (5.21) 式, 可知

$$\lim_{n\to\infty}\|x_{n+1}-x_n\|=0. \tag{5.22}$$

步骤 4 证明 $\lim_{n\to\infty}\|Su_n^i-u_n^i\|=0$.

根据 (5.15) 式、(5.22) 式和 (D2), 可知

$$\lim_{n\to\infty}\|u_{n+1}^i-u_n^i\|=0,\quad \forall i\in I.$$

再由 (**) 式得

$$\lim_{n\to\infty}\|x_{n+1}-y_n\|=\lim_{n\to\infty}\alpha_n\|g(x_n)-y_n\|=0. \tag{5.23}$$

注意到 $\|x_n-y_n\|\leqslant\|x_n-x_{n+1}\|+\|x_{n+1}-y_n\|$, 所以由 (5.22) 式和 (5.23) 式得

$$\lim_{n\to\infty}\|y_n-x_n\|=0,$$

这说明

$$\lim_{n\to\infty}\|Sz_n-x_n\|=\lim_{n\to\infty}\frac{1}{\lambda}\|y_n-x_n\|=0.$$

根据引理 1.6,

$$\begin{aligned}\|u_n^i-c\|^2&=\|T_{r_n}^ix_n-T_{r_n}^ic\|^2\\&\leqslant\langle T_{r_n}^ix_n-T_{r_n}^ic,x_n-c\rangle\\&=\frac{1}{2}\left\{\|u_n^i-c\|^2+\|x_n-c\|^2-\|u_n^i-x_n\|^2\right\},\end{aligned}$$

因此

$$\|u_n^i-c\|^2\leqslant\|x_n-c\|^2-\|u_n^i-x_n\|^2. \tag{5.24}$$

从 (5.24) 式和引理 5.1 得

$$\|z_n-c\|^2=\left\|\sum_{i=1}^k\frac{1}{k}\left(u_n^i-c\right)\right\|^2\leqslant\frac{1}{k}\sum_{i=1}^k\|u_n^i-c\|^2\leqslant\|x_n-c\|^2-\frac{1}{k}\sum_{i=1}^k\|u_n^i-x_n\|^2.$$

又因为

$$\begin{aligned}\|x_{n+1}-c\|^2&\leqslant\alpha_n\|g(x_n)-c\|^2+(1-\alpha_n)\|y_n-c\|^2\\&\leqslant\alpha_n\|x_n-c\|^2+2\alpha_n\mathscr{L}+(1-\alpha_n)\|y_n-c\|^2\end{aligned}$$

$$\leqslant [1-\lambda(1-\alpha_n)]\|x_n-c\|^2+2\alpha_n\mathscr{L}+\lambda(1-\alpha_n)\|z_n-c\|^2,$$

其中

$$\mathscr{L}=\max\{2\|g(c)-c\|\|x_n-c\|,\|g(c)-c\|^2\}<\infty.$$

所以

$$\begin{aligned}\frac{1-\alpha_n}{k}\lambda\sum_{i=1}^{k}\|u_n^i-x_n\|^2&\leqslant\|x_n-c\|^2-\|x_{n+1}-c\|^2+2\alpha_n\mathscr{L}\\&\leqslant(\|x_n-c\|+\|x_{n+1}-c\|)\|x_n-x_{n+1}\|+2\alpha_n\mathscr{L}.\end{aligned} \tag{5.25}$$

在 (5.25) 式中让 $n\to\infty$, 可得

$$\lim_{n\to\infty}\|u_n^i-x_n\|=0,\quad\forall i\in I. \tag{5.26}$$

进一步, 易知

$$\lim_{n\to\infty}\|z_n-x_n\|=\lim_{n\to\infty}\|u_n^i-z_n\|=0,\quad\forall i\in I.$$

所以对于 $i\in I$, 由

$$\|Su_n^i-u_n^i\|\leqslant\|Su_n^i-Sz_n\|+\|Sz_n-x_n\|+\|x_n-u_n^i\|,$$

可知

$$\lim_{n\to\infty}\|Su_n^i-u_n^i\|=0. \tag{5.27}$$

步骤 5 证明 $\limsup_{n\to\infty}\langle g(c)-q,x_n-c\rangle\leqslant0$.

取 $\{x_n\}$ 的一个子列 $\{x_{n_\ell}\}$ 使得

$$\limsup_{n\to\infty}\langle g(c)-c,x_n-c\rangle=\lim_{\ell\to\infty}\langle g(c)-c,x_{n_\ell}-c\rangle. \tag{5.28}$$

由于 $\{x_{n_\ell}\}$ 有界, 因而存在 $\{x_{n_\ell}\}$ 的子列 (这里仍然用 $\{x_{n_\ell}\}$ 表示) 使得 $x_{n_\ell}\rightharpoonup z$, $\ell\to\infty$. 注意到, 对于每一个 $i\in I$, $\lim_{\ell\to\infty}\|u_{n_\ell}^i-x_{n_\ell}\|=0$(根据 (5.26) 式), 因而 $u_{n_\ell}^i\rightharpoonup z$, $\ell\to\infty$, $\forall\, i\in I$.

现在证明 $z\in\Omega$. 首先验证 $z\in F(S)$. 事实上, 因为

$$\lim_{\ell\to\infty}\|(I-S)u_{n_\ell}^i\|=\lim_{\ell\to\infty}\|Su_{n_\ell}^i-u_{n_\ell}^i\|=0,\quad u_{n_\ell}^i\rightharpoonup z,\quad \ell\to\infty,$$

所以根据引理 1.10 知 $(I-S)z=\theta$, 即 $z\in F(S)$.

其次验证 $z \in \bigcap_{i=1}^{k} EP(f_i)$.

对每一个 $i \in I$, 因为 $\forall y \in K, f_i(u_{n_\ell}^i, y) + \dfrac{1}{r_{n_\ell}}\langle y - u_{n_\ell}^i, u_{n_\ell}^i - x_{n_\ell}\rangle \geqslant 0$, 从条件 (A2) 得

$$\begin{aligned}\frac{1}{r_{n_\ell}}\langle y - u_{n_\ell}^i, u_{n_\ell}^i - x_{n_\ell}\rangle &\geqslant f_i(y, u_{n_\ell}^i) + f_i(u_{n_\ell}^i, y) + \frac{1}{r_{n_\ell}}\langle y - u_{n_\ell}^i, u_{n_\ell}^i - x_{n_\ell}\rangle \\ &\geqslant f_i(y, u_{n_\ell}^i),\end{aligned}$$

因此

$$\left\langle y - u_{n_\ell}^i, \frac{u_{n_\ell}^i - x_{n_\ell}}{r_{n_\ell}}\right\rangle \geqslant f_i(y, u_{n_\ell}^i), \quad \forall y \in K.$$

根据 (5.26) 式和条件 (A4) 得

$$f_i(y, z) \leqslant 0, \quad \forall y \in K. \tag{5.29}$$

现在取定 $y \in K$. 令 $y_t = ty + (1-t)z$, $t \in (0,1)$. 则 $y_t \in K$ 和 $f_i(y_t, z) \leqslant 0$, $i \in I$. 根据条件 (A1) 和 (A4), 可知

$$0 = f_i(y_t, y_t) \leqslant t f_i(y_t, y) + (1-t) f_i(y_t, z) \leqslant t f_i(y_t, y), \quad \forall i \in I.$$

对任意 $i \in I$, 根据条件 (A3) 可得

$$f_i(z, y) \geqslant \lim_{t \downarrow 0} f_i(ty + (1-t)z, y) = \lim_{t \downarrow 0} f_i(y_t, y) \geqslant 0. \tag{5.30}$$

从 (5.30) 式知 $z \in \bigcap_{i=1}^{k} EP(f_i)$. 因此, $z \in \Omega = (\bigcap_{i=1}^{k} EP(f_i)) \bigcap F(S)$.

另一方面, 根据 (5.28) 式可知

$$\limsup_{n \to \infty}\langle g(c) - c, x_n - c\rangle = \langle g(c) - c, z - c\rangle \leqslant 0. \tag{5.31}$$

步骤 6 最后, 对于 $i \in I$, 证明 $\{x_n\}$ 和 $\{u_n^i\}$ 强收敛到 $c = P_\Omega g(c) \in \Omega$.

从 (**) 式和引理 1.6 的 (1) 知

$$\begin{aligned}\|x_{n+1} - c\|^2 &\leqslant (1-\alpha_n)^2\|y_n - c\|^2 + 2\alpha_n\langle g(x_n) - g(c) + g(c) - c, x_{n+1} - c\rangle \\ &\leqslant (1-\alpha_n)^2\|x_n - c\|^2 + 2\alpha_n\rho\|x_n - c\|\|x_{n+1} - c\| \\ &\quad + 2\alpha_n\langle g(c) - c, x_{n+1} - c\rangle \\ &\leqslant (1 - 2\alpha_n + \alpha_n^2)\|x_n - c\|^2 + 2\alpha_n\rho\|x_n - c\|\|x_n - x_{n+1}\|\end{aligned}$$

$$
\begin{aligned}
&+2\alpha_n\rho\|x_n-c\|^2+2\alpha_n\langle g(c)-c,x_{n+1}-c\rangle\\
=&(1-2(1-\rho)\alpha_n)\|x_n-c\|^2+\alpha_n^2\|x_n-c\|^2\\
&+2\alpha_n\rho\|x_n-c\|\|x_n-x_{n+1}\|+2\alpha_n\langle g(c)-c,x_{n+1}-c\rangle. \quad (5.32)
\end{aligned}
$$

设

$$a_n=\|x_n-c\|^2,$$

$$b_n=\alpha_n\|x_n-c\|^2+2\rho\|x_n-c\|\|x_n-x_{n+1}\|+2\langle g(c)-c,x_{n+1}-c\rangle,$$

$$\lambda_n=2(1-\rho)\alpha_n$$

和

$$\gamma_n=\alpha_n b_n.$$

由 (5.32) 式得

$$a_{n+1}\leqslant(1-\lambda_n)a_n+\gamma_n,\quad \forall n\in\mathbf{N}.$$

容易验证此不等式满足引理 1.3 的条件. 因此, 根据引理 1.3 可得 $\lim_{n\to\infty}a_n=0$, 这意味着

$$\lim_{n\to\infty}\|x_n-c\|=0,$$

即 $\{x_n\}$ 强收敛到 c. 再根据 (5.26) 式, 对任意 $i\in I$, $\{u_n^i\}$ 也强收敛到 c. 证完.

定理 5.1 的应用 考虑下面的优化问题, 我们将给出一个迭代算法用于求解它们的公共解:

$$\min_{x\in K}h_i(x),\quad i=1,2,\cdots,k, \quad (5.33)$$

其中 $h_i(x)$, $i=1,2,\cdots,k$ 是定义在 $\mathbf{H}$ 的闭凸子集中下半连续的凸函数. 例如, 设

$$h_i(x)=x^i,\quad x\in K:=[0,1],\quad i=1,2,\cdots,k.$$

取 $f_i(x,y)=h_i(y)-h_i(x)$, $i=1,2,\cdots,k$, 则均衡问题:

$$\text{找一个元 } x\in K \text{ 使得 } f_i(x,y)\geqslant 0,\quad \forall y\in K,\quad i=1,2,\cdots,k$$

的公共解集 $\bigcap_{i=1}^k EP(f_i)$ 是问题 (5.33) 的公共解集.

对于 $i=1,2,\cdots,k$, 显然 $f_i(x,y)$ 满足条件 (A1)—(A4). 取 $S=I$(恒等算子), 则从 (5.6) 式, 可得算法

$$\begin{cases} h_i(y)-h_i(u_n^i)+\dfrac{1}{r_n}\langle y-u_n^i, u_n^i-x_n\rangle \geqslant 0, \quad \forall y\in K, \\ x_{n+1}=\alpha_n f(x_n)+(1-\alpha_n)y_n, \\ y_n=(1-\lambda)x_n+\lambda z_n, \\ z_n=\dfrac{u_n^1+\cdots+u_n^k}{k}, \quad n\geqslant 1. \end{cases} \tag{5.34}$$

其中 $i=1,2,\cdots,k$, $x_1\in K$, $\lambda\in(0,1)$, $f:K\to K$ 是一个压缩常数为 α 的压缩映射. 如果参数 $\{\alpha_n\}$ 和 $\{r_n\}$ 满足定理 5.1 的条件, 则由定理 5.1 知 (5.34) 式产生的序列 $\{x_n\}$ 和 $\{u_n^i\}, i=1,2,\cdots,k$ 强收敛到 $\bigcap_{i=1}^k EP(f_i)$ 的一个元.

5.3 进一步评注

注 5.1 在文献 [49, 51, 55] 和 [27, 75, 88] 及其参考文献等中, 一些作者分别研究了混合均衡问题 (简称 (MEP) 问题) 和广义均衡问题 (简称 (GEP) 问题).

(a) 混合均衡问题

$$\text{找一个元 } x\in K \text{ 使得 } f(x,y)+\varphi(y)-\varphi(x)\geqslant 0, \quad \forall y\in K, \tag{5.35}$$

其中 $\varphi: K\to\mathbf{R}$ 是实值函数.

(b) 广义均衡问题

$$\text{找一个元 } x\in K \text{ 使得 } f(x,y)+\langle Ax, y-x\rangle\geqslant 0, \quad \forall y\in K, \tag{5.36}$$

其中 $A: K\to\mathbf{H}$ 是非线性算子.

在文献 [49, 51, 55] 中, 作者研究了问题 (5.35) 的近似解算法. 如果双变量函数 $f(x,y)$ 满足条件 (A1)—(A4) 且实值函数 φ 满足:

(A5) $\varphi: K\to\mathbf{R}$ 是下半连续的凸函数,

则问题 (5.35) 实际上仍然是问题 (5.1). 事实上, 如果设

$$f_1(x,y)=f(x,y) \quad \text{和} \quad f_2(x,y)=\varphi(y)-\varphi(x),$$

以及

$$F(x,y)=f_1(x,y)+f_2(x,y), \quad (x,y)\in K\times K,$$

则当 $f_1(x,y)$ 满足条件 (A1)—(A4), 且 $f_2(x,y)$ 满足条件 (A5) 时, 下面的实事成立:

函数 φ 一定满足条件 (A1)—(A4), 所以, 对于 $(x, y) \in K \times K$, $F(x, y)$ 满足条件 (A1)—(A4). 因此, 当研究混合均衡问题 (5.35) 时, 实际上只需要研究均衡问题 (5.1). 也就是说, 所谓的混合均衡问题 (5.35), 实质上仍然是均衡问题 (5.1).

注 5.2　先回忆一些概念. 映射 $T: K \to K$ 被称为是

(1) v-扩张的, 如果 $\|Tx - Ty\| \geqslant v\|x - y\|$, $x, y \in K$. 特别地, 如果 $v = 1$, 则 T 被称为是扩张的.

(2) v-强单调的, 如果存在一个常数 $v > 0$, 使得

$$\langle Tx - Ty, x - y\rangle \geqslant v\|x - y\|^2, \quad \forall x, y \in K.$$

显然, 一个 v-强单调映射一定是 v-扩张映射的.

(3) u-逆强单调的, 如果存在一个常数 $u > 0$ 使得

$$\langle Tx - Ty, x - y\rangle \geqslant u\|Tx - Ty\|^2, \quad \forall x, y \in K.$$

(4) Lipschitz 连续映射, 如果存在常数 $L > 0$, 使得

$$\|Tx - Ty\| \leqslant L\|x - y\|, \quad x, y \in C.$$

特别地, 如果 $L = 1$, 则 T 被称为非扩张映射.

注意到, 一个 u-逆强单调算子是 $\frac{1}{u}$-Lipschitz 连续的. 因此, 当算子 $A: K \to H$ 是 u-逆强单调算子时, 我们认为问题 (5.36) 仍然是均衡问题 (5.1). 事实上, 如果 A 是一个从 K 到 $\mathbf{H}$ 的 u-逆强单调算子, 则 A 是一个连续算子. 再结合 Hilbert 空间内积的连续性, 可知 $\langle Ax, y - x\rangle$, $\forall x, y \in K$, 满足条件 (A1)—(A4). 所以, 如果设 $F(x, y) = f(x, y) + \langle Ax, y - x\rangle \geqslant 0$, 则文献 [27, 75, 88] 中研究的问题 (5.36) 仍然是均衡问题 (5.1), 因而并不是所谓的广义均衡问题.

结论　文献 [49, 51, 55] 和 [27, 74] 分别研究的问题 (5.35) 和问题 (5.36), 实际上仍然是一些文献如 [15, 18, 29, 52, 53, 54, 56, 80, 85, 87, 93] 研究的均衡问题.

本章内容来源于文献 [41].

第 6 章　分裂均衡问题解的迭代算法

第 5 章讨论了均衡问题公共解的求解算法, 本章讨论分裂均衡问题的求解方法. 首先介绍分裂均衡问题的概念, 然后给出解的迭代算法.

6.1　分裂均衡问题

设 $\mathbf{H}_1$ 和 $\mathbf{H}_2$ 是实的 Hilbert 空间, C 和 K 分别是 $\mathbf{H}_1$ 和 $\mathbf{H}_2$ 的闭凸子集, $A:\mathbf{H}_1\to\mathbf{H}_2$ 是有界线性算子. f 是从 $C\times C$ 到 $\mathbf{R}$, g 是从 $K\times K$ 到 $\mathbf{R}$ 的双变量函数. 关于 f 和 g 的均衡问题分别指的是

$$\text{找 } p\in C \text{ 使得 } f(p,y)\geqslant 0,\quad \forall y\in C, \text{ 以及找 } q\in K \text{ 使得 } g(q,v)\geqslant 0,\quad \forall v\in K. \tag{6.1}$$

而分裂均衡问题 (简称问题 (SEP)) 指的是

$$\text{找 } p\in C \text{ 使得 } f(p,y)\geqslant 0,\quad \forall y\in C \tag{6.2}$$

且

$$\text{使得 } u:=Ap\in K \text{ 满足 } g(u,v)\geqslant 0,\quad \forall v\in K. \tag{6.3}$$

显然, 在问题 (6.1) 中, 它们都是经典的均衡问题, 它们的解之间也许是不存在任何关系的. 但是从 (6.2) 式和 (6.3) 式中, 我们知道分裂均衡问题中, 包含两个均衡问题, 第一个均衡问题的解在一个有界线性算子的作用下, 恰好是另一个均衡问题的解. 研究这类分裂均衡问题的意义是什么呢? 众所周知, 作为均衡问题的推广形式, 在许多文献中, 比如文献 [29, 41, 78], 作者研究了在相同空间之下的多个均衡问题的公共解. 然而, 一般情况下, 许多均衡问题并不在相同的空间中或者虽然在相同的空间中, 但是可能出现在不同的子集中. 因此, 讨论分裂均衡问题、建立一个算法用于求解不同均衡问题就显得更重要和更具有实用性, 不但实现一个算法求解多个问题, 而且可以从算法中得到两个均衡问题近似解之间的关系.

分裂均衡问题的特例就是分裂变分不等式问题[12].

为了方便起见, 设 $EP(f)$, $EP(g)$ 和 $\Omega=\{p\in EP(f):Ap\in EP(g)\}$ 分别表示问题 (6.1) 和问题 (SEP) 的解集.

下面给出伴随算子以及问题 (SEP) 的一些例子.

例 6.1 设 $\mathbf{H}_1=\mathbf{H}_2=\mathbf{R}, C:=[1,+\infty), K:=(-\infty,-4]$. 设 $A(x)=-4x$, $x\in\mathbf{R}$. 定义 $f:C\times C\to\mathbf{R}$, $g:K\times K\to\mathbf{R}$ 分别为

$$f(x,y)=y-x,\quad g(u,v)=2(u-v).$$

清楚地, A 是有界线性算子, $EP(f)=\{1\}$ 和 $A(1)=-4\in EP(g)$. 因此, $\Omega=\{p\in EP(f):Ap\in EP(g)\}\neq\varnothing$.

例 6.2 设 $\mathbf{H}_2=\mathbf{R}$, 范数取为 $|\cdot|$, $\mathbf{H}_1=\mathbf{R}^2$, 范数取为 $\|\alpha\|=(a_1^2+a_2^2)^{\frac{1}{2}}$, $\alpha=(a_1,a_2)\in\mathbf{R}^2$. 设

$$K:=[1,+\infty),\quad C:=\{\alpha=(a_1,a_2)\in\mathbf{R}^2|a_2-a_1\geqslant 1\}.$$

定义 $f(w,\alpha)=w_1-w_2+a_2-a_1$, 其中 $w=(w_1,w_2),\alpha=(a_1,a_2)\in C$, 则 f 是 $C\times C$ 到 $\mathbf{R}$ 的双变量函数, 且 $EP(f)=\{p=(p_1,p_2)|\ p_2-p_1=1\}$.

对于 $\alpha=(a_1,a_2)\in\mathbf{H}_1$, 设 $A\alpha=a_2-a_1$, 则 A 是从 $\mathbf{H}_1$ 到 $\mathbf{H}_2$ 的线性有界算子. 事实上, 任意 $\alpha_1,\alpha_2\in\mathbf{H}_1$ 和 $a,b\in\mathbf{R}$, 容易验证

$$A(a\alpha_1+b\alpha_2)=aA(\alpha_1)+bA(\alpha_2),\quad \|A\|=\sqrt{2}.$$

定义 g: $g(u,v)=v-u$, $u,v\in K$. 则 g 是从 $K\times K$ 到 $\mathbf{R}$ 的双变量函数, 且 $EP(g)=\{1\}$.

显然, 当 $p\in EP(f)$ 时, $Ap=1\in EP(g)$. 因此, $\Omega=\{p\in EP(f):Ap\in EP(g)\}\neq\varnothing$.

例 6.3 设 $\mathbf{H}_2=\mathbf{R}$, 范数取为 $|\cdot|$, $\alpha=(a_1,a_2)\in\mathbf{H}_1=\mathbf{R}^2$, 范数为 $\|\alpha\|=(a_1^2+a_2^2)^{\frac{1}{2}}$. $\langle x,y\rangle=xy$ 表示 $\mathbf{H}_2$ 的内积, $x,y\in\mathbf{H}_2$, $\langle\alpha,\beta\rangle=a_1b_1+a_2b_2$ 表示 $\mathbf{H}_1$ 的内积, $\beta=(b_1,b_2)\in\mathbf{H}_1$.

设 $A\alpha=a_2-a_1$, 则 A 是从 $\mathbf{H}_1$ 到 $\mathbf{H}_2$ 的有界算子, 且 $\|A\|=\sqrt{2}$. 对任意 $x\in\mathbf{H}_2$, 设 $Bx=(-x,x)$, 则 B 是从 $\mathbf{H}_2$ 到 $\mathbf{H}_1$ 的有界线性算子, 且 $\|B\|=\sqrt{2}$.

显然, 对任意 $\alpha=(a_1,a_2)\in\mathbf{H}_1$, $x\in\mathbf{H}_2$, $\langle A\alpha,x\rangle=\langle\alpha,Bx\rangle$, 因此 B 是 A 的伴随算子.

例 6.4 设 $\mathbf{H}_1=\mathbf{R}^2$, 范数为

$$\|\alpha\|=(a_1^2+a_2^2)^{\frac{1}{2}},\quad \alpha=(a_1,a_2)\in\mathbf{R}^2,$$

$\mathbf{H}_2=\mathbf{R}^3$, 范数为

$$\|\gamma\|=(c_1^2+c_2^2+c_3^2)^{\frac{1}{2}},\quad \gamma=(c_1,c_2,c_3)\in\mathbf{R}^3.$$

设

$$\langle\alpha,\beta\rangle=a_1b_1+a_2b_2,\quad \langle\gamma,\eta\rangle=c_1d_1+c_2d_2+c_3d_3$$

分别表示 $\mathbf{H}_1$ 和 $\mathbf{H}_2$ 的内积, 其中

$$\alpha=(a_1,a_2),\quad \beta=(b_1,b_2)\in\mathbf{H}_1,\quad \gamma=(c_1,c_2,c_3),\quad \eta=(d_1,d_2,d_3)\in\mathbf{R}^3.$$

设 $A\alpha=(a_2,a_1,a_1-a_2)$, $\alpha=(a_1,a_2)\in\mathbf{H}_1$, 则

$$\left\|\left(\frac{\sqrt{2}}{2},-\frac{\sqrt{2}}{2},-\sqrt{2}\right)\right\|\leqslant\sup_{\|\alpha\|=1}\|A\alpha\|\leqslant\sqrt{3},$$

因此, A 是 $\mathbf{H}_1$ 到 $\mathbf{H}_2$ 的有界线性算子, 且有 $\|A\|=\sqrt{3}$. 又设

$$\gamma=(c_1,c_2,c_3)\in\mathbf{H}_2,\quad B\gamma=(c_2+c_3,c_1-c_3),$$

则 B 是从 $\mathbf{H}_2$ 到 $\mathbf{H}_1$ 的有界线性算子, 且有 $\|B\|=\sqrt{3}$.

显然, 对任意 $\alpha=(a_1,a_2)\in\mathbf{H}_1$ 和 $\gamma=(c_1,c_2,c_3)\in\mathbf{H}_2$, 有 $\langle A\alpha,\gamma\rangle=\langle\alpha,B\gamma\rangle$, 故 B 是 A 的伴随算子.

6.2 弱收敛和强收敛算法

本节, 介绍两个迭代方法求解问题 (SEP), 并验证算法的收敛性, 获得了一些强收敛或者弱收敛定理. 最后给出一些例子说明本章获得的结果.

定理 6.1 (弱收敛算法) 设 C 和 K 分别是 $\mathbf{H}_1$ 和 $\mathbf{H}_2$ 的非空闭凸子集, 其中 $\mathbf{H}_1$ 和 $\mathbf{H}_2$ 是实 Hilbert 空间. $\wedge:=\{1,2,\cdots,k\}$ 表示指标集. 对于 $i\in\wedge$, $f_i:C\times C\to\mathbf{R}$ 是双变量函数, $\bigcap_{i=1}^k EP(f_i)\neq\varnothing$. $A:\mathbf{H}_1\to\mathbf{H}_2$ 是有界线性算子, 其伴随算子是 B. $g:K\times K\to\mathbf{R}$ 是双变量函数, $EP(g)\neq\varnothing$. $\{x_n\}$ 和 $\{u_n^i\}(i\in\wedge)$ 按以下方式产生:

$$\begin{cases} x_1\in C,\\ f_i(u_n^i,y)+\dfrac{1}{r_n}\langle y-u_n^i,u_n^i-x_n\rangle\geqslant 0,\quad y\in C,\quad i\in\wedge,\\ \tau_n=\dfrac{u_n^1+\cdots+u_n^k}{k},\\ g(w_n,z)+\dfrac{1}{r_n}\langle z-w_n,w_n-A\tau_n\rangle\geqslant 0,\quad z\in K,\\ x_{n+1}=P_C(\tau_n+\mu B(w_n-A\tau_n)),\quad\forall\, n\in\mathbf{N}, \end{cases}\tag{6.4}$$

其中 $\{r_n\}\subset(0,+\infty)$, $\liminf_{n\to\infty}r_n>0$, P_C 是从 $\mathbf{H}_1$ 到 C 的投影算子, $\mu\in\left(0,\dfrac{1}{\|B\|^2}\right)$ 是常数.

设 $\Omega=\left\{p\in\bigcap_{i=1}^{k}EP(f_i):Ap\in EP(g)\right\}\neq\varnothing$, 则 $\{x_n\}$ 和 $\{u_n^i\}(i\in\wedge)$ 弱收敛到 $p\in\Omega$, 而 $\{w_n\}$ 弱收敛到 $Ap\in EP(g)$.

证明 对每一个 $i\in\wedge$ 和每一个 $r>0$, 设 $T_r^{f_i}$: $\mathbf{H}_1\to C$, T_r^g: $\mathbf{H}_2\to K$ 分别由引理 1.8 定义, 再根据引理 1.8, 分别有

$$u_n^i=T_{r_n}^{f_i}x_n,\quad w_n=T_{r_n}^{g}A\tau_n,\quad n\in\mathbf{N}.$$

于是 (6.4) 式可以改写成如下形式:

$$\begin{cases}x_1\in C,\\ u_n^i=T_{r_n}^{f_i}x_n,\quad i\in\wedge,\\ \tau_n=\dfrac{u_n^1+\cdots+u_n^k}{k},\\ w_n=T_{r_n}^{g}A\tau_n,\\ x_{n+1}=P_C(\tau_n+\mu B(T_{r_n}^{g}-I)A\tau_n),\quad\forall n\in\mathbf{N}.\end{cases}\tag{6.5}$$

设 $x^*\in C$ 满足 $x^*\in\bigcap_{i=1}^{k}EP(f_i)$ 和 $Ax^*\in EP(g)$, 即 $x^*\in\Omega$. 根据引理 1.8 和引理 1.6 得

$$\begin{aligned}\|u_n^i-x^*\|^2&=\|T_{r_n}^{f_i}x_n-T_{r_n}^{f_i}x^*\|^2\\&\leqslant\langle T_{r_n}^{f_i}x_n-T_{r_n}^{f_i}x^*,x_n-x^*\rangle\\&=\frac{1}{2}\left\{\|u_n^i-x^*\|^2+\|x_n-x^*\|^2-\|u_n^i-x_n\|^2\right\},\end{aligned}$$

因此,

$$\|u_n^i-x^*\|^2\leqslant\|x_n-x^*\|^2-\|u_n^i-x_n\|^2.\tag{6.6}$$

由引理 5.1 得

$$\|\tau_n-x^*\|^2\leqslant\frac{1}{k}\sum_{i=1}^{k}\|u_n^i-x^*\|^2.\tag{6.7}$$

(6.6) 式和 (6.7) 式意味着

$$\|\tau_n-x^*\|^2\leqslant\|x_n-x^*\|^2-\frac{1}{k}\sum_{i=1}^{k}\|u_n^i-x_n\|^2.\tag{6.8}$$

再根据引理 1.8 得

$$\|w_n-Ax^*\|=\|T_{r_n}^{g}A\tau_n-Ax^*\|\leqslant\|A\tau_n-Ax^*\|,\quad n\in\mathbf{N}.\tag{6.9}$$

利用引理 1.6 的 (3) 和 (6.9) 式, 对每一个 $n \in \mathbf{N}$, 成立

$$
\begin{aligned}
&2\mu\langle \tau_n - x^*, B(T^g_{r_n} - I)A\tau_n\rangle \\
&= 2\mu\langle A(\tau_n - x^*) + (T^g_{r_n} - I)A\tau_n - (T^g_{r_n} - I)A\tau_n, (T^g_{r_n} - I)A\tau_n\rangle \\
&= 2\mu(\langle T^g_{r_n}A\tau_n - Ax^*, (T^g_{r_n} - I)A\tau_n\rangle - \|(T^g_{r_n} - I)A\tau_n\|^2) \\
&= 2\mu\left(\frac{1}{2}\|T^g_{r_n}A\tau_n - Ax^*\|^2 + \frac{1}{2}\|(T^g_{r_n} - I)A\tau_n\|^2\right. \\
&\quad \left. -\frac{1}{2}\|A\tau_n - Ax^*\|^2 - \|(T^g_{r_n} - I)A\tau_n\|^2\right) \\
&\leqslant 2\mu\left(\frac{1}{2}\|(T^g_{r_n} - I)A\tau_n\|^2 - \|(T^g_{r_n} - I)A\tau_n\|^2\right) \\
&= -\mu\|(T^g_{r_n} - I)A\tau_n\|^2.
\end{aligned} \tag{6.10}
$$

此外,

$$
\|B(T^g_{r_n} - I)A\tau_n\|^2 \leqslant \|B\|^2\|(T^g_{r_n} - I)A\tau_n\|^2. \tag{6.11}
$$

从 (6.5) 式、(6.8)—(6.11) 式得

$$
\begin{aligned}
\|x_{n+1} - x^*\|^2 &= \|P_C(\tau_n + \mu B(T^g_{r_n} - I)A\tau_n) - P_C x^*\|^2 \\
&\leqslant \|\tau_n + \mu B(T^g_{r_n} - I)A\tau_n - x^*\|^2 \\
&= \|\tau_n - x^*\|^2 + \|\mu B(T^g_{r_n} - I)A\tau_n\|^2 + 2\mu\langle \tau_n - x^*, B(T^g_{r_n} - I)A\tau_n\rangle \\
&\leqslant \|\tau_n - x^*\|^2 + \mu^2\|B\|^2\|(T^g_{r_n} - I)A\tau_n\|^2 - \mu\|(T^g_{r_n} - I)A\tau_n\|^2 \\
&= \|\tau_n - x^*\|^2 - \mu(1 - \mu\|B\|^2)\|(T^g_{r_n} - I)A\tau_n\|^2 \\
&\leqslant \|x_n - x^*\|^2 - \mu(1 - \mu\|B\|^2)\|(T^g_{r_n} - I)A\tau_n\|^2.
\end{aligned} \tag{6.12}
$$

注意到 $\mu \in \left(0, \dfrac{1}{\|B\|^2}\right)$, $\mu(1 - \mu\|B\|^2) > 0$, 因此从 (6.12) 式得

$$
\|x_{n+1} - x^*\| \leqslant \|\tau_n - x^*\| \leqslant \|x_n - x^*\| \tag{6.13}
$$

和

$$
\mu(1 - \mu\|B\|^2)\|(T^g_{r_n} - I)A\tau_n\|^2 \leqslant \|x_n - x^*\|^2 - \|x_{n+1} - x^*\|^2. \tag{6.14}
$$

(6.13) 式说明 $\lim_{n\to\infty}\|x_n - x^*\|$ 存在. 进一步从 (6.13)—(6.14) 式得

$$
\lim_{n\to\infty}\|x_n - x^*\| = \lim_{n\to\infty}\|\tau_n - x^*\|, \quad \lim_{n\to\infty}\|(T^g_{r_n} - I)A\tau_n\| = 0. \tag{6.15}
$$

从 (6.8) 式得

$$\lim_{n\to\infty}\|u_n^i - x_n\| = 0, \quad i \in \wedge, \tag{6.16}$$

这意味着

$$\begin{aligned}\lim_{n\to\infty}\|(T_{r_n}^{f_i} - I)x_n\| &= \lim_{n\to\infty}\|T_{r_n}^{f_i}x_n - x_n\| \\ &= \lim_{n\to\infty}\|u_n^i - x_n\| = 0, \quad i \in \wedge\end{aligned} \tag{6.17}$$

和

$$\|\tau_n - x_n\| \leqslant \|u_n^1 - x_n\| + \cdots + \|u_n^k - x_n\| \to 0, \quad n \to \infty. \tag{6.18}$$

因为 $\lim_{n\to\infty}\|x_n - x^*\|$ 存在, 所以 $\{x_n\}$ 有界, 于是 $\{x_n\}$ 存在弱收敛序列 $\{x_{n_j}\}$. 假设 $x_{n_j} \rightharpoonup p$, $p \in C$, 则根据 (6.16) 式和 (6.18) 式得

$$u_{n_j}^i \rightharpoonup p, \tau_{n_j} \rightharpoonup p \quad 和 \quad A\tau_{n_j} \rightharpoonup Ap \in K.$$

现在证明 $p \in \Omega$, 或者更精确地, 证明 $p \in \bigcap_{i=1}^k EP(f_i)$ 和 $Ap \in EP(g)$. 根据引理 1.8, 对任意 $r > 0$, $EP(f_i) = F(T_r^{f_i})$, $i \in \wedge$ 和 $EP(g) = F(T_r^g)$. 对任意 $i \in \wedge$, 由 (6.17) 式得 $(I - T_{r_n}^{f_i})x_n \to 0$, 故必有 $T_r^{f_i}p = p$, $r > 0$. 否则, 如果 $T_r^{f_i}p \neq p$, $i \in \wedge$, 则根据 Opial 条件, 成立

$$\begin{aligned}\liminf_{j\to\infty}\|x_{n_j} - p\| &< \liminf_{j\to\infty}\|x_{n_j} - T_r^{f_i}p\| \\ &= \liminf_{j\to\infty}\|x_{n_j} - T_{r_{n_j}}^{f_i}x_{n_j} + T_{r_{n_j}}^{f_i}x_{n_j} - T_r^{f_i}p\| \\ &\leqslant \liminf_{j\to\infty}\{\|x_{n_j} - T_{r_{n_j}}^{f_i}x_{n_j}\| + \|T_{r_{n_j}}^{f_i}x_{n_j} - T_r^{f_i}p\|\} \\ &= \liminf_{j\to\infty}\|T_{r_{n_j}}^{f_i}x_{n_j} - T_r^{f_i}p\| \\ &= \liminf_{j\to\infty}\|T_r^{f_i}p - T_{r_{n_j}}^{f_i}x_{n_j}\| \\ &\leqslant \liminf_{j\to\infty}\left(\|x_{n_j} - p\| + \frac{|r_{n_j} - r|}{r_{n_j}}\|T_{r_{n_j}}^{f_i}x_{n_j} - x_{n_j}\|\right) \quad (\text{引理 } 1.9) \\ &= \liminf_{j\to\infty}\|x_{n_j} - p\|,\end{aligned}$$

这是一个矛盾. 所以

$$p \in \bigcap_{i=1}^k F(T_r^{f_i}) = \bigcap_{i=1}^k EP(f_i).$$

类似地, 可以证明 $Ap \in EP(g)$.

最后, 证明 $\{x_n\}$ 和 $\{u_n^i\}$ 弱收敛到 $p \in \Omega$, 而 $\{w_n\}$ 弱收敛到 $Ap \in EP(g)$. 首先, 如果 $\{x_n\}$ 存在子列 (用 $\{x_{n_t}\}$ 表示) 使得 $x_{n_t} \rightharpoonup q \in \Omega$, $q \neq p$. 则根据 Opial 条件,

$$\begin{aligned}
\liminf_{t\to\infty} \|x_{n_t} - q\| &< \liminf_{t\to\infty} \|x_{n_t} - p\| \\
&\leqslant \liminf_{j\to\infty} \left(\liminf_{t\to\infty} \{\|x_{n_t} - x_{n_j}\| + \|x_{n_j} - p\|\} \right) \\
&= \liminf_{j\to\infty} \|x_{n_j} - p\| \\
&< \liminf_{j\to\infty} \|x_{n_j} - q\| \\
&\leqslant \liminf_{t\to\infty} \left(\liminf_{j\to\infty} \{\|x_{n_t} - x_{n_j}\| + \|x_{n_t} - q\|\} \right) \\
&= \liminf_{t\to\infty} \|x_{n_t} - q\|,
\end{aligned}$$

这是一个矛盾. 因此 $\{x_n\}$ 和 $\{u_n^i\}$ 分别弱收敛到 $p \in \Omega$.

另一方面, 根据 (6.18) 式得 $\tau_n \rightharpoonup p$. 注意到由 (6.15) 式得

$$\|w_n - A\tau_n\| = \|(T_{r_n}^g - I)A\tau_n\| \to 0,$$

因此 $A\tau_n \rightharpoonup Ap$ 和 $w_n \rightharpoonup Ap$. 证完.

推论 6.1 设 $\mathbf{H}_1$ 和 $\mathbf{H}_2$ 是实 Hilbert 空间, C 和 K 分别是 $\mathbf{H}_1$ 和 $\mathbf{H}_2$ 的非空闭凸子集. $f: C \times C \to \mathbf{R}$ 是双变量函数, $EP(f) \neq \varnothing$. $A: \mathbf{H}_1 \to \mathbf{H}_2$ 是有界线性算子, 其伴随算子是 B, $g: K \times K \to \mathbf{R}$ 是双变量函数, $EP(g) \neq \varnothing$. $\{x_n\}$ 和 $\{u_n\}$ 按以下方式产生:

$$\begin{cases}
x_1 \in C, \\
f(u_n, y) + \dfrac{1}{r_n}\langle y - u_n, u_n - x_n\rangle \geqslant 0, \quad y \in C, \\
g(w_n, z) + \dfrac{1}{r_n}\langle z - w_n, w_n - Au_n\rangle \geqslant 0, \quad z \in K, \\
x_{n+1} = P_C(u_n + \mu B(w_n - Au_n)), \quad \forall n \in \mathbf{N},
\end{cases} \tag{6.19}$$

其中 $\{r_n\} \subset (0, +\infty)$, $\liminf_{n\to\infty} r_n > 0$, P_C 是从 $\mathbf{H}_1$ 到 C 的投影算子, $\mu \in \left(0, \dfrac{1}{\|B\|^2}\right)$ 是常数.

设 $\Omega = \{p \in EP(f) : Ap \in EP(g)\} \neq \varnothing$, 则 $\{x_n\}$ 和 $\{u_n\}$ 分别弱收敛到 $p \in \Omega$, 而 $\{w_n\}$ 弱收敛到 $Ap \in EP(g)$.

定理 6.2 (强收敛算法) 设 C 和 K 分别是 $\mathbf{H}_1$ 和 $\mathbf{H}_2$ 的非空闭凸子集, 其中 $\mathbf{H}_1$ 和 $\mathbf{H}_2$ 是实 Hilbert 空间. $\wedge := \{1,2,\cdots,k\}$ 表示指标集. 对于 $i \in \wedge$, $f_i : C \times C \to \mathbf{R}$ 是双变量函数, $\bigcap_{i=1}^k EP(f_i) \neq \varnothing$. $A : \mathbf{H}_1 \to \mathbf{H}_2$ 是有界线性算子, 其伴随算子是 B, $g : K \times K \to \mathbf{R}$ 是双变量函数, $EP(g) \neq \varnothing$.

设 $C_1 = C$, $\{x_n\}$ 和 $\{u_n^i\}(i \in \wedge)$ 按以下方式产生:

$$\begin{cases} x_1 \in C, \\ f_i(u_n^i, y) + \dfrac{1}{r_n}\langle y - u_n^i, u_n^i - x_n\rangle \geqslant 0, \quad y \in C, \quad i \in \wedge, \\ \tau_n = \dfrac{u_n^1 + \cdots + u_n^k}{k}, \\ g(w_n, z) + \dfrac{1}{r_n}\langle z - w_n, w_n - A\tau_n\rangle \geqslant 0, \quad z \in K, \\ y_n = P_C(\tau_n + \mu B(w_n - A\tau_n)), \\ C_{n+1} = \{v \in C_n : \|y_n - v\| \leqslant \|\tau_n - v\| \leqslant \|x_n - v\|\}, \\ x_{n+1} = P_{C_{n+1}}(x_0), \quad n \in \mathbf{N}, \end{cases} \tag{6.20}$$

其中 $\{r_n\} \subset (0, +\infty)$, $\liminf_{n\to\infty} r_n > 0$, P_C 是从 $\mathbf{H}_1$ 到 C 的投影算子, $\mu \in \left(0, \dfrac{1}{\|B\|^2}\right)$ 是常数.

设 $\Omega = \left\{p \in \bigcap_{i=1}^k EP(f_i) : Ap \in EP(g)\right\} \neq \varnothing$, 则序列 $\{x_n\}$ 和 $\{u_n^i\}(i \in \wedge)$ 分别强收敛到 $x^* \in \Omega$, 而 $\{w_n\}$ 强收敛到 $Ax^* \in EP(g)$.

证明 根据引理 1.6, $u_n^i = T_{r_n}^{f_i} x_n$, $i \in \wedge$ 和 $w_n = T_{r_n}^g A\tau_n$, $n \in \mathbf{N}$. 则 $C_n \neq \varnothing$, $n \in \mathbf{N}$. 事实上, $\Omega \subset C_n$, $n \in \mathbf{N}$. 的确, 设 $p \in \Omega$, 由 (6.10) 式和 (6.11) 式得

$$2\mu\langle \tau_n - p, B(T_{r_n}^g - I)A\tau_n\rangle \leqslant -\mu\|(T_{r_n}^g - I)A\tau_n\|^2 \tag{6.21}$$

和

$$\|B(T_{r_n}^g - I)A\tau_n\|^2 \leqslant \|B\|^2\|(T_{r_n}^g - I)A\tau_n\|^2. \tag{6.22}$$

根据 (6.20)—(6.22) 式得

$$\begin{aligned} \|y_n - p\|^2 &\leqslant \|\tau_n + \mu B(T_{r_n}^g - I)A\tau_n - p\|^2 \\ &= \|\tau_n - p\|^2 + \|\mu B(T_{r_n}^g - I)A\tau_n\|^2 + 2\mu\langle \tau_n - p, B(T_{r_n}^g - I)A\tau_n\rangle \\ &\leqslant \|\tau_n - p\|^2 + \mu^2\|B\|^2\|(T_{r_n}^g - I)A\tau_n\|^2 - \mu\|(T_{r_n}^g - I)A\tau_n\|^2 \end{aligned}$$

$$= \|\tau_n - p\|^2 - \mu(1-\mu\|B\|^2)\|(T^g_{r_n} - I)A\tau_n\|^2$$
$$\leqslant \|x_n - p\|^2 - \mu(1-\mu\|B\|^2)\|(T^g_{r_n} - I)A\tau_n\|^2. \tag{6.23}$$

注意到 $\mu \in \left(0, \dfrac{1}{\|B\|^2}\right)$, $\mu(1-\mu\|B\|^2) > 0$. 由 (6.23) 式得

$$\|y_n - p\| \leqslant \|\tau_n - p\| \leqslant \|x_n - p\|, \tag{6.24}$$

故 $p \in C_n$, 从而 $\Omega \subset C_n$ 和 $C_n \neq \varnothing$, $n \in \mathbf{N}$.

证明 C_n 是闭凸子集. 容易验证, C_n 是闭集, 因此只需要验证 C_n 是凸集即可. 事实上, 设 $v_1, v_2 \in C_{n+1}$, 则对每一个 $\lambda \in (0,1)$, 成立

$$\begin{aligned}
&\|y_n - (\lambda v_1 + (1-\lambda)v_2)\|^2 \\
&= \|\lambda(y_n - v_1) + (1-\lambda)(y_n - v_2)\|^2 \\
&= \lambda\|y_n - v_1\|^2 + (1-\lambda)\|y_n - v_2\|^2 - \lambda(1-\lambda)\|v_1 - v_2\|^2 \\
&\leqslant \lambda\|\tau_n - v_1\|^2 + (1-\lambda)\|\tau_n - v_2\|^2 - \lambda(1-\lambda)\|v_1 - v_2\|^2 \\
&= \|\tau_n - (\lambda v_1 + (1-\lambda)v_2)\|^2,
\end{aligned}$$

即得 $\|y_n - (\lambda v_1 + (1-\lambda)v_2)\| \leqslant \|\tau_n - (\lambda v_1 + (1-\lambda)v_2)\|$.

类似地, 可得

$$\|\tau_n - (\lambda v_1 + (1-\lambda)v_2)\| \leqslant \|x_n - (\lambda v_1 + (1-\lambda)v_2)\|,$$

所以 $\lambda v_1 + (1-\lambda)v_2 \in C_{n+1}$, 也就是说, C_{n+1} 是凸集, $n \in \mathbf{N}$.

根据引理 1.8 的 (iv) 可知, Ω 是闭凸集, 所以存在唯一的 $q = P_\Omega(x_0) \in \Omega \subset C_n$. 因为 $x_n = P_{C_n}(x_0)$, 因此 $\|x_n - x_0\| \leqslant \|q - x_0\|$, 这表明 $\{x_n\}$ 是有界的. 进一步可得 $\{\tau_n\}$ 和 $\{y_n\}$ 也是有界的. 注意到 $C_{n+1} \subset C_n$ 和 $x_{n+1} = P_{C_{n+1}}(x_0) \subset C_n$, 因此

$$\|x_{n+1} - x_0\| \leqslant \|x_n - x_0\|. \tag{6.25}$$

上式表明极限 $\lim_{n\to\infty}\|x_n - x_0\|$ 存在.

对于 $m, n \in \mathbf{N}$, $m > n$, 从 $x_m = P_{C_m}(x_0) \subset C_n$ 和性质 1.1 中的 (1.3) 式得

$$\begin{aligned}
\|x_n - x_m\|^2 + \|x_0 - x_m\|^2 &= \|x_n - P_{C_m}(x_0)\|^2 + \|x_0 - P_{C_m}(x_0)\|^2 \\
&\leqslant \|x_n - x_0\|^2.
\end{aligned} \tag{6.26}$$

根据 (6.25)—(6.26) 式得 $\lim_{n\to\infty}\|x_n - x_m\| = 0$, 因此 $\{x_n\}$ 是一个柯西序列.

现在设 $x_n \to x^*$. 下面证明 $x^* \in \Omega$. 首先, 由

$$x_{n+1} = P_{C_{n+1}}(x_0) \in C_{n+1} \subset C_n$$

和 (6.20) 式得

$$\begin{aligned}\|y_n - x_n\| &\leqslant \|y_n - x_{n+1}\| + \|x_{n+1} - x_n\| \\ &\leqslant 2\|x_{n+1} - x_n\| \to 0, \\ \|\tau_n - x_n\| &\leqslant \|\tau_n - x_{n+1}\| + \|x_{n+1} - x_n\| \\ &\leqslant 2\|x_{n+1} - x_n\| \to 0, \\ \|y_n - \tau_n\| &\leqslant \|y_n - x_n\| + \|x_n - \tau_n\| \to 0.\end{aligned} \tag{6.27}$$

再从 (6.23) 式和 (6.27) 式得

$$\begin{aligned}\|(T^g_{r_n} - I)A\tau_n\|^2 &\leqslant \frac{1}{\mu(1-\mu\|B\|^2)}\{\|x_n - p\|^2 - \|y_n - p\|^2\} \\ &\leqslant \frac{1}{\mu(1-\mu\|B\|^2)}\|x_n - y_n\|\{\|x_n - p\| + \|y_n - p\|\} \\ &\to 0.\end{aligned} \tag{6.28}$$

因此

$$\lim_{n\to\infty} \|(T^g_{r_n} - I)A\tau_n\| = 0. \tag{6.29}$$

注意到 $\tau_n = \dfrac{u_n^1 + \cdots + u_n^k}{k}$, 由 (6.27) 式和 (6.8) 式得

$$\lim_{n\to\infty} \|T^{f_i}_{r_n} x_n - x_n\| = \lim_{n\to\infty} \|u_n^i - x_n\| = 0, \quad i \in \wedge. \tag{6.30}$$

因为 $x_n \to x^*$, 所以从 (6.30) 式和引理 1.9 知, 对于 $r > 0$,

$$\begin{aligned}&\|T^{f_i}_r x^* - x^*\| \\ &\leqslant \|T^{f_i}_r x^* - T^{f_i}_{r_n} x_n\| + \|T^{f_i}_{r_n} x_n - x_n\| + \|x_n - x^*\| \\ &\leqslant \|x_n - x^*\| + \frac{|r_n - r|}{r_n}\|T^{f_i}_{r_n} x_n - x_n\| + \|T^{f_i}_{r_n} x_n - x_n\| + \|x_n - x^*\| \\ &\to 0, \quad n \longrightarrow \infty,\end{aligned}$$

这说明 $x^* \in F(T_r^{f_i})$, $i \in \wedge$, 从而 $x^* \in \bigcap_{i=1}^k EP(f_i)$. 因为 A 是有界线性算子, 所以依据 $x_n \to x^*$ 知 $\|Ax_n - Ax^*\| \to 0$. 于是, 对于 $r > 0$, 由 (6.29) 式和引理 1.9 得

$$
\begin{aligned}
\|T_r^g Ax^* - Ax^*\| &\leqslant \|T_r^g Ax^* - T_{r_n}^g Ax_n\| + \|T_{r_n}^g Ax_n - Ax_n\| + \|Ax_n - Ax^*\| \\
&\leqslant \|Ax_n - Ax^*\| + \frac{|r_n - r|}{r_n}\|T_{r_n}^g Ax_n - Ax_n\| \\
&\quad + \|T_{r_n}^g Ax_n - Ax_n\| + \|Ax_n - Ax^*\| \\
&\to 0,
\end{aligned}
$$

因此, $Ax^* \in F(T_r^g) = EP(g)$, $r > 0$. 至此, 我们已经证明 $x^* \in \Omega$, 即 $\{x_n\}$ 强收敛到 $x^* \in \Omega$. 注意到 (6.30) 式, 可知 $\{u_n^i\}(i \in \wedge)$ 也是强收敛到 $x^* \in \Omega$.

由 (6.27) 式知 $\|\tau_n - x_n\| \to 0$, 再由 $x_n \to x^*$ 知 $\tau_n \to x^*$. 再利用 (6.29) 式得

$$
\lim_{n\to\infty} \|w_n - A\tau_n\| = \lim_{n\to\infty} \|(T_{r_n}^g - I)A\tau_n\| = 0,
$$

所以 $w_n \to Ax^* \in EP(g)$. 证完.

推论 6.2 设 $\mathbf{H}_1$ 和 $\mathbf{H}_2$ 是实 Hilbert 空间, C 和 K 分别是 $\mathbf{H}_1$ 和 $\mathbf{H}_2$ 的非空闭凸子集. $f: C \times C \to \mathbf{R}$ 是双变量函数, $EP(f) \neq \varnothing$. $A: \mathbf{H}_1 \to \mathbf{H}_2$ 是有界线性算子, 其伴随算子是 B, $g: K \times K \to \mathbf{R}$ 是双变量函数, $EP(g) \neq \varnothing$.

设 $C_1 = C$, $\{x_n\}$ 和 $\{u_n^i\}(i \in \wedge)$ 按以下方式产生:

$$
\begin{cases}
x_1 \in C, \\
f(u_n, y) + \dfrac{1}{r_n}\langle y - u_n, u_n - x_n\rangle \geqslant 0, \quad y \in C, \\
g(w_n, z) + \dfrac{1}{r_n}\langle z - w_n, w_n - Au_n\rangle \geqslant 0, \quad z \in K, \\
y_n = P_C(u_n + \mu B(w_n - Au_n)), \\
C_{n+1} = \{v \in C_n : \|y_n - v\| \leqslant \|u_n - v\| \leqslant \|x_n - v\|\}, \\
x_{n+1} = P_{C_{n+1}}(x_0), \quad n \in \mathbf{N},
\end{cases}
\tag{6.31}
$$

其中, $\{r_n\} \subset (0, +\infty)$, $\liminf_{n\to\infty} r_n > 0$, $\mu \in \left(0, \dfrac{1}{\|B\|^2}\right)$ 是常数.

设 $\Omega = \{p \in EP(f) : Ap \in EP(g)\} \neq \varnothing$. 则序列 $\{x_n\}$ 和 $\{u_n\}$ 强收敛到 $x^* \in \Omega$, 而 $\{w_n\}$ 强收敛到 $Ax^* \in EP(g)$.

如果 $C = \mathbf{H}_1$ 和 $K = \mathbf{H}_2$, 则可得到下面的推论.

推论 6.3 设 $\mathbf{H}_1$ 和 $\mathbf{H}_2$ 是实 Hilbert 空间. $\wedge := \{1, 2, \cdots, k\}$ 表示指标集. 对任意 $i \in \wedge$, $f_i : \mathbf{H}_1 \times \mathbf{H}_1 \to \mathbf{R}$ 是双变量函数, $\bigcap_{i=1}^k EP(f_i) \neq \varnothing$. 设 $A : \mathbf{H}_1 \to \mathbf{H}_2$ 是有界线性算子, B 是其伴随算子. $g : \mathbf{H}_2 \times \mathbf{H}_2 \to \mathbf{R}$ 是双变量函数, $EP(g) \neq \varnothing$. 设 $\{x_n\}$ 和 $\{u_n^i\}$ 按以下方式产生:

$$\begin{cases} x_1 \in \mathbf{H}_1, \\ f_i(u_n^i, y) + \dfrac{1}{r_n}\langle y - u_n^i, u_n^i - x_n\rangle \geqslant 0, \quad y \in H_1, i \in \wedge, \\ \tau_n = \dfrac{u_n^1 + \cdots + u_n^k}{k}, \\ g(w_n, z) + \dfrac{1}{r_n}\langle z - w_n, w_n - A\tau_n\rangle \geqslant 0, \quad z \in \mathbf{H}_2, \\ x_{n+1} = \tau_n + \mu B(w_n - A\tau_n), \quad \forall n \in \mathbf{N}, \end{cases} \tag{6.32}$$

其中 $\{r_n\} \subset (0, +\infty)$, $\liminf_{n\to\infty} r_n > 0$, $\mu \in \left(0, \dfrac{1}{\|B\|^2}\right)$ 是常数.

设 $\Omega = \left\{p \in \bigcap_{i=1}^k EP(f_i) : Ap \in EP(g)\right\} \neq \varnothing$. 则 $\{x_n\}$ 和 $\{u_n^i\}(i \in \wedge)$ 弱收敛到 $p \in \Omega$, 而 $\{w_n\}$ 弱收敛到 $Ap \in EP(g)$.

推论 6.4 设 $\mathbf{H}_1$ 和 $\mathbf{H}_2$ 是实 Hilbert 空间. $f : \mathbf{H}_1 \times \mathbf{H}_1 \to \mathbf{R}$ 是双变量函数, $EP(f) \neq \varnothing$. $A : \mathbf{H}_1 \to \mathbf{H}_2$ 是有界线性算子, B 是其伴随算子, $g : \mathbf{H}_2 \times \mathbf{H}_2 \to \mathbf{R}$ 是双变量函数, $EP(g) \neq \varnothing$. 设 $\{x_n\}$ 和 $\{u_n\}$ 按以下方式产生:

$$\begin{cases} x_1 \in \mathbf{H}_1, \\ f(u_n, y) + \dfrac{1}{r_n}\langle y - u_n, u_n - x_n\rangle \geqslant 0, \quad y \in \mathbf{H}_1, \\ g(w_n, z) + \dfrac{1}{r_n}\langle z - w_n, w_n - Au_n\rangle \geqslant 0, \quad z \in \mathbf{H}_2, \\ x_{n+1} = u_n + \mu B(w_n - Au_n), \quad \forall n \in \mathbf{N}, \end{cases} \tag{6.33}$$

其中 $\{r_n\} \subset (0, +\infty)$, $\liminf_{n\to\infty} r_n > 0$, $\mu \in \left(0, \dfrac{1}{\|B\|^2}\right)$ 是一个常数.

设 $\Omega = \{p \in EP(f) : Ap \in EP(g)\} \neq \varnothing$, 则序列 $\{x_n\}$ 和 $\{u_n\}$ 弱收敛到 $p \in \Omega$, 而 $\{w_n\}$ 弱收敛到 $Ap \in EP(g)$.

推论 6.5 设 $\mathbf{H}_1$ 和 $\mathbf{H}_2$ 是实 Hilbert 空间. $\wedge := \{1, 2, \cdots, k\}$ 表示指标集. 对任意的 $i \in \wedge$, $f_i : \mathbf{H}_1 \times \mathbf{H}_1 \to \mathbf{R}$ 是双变量函数, $\bigcap_{i=1}^k EP(f_i) \neq \varnothing$. 设 $A : \mathbf{H}_1 \to \mathbf{H}_2$ 是有界线性算子, 其伴随算子是 B. $g : \mathbf{H}_2 \times \mathbf{H}_2 \to \mathbf{R}$ 是双变量函数,

$EP(g) \neq \varnothing$. 设 $C_1 = \mathbf{H}_1$, $\{x_n\}$ 和 $\{u_n^i\}(i \in \wedge)$ 按以下方式产生:

$$\begin{cases} x_1 \in \mathbf{H}_1, \\ f_i(u_n^i, y) + \dfrac{1}{r_n}\langle y - u_n^i, u_n^i - x_n\rangle \geqslant 0, \quad y \in \mathbf{H}_1, \quad i \in \wedge, \\ \tau_n = \dfrac{u_n^1 + \cdots + u_n^k}{k}, \\ g(w_n, z) + \dfrac{1}{r_n}\langle z - w_n, w_n - A\tau_n\rangle \geqslant 0, \quad z \in \mathbf{H}_2, \\ y_n = \tau_n + \mu B(w_n - A\tau_n), \\ C_{n+1} = \{v \in C_n : \|y_n - v\| \leqslant \|\tau_n - v\| \leqslant \|x_n - v\|\}, \\ x_{n+1} = P_{C_{n+1}}(x_0), \quad n \in \mathbf{N}, \end{cases} \tag{6.34}$$

其中, $\{r_n\} \subset (0, +\infty)$, $\liminf_{n\to\infty} r_n > 0$, $\mu \in \left(0, \dfrac{1}{\|B\|^2}\right)$ 是一个常数.

设 $\Omega = \left\{p \in \bigcap_{i=1}^k EP(f_i) : Ap \in EP(g)\right\} \neq \varnothing$. 则序列 $\{x_n\}$ 和 $\{u_n^i\}(i \in \wedge)$ 强收敛到 $p \in \Omega$, 而 $\{w_n\}$ 强收敛到 $Ax^* \in EP(g)$.

推论 6.6 设 $\mathbf{H}_1$ 和 $\mathbf{H}_2$ 是实 Hilbert 空间. $f : \mathbf{H}_1 \times \mathbf{H}_1 \to \mathbf{R}$ 是双变量函数, $EP(f) \neq \varnothing$. 设 $A : \mathbf{H}_1 \to \mathbf{H}_2$ 是有界线性算子, 其伴随算子是 B, $g : \mathbf{H}_2 \times \mathbf{H}_2 \to \mathbf{R}$ 是双变量函数, $EP(g) \neq \varnothing$. 设 $C_1 = \mathbf{H}_1$, $\{x_n\}$ 和 $\{u_n\}$ 按以下方式产生:

$$\begin{cases} x_1 \in \mathbf{H}_1, \\ f(u_n, y) + \dfrac{1}{r_n}\langle y - u_n, u_n - x_n\rangle \geqslant 0, \quad y \in \mathbf{H}_1, \\ g(w_n, z) + \dfrac{1}{r_n}\langle z - w_n, w_n - Au_n\rangle \geqslant 0, \quad z \in \mathbf{H}_2, \\ y_n = u_n + \mu B(w_n - Au_n), \\ C_{n+1} = \{v \in C_n : \|y_n - v\| \leqslant \|u_n - v\| \leqslant \|x_n - v\|\}, \\ x_{n+1} = P_{C_{n+1}}(x_0), \quad n \in \mathbf{N}, \end{cases} \tag{6.35}$$

其中 $\{r_n\} \subset (0, +\infty)$, $\liminf_{n\to\infty} r_n > 0$, $\mu \in \left(0, \dfrac{1}{\|B\|^2}\right)$ 是一个常数.

设 $\Omega = \{p \in EP(f) : Ap \in EP(g)\} \neq \varnothing$, 则序列 $\{x_n\}$ 和 $\{u_n\}$ 强收敛到 $x^* \in \Omega$, 而 $\{w_n\}$ 强收敛到 $Ax^* \in EP(g)$.

注 6.1 因为例 6.1 和例 6.2 满足推论 6.1 和推论 6.2 的条件, 所以例 6.1 和例 6.2 可以分别按照算法 (6.19) 和 (6.31) 建立近似解算法.

注 6.2　本章给出了关于问题 (SEP) 的迭代算法. 然而, 许多问题 (SEP) 不能满足条件 (A1)—(A4), 因此不能用本章的算法求解. 下面给出一些例子.

例 6.5　设 $\mathbf{H}_2 = \mathbf{R}$ 和 $\mathbf{H}_1 = \mathbf{R}^2$, 其范数是 $\|z\| = (x^2+y^2)^{\frac{1}{2}}$, $z = (x, y) \in \mathbf{R}^2$. $K := [1, +\infty)$ 和 $C := \{z = (x, y) \in \mathbf{R}^2 |\ y - x \geqslant 1\}$. 定义 $f(w, z) = x_1 + y_1 + y_2 - x_2$, 其中, $w = (x_1, y_1)$, $z = (x_2, y_2) \in C$, 则 f 是从 $C \times C$ 到 $\mathbf{R}$ 的双变量函数, $EP(f) = \{w = (x, y)|\ y - x \geqslant 1, x + y \geqslant -1\}$. 对每一个 $z = (x, y) \in \mathbf{H}_1$, 设 $Az = y - x$, 则 A 是从 $\mathbf{H}_1$ 到 $\mathbf{H}_2$ 的有界线性算子. 定义 $g(u, v) = v - u$, $u, v \in K$. 则 g 是从 $K \times K$ 到 $\mathbf{R}$ 的双变量函数, $EP(g) = \{1\}$.

显然, 当 $p = (x, y) \in EP(f)$, 且 $y - x = 1$ 和 $x + y \geqslant -1$, 有 $Ap = 1 \in EP(g)$. 所以 $\Gamma = \{p \in EP(f) : Ap \in EP(g)\} \neq \varnothing$. 然而, 因为 f 不满足条件 (A1)—(A4), 因此不能用推论 6.1 或者推论 6.2 求解.

例 6.6　设 $\mathbf{H}_1, \mathbf{H}_2, A$ 和 B 与例 6.4 相同. 设

$$
\begin{aligned}
C &:= \{\alpha = (a_1, a_2) \in \mathbf{H}_1 |\ a_2 - a_1 \geqslant 1\}, \\
K &:= \{\gamma = (c_1, c_2, c_3) \in \mathbf{H}_2 |\ \|\gamma\| \leqslant 2\}.
\end{aligned}
$$

定义

$$
f(\alpha, \beta) = (b_2 - b_1)^2 - (a_1 + a_2)^2,
$$

其中 $\alpha = (a_1, a_2)$, $\beta = (b_1, b_2) \in C$, 则 f 是从 $C \times C$ 到 $\mathbf{R}$ 的双变量函数且

$$
EP(f) = \{p = (p_1, p_2)|\ p_2 - p_1 \geqslant 1 \geqslant p_1 + p_2 \geqslant -1\}.
$$

定义 $g(\gamma, \eta) = c_2^2 + c_3^2 - (c_1^2 + d_1^2 + d_2^2 + d_3^2)$, 其中

$$
\gamma = (c_1, c_2, c_3), \quad \eta = (d_1, d_2, d_3) \in K,
$$

则 $EP(g) = \{u = (0, u_2, u_3) \in K | u_2^2 + u_3^2 = 2\}$.

显然, 当 $p = (-1, 0) \in EP(f)$ 时, 则 $Ap = (0, -1, -1) \in EP(g)$. 因此 $\Gamma = \{p \in EP(f) : Ap \in EP(g)\} \neq \varnothing$. 然而, 因为 f 和 g 都不满足条件 (A1)—(A4), 本章的结果无法用于求解这样的例子.

结论　存在许多没有满足条件 (A1)—(A4) 分裂均衡问题 (SEP), 需要发展新的方法求解这样的问题.

本章内容来源于文献 [43].

第 7 章　双水平分裂均衡问题解的收敛性算法

第 6 章讨论了分裂均衡问题, 本章将讨论双水平分裂均衡问题, 给出求解算法和例子. 在 7.1 节和 7.2 节, 首先给出双水平均衡问题 (BSEP) 和迭代算法, 在 7.3 节详细验证算法的收敛性, 7.4 节给出一个例子说明定理 7.1.

7.1　双水平分裂均衡问题及其特例

设 $\mathbf{H}_1$, $\mathbf{H}_2$ 和 $\mathbf{H}_3$ 是实 Hilbert 空间. $C \subset \mathbf{H}_1$, $Q \subset \mathbf{H}_2$ 和 $K \subset \mathbf{H}_3$ 都是闭凸子集. 设 $f : C \times C \to \mathbf{R}$, $g : Q \times Q \to \mathbf{R}$ 和 $h : K \times K \to \mathbf{R}$ 是双变量函数. $A : \mathbf{H}_1 \to \mathbf{H}_3$ 和 $B : \mathbf{H}_2 \to \mathbf{H}_3$ 是有界线性算子, 其伴随算子分别是 A^* 和 B^*. 双水平分裂均衡问题指的是:

(BSEP) 找 $p \in C$ 和 $q \in Q$ 使得

(i) $f(p, x) \geqslant 0$, $g(q, y) \geqslant 0$, 任意 $x \in C$, $y \in Q$;

(ii) $Ap = Bq := u$;

(iii) $h(u, z) \geqslant 0$, $\forall z \in K$.

注 7.1　双水平分裂均衡问题 (BSEP) 是分裂均衡问题的进一步推广.

例 7.1　设 $\mathbf{H}_1$, $\mathbf{H}_2$ 和 $\mathbf{H}_3$ 是实 Hilbert 空间. $C \subset \mathbf{H}_1$, $Q \subset \mathbf{H}_2$ 和 $K \subset \mathbf{H}_3$ 都是闭凸子集. $f^* : C \to \mathbf{R}$, $g^* : Q \to \mathbf{R}$, $h^* : K \to \mathbf{R}$ 是双变量函数. $A : \mathbf{H}_1 \to \mathbf{H}_3$ 和 $B : \mathbf{H}_2 \to \mathbf{H}_3$ 是有界线性算子, 其伴随算子分别是 A^* 和 B^*. 如果设

$$f(x, \alpha) = f^*(x) - f^*(\alpha), \quad x, \alpha \in C,$$
$$g(y, \beta) = g^*(y) - g^*(\beta), \quad y, \beta \in Q,$$
$$h(z, \eta) = h^*(z) - h^*(\eta), \quad z, \eta \in K,$$

则 (BSEP) 变为如下的优化问题 (BCOP):

(BCOP) 找 $p \in C$ 和 $q \in Q$ 使得 $u := Ap = Bq \in K$, 且任意 $x \in C, y \in Q, z \in K$, 分别有

$$f^*(x) \geqslant f^*(p), \quad g^*(y) \geqslant g^*(q), \quad h^*(z) \geqslant h^*(u).$$

例 7.2　设 $\mathbf{H}_1$, $\mathbf{H}_2$ 和 $\mathbf{H}_3$ 是实 Hilbert 空间. $C \subset \mathbf{H}_1$, $Q \subset \mathbf{H}_2$ 和 $K \subset \mathbf{H}_3$ 都是闭凸子集. 设

$$T : C \to \mathbf{H}_1, \quad S : Q \to \mathbf{H}_2, \quad G : K \to \mathbf{H}_3$$

分别是非线性算子. $A:\mathbf{H}_1\to\mathbf{H}_3$ 和 $B:\mathbf{H}_2\to\mathbf{H}_3$ 是有界线性算子, 其伴随算子分别是 A^* 和 B^*. 如果设

$$\begin{aligned} f(p,x)&=\langle Tp,x-p\rangle, \quad p,x\in H_1,\\ g(q,y)&=\langle Sq,y-q\rangle, \quad q,y\in H_2,\\ h(u,z)&=\langle Gu,z-u\rangle, \quad u,z\in H_3, \end{aligned}$$

则 (BSEP) 变为双水平变分不等式问题 (BSVI):

(BSVI) 找 $p\in C$ 和 $q\in Q$ 使得 $u:=Ap=Bq\in K$ 满足

$$\langle Tp,x-p\rangle\geqslant 0, \quad \langle Sq,y-q\rangle\geqslant 0, \quad \langle Gu,z-u\rangle\geqslant 0,$$

$\forall x\in C,y\in Q,z\in K$.

例 7.3 设 $\mathbf{H}_1$ 和 $\mathbf{H}_2$ 是实 Hilbert 空间, $B:\mathbf{H}_1\to\mathbf{H}_2$ 是有界线性算子, B^* 是其伴随算子. 设 $C\subset\mathbf{H}_1$, $Q\subset\mathbf{H}_1$ 和 $K\subset\mathbf{H}_2$ 是闭凸子集. 如果 $\mathbf{H}_1=\mathbf{H}_2$ 和 $A=B$, 则 (BSEP) 将变为 (SEP):

(SEP) 找 $p\in C$ 和 $q\in Q$ 使得 $u:=Bp=Bq\in K$ 满足

$$f(p,x)\geqslant 0, \quad g(q,y)\geqslant 0, \quad h(u,z)\geqslant 0, \quad x\in C, \quad y\in Q, \quad z\in K.$$

例 7.4 $\mathbf{H}_1$, $\mathbf{H}_2$ 是实 Hilbert 空间, $A:\mathbf{H}_1\to\mathbf{H}_2$, A^* 是其伴随算子. 设 $C\subset\mathbf{H}_1$, $Q\subset\mathbf{H}_2$ 和 $K\subset\mathbf{H}_2$ 是闭凸子集, $Q\cap K\neq\varnothing$. 如果 $\mathbf{H}_2=\mathbf{H}_3$ 和 $B=I$(恒等算子), 则 (BSEP) 变为分裂均衡问题 (SEP):

(SEP) 找 $p\in C$ 使得 $u:=Ap\in Q\cap K$ 满足

$$f(p,x)\geqslant 0, \quad g(u,y)\geqslant 0, \quad h(u,z)\geqslant 0, \quad x\in C, \quad y\in Q, \quad z\in K.$$

特别地, 如果 $g(p,y)\equiv 0$, $p,y\in Q$, 则上述的 (SEP) 将变为找

$$p\in C \text{ 使得 } u:=Ap\in K,$$

且满足

$$f(p,x)\geqslant 0 \quad \text{和} \quad h(u,z)\geqslant 0, \quad \forall x\in C, \quad z\in K.$$

这种情形在第 6 章已经得到研究.

例 7.5 $\mathbf{H}_1$ 和 $\mathbf{H}_2$ 是实 Hilbert 空间, $B:\mathbf{H}_1\to\mathbf{H}_2$ 是有界线性算子, 其伴随算子是 A^*. 设 $C\subset\mathbf{H}_1$, $Q\subset\mathbf{H}_1$ 和 $K\subset\mathbf{H}_2$ 是闭凸子集, $C\cap Q\neq\varnothing$. 如果 $\mathbf{H}_1=\mathbf{H}_2$ 和 $A=I$(恒等算子), 则 (BSEP) 变为分裂均衡问题 (SEP):

$$\text{(SEP) 找 } p\in C\cap Q \text{ 使得 } u:=Bp\in K$$

满足

$$f(p,x) \geqslant 0, \quad g(p,y) \geqslant 0 \quad \text{和} \quad h(u,z) \geqslant 0, \quad \forall x \in C, \quad y \in Q, \quad z \in K.$$

例 7.6 如果 $\mathbf{H}_1 = \mathbf{H}_2 = \mathbf{H}_3 := \mathbf{H}, C = Q = K \subset \mathbf{H}$ 和 $A = B = I$(恒等算子), 则 (BSEP) 变为公共均衡问题 (CEP):

(CEP) 找 $p \in C$ 使得 $f(p,x) \geqslant 0, g(p,y) \geqslant 0$ 和 $h(p,z) \geqslant 0, \forall x,y,z \in C$.

7.2 双水平分裂均衡问题的迭代算法

设 $\mathbf{H}_1 \times \mathbf{H}_2$ 表示实 Hilbert 空间 $\mathbf{H}_1$ 和 $\mathbf{H}_2$ 的乘积空间, 其线性运算和范数分别定义为: $(x,y),(\bar{x},\bar{y}) \in \mathbf{H}_1 \times \mathbf{H}_2$, $a,b \in \mathbf{R}$,

$$a(x,y) + b(\bar{x},\bar{y}) = (ax + b\bar{x}, ay + b\bar{y})$$

和

$$\|(x,y)\| = \|x\| + \|y\|.$$

为了求解问题 (BSEP), 建立如下的迭代算法:

$$\begin{cases} u_n = T_{r_n}^f x_n, \\ v_n = T_{r_n}^g y_n, \\ w_n = T_{r_n}^h \left(\dfrac{1}{2}Au_n + \dfrac{1}{2}Bv_n\right), \\ l_n = P_C(u_n - \xi A^*(Au_n - w_n)), \quad k_n = P_Q(v_n - \xi B^*(Bv_n - w_n)), \\ C_{n+1} \times Q_{n+1} = \{(x,y) \in C_n \times Q_n : W_n(x,y) \leqslant Z_n(x,y) \leqslant S_n(x,y)\}, \\ W_n(x,y) = \|l_n - x\|^2 + \|k_n - y\|^2, \\ Z_n(x,y) = \|u_n - x\|^2 + \|v_n - y\|^2, \\ S_n(x,y) = \|x_n - x\|^2 + \|y_n - y\|^2, \\ x_{n+1} = P_{C_{n+1}}(x_1), \\ y_{n+1} = P_{Q_{n+1}}(y_1), \quad \forall n \in \mathbf{N}. \end{cases} \tag{7.1}$$

根据此迭代算法, 在合适的条件下可得到下面的强收敛定理, 其证明在 7.3 节给出.

定理 7.1 设 $\mathbf{H}_1$, $\mathbf{H}_2$ 和 $\mathbf{H}_3$ 是实 Hilbert 空间. 设 C, Q 和 K 分别是 $\mathbf{H}_1$, $\mathbf{H}_2$ 和 $\mathbf{H}_3$ 的闭凸子集. 设 $f: C \times C \to \mathbf{R}$, $g: Q \times Q \to \mathbf{R}$ 和 $h: K \times K \to \mathbf{R}$ 是

双变量函数. $A:\mathbf{H}_1\to\mathbf{H}_3$ 和 $B:\mathbf{H}_2\to\mathbf{H}_3$ 是有界线性算子, 其伴随算子是 A^* 和 B^*. 设 f,g 和 h 满足条件 (A1)—(A4). 设 $x_1\in C$, $y_1\in Q$, $C_1=C$, $Q_1=Q$, 序列 $\{x_n\}$, $\{y_n\}$, $\{u_n\}$, $\{v_n\}$ 和 $\{w_n\}$ 由 (7.1) 产生, 其中参数

$$\xi\in\left(0,\min\left\{\frac{1}{\|A\|^2},\frac{1}{\|B\|^2}\right\}\right),\quad \{r_n\}\subset(0,+\infty),\quad \liminf_{n\to+\infty} r_n>0,$$

P_C 和 P_Q 分别是从 $\mathbf{H}_1$ 到 C 和从 $\mathbf{H}_2$ 到 Q 的投影算子. 如果

$$\Omega=\{(p,q)\in EP(f)\times EP(g):Ap=Bq\in EP(h)\}\neq\varnothing,$$

则存在 $(p,q)\in\Omega$, 使得

(a) $(x_n,y_n)\to(p,q)$, $n\to\infty$;

(b) $(u_n,v_n)\to(p,q)$, $n\to\infty$;

(c) $w_n\to w^*:=Ap=Bq\in EP(h)$, $n\to\infty$.

当 $A=B$ 时, 由定理 7.1 可得到下面的推论 7.1.

推论 7.1 设 $\mathbf{H}_1$ 和 $\mathbf{H}_2$ 是实 Hilbert 空间. $C,Q\subset\mathbf{H}_1$ 和 $K\subset\mathbf{H}_2$ 是闭凸子集. 设 $f:C\times C\to\mathbf{R}$, $g:Q\times Q\to\mathbf{R}$ 和 $h:K\times K\to\mathbf{R}$ 是双变量函数. $B:\mathbf{H}_1\to\mathbf{H}_2$ 是有界线性算子, 其伴随算子是 B^*. 设 f,g 和 h 满足条件 (A1)—(A4). 设 $x_1\in C$, $y_1\in Q$, $C_1=C$, $Q_1=Q$, 序列 $\{x_n\}$, $\{y_n\}$, $\{u_n\}$, $\{v_n\}$ 和 $\{w_n\}$ 按以下方式产生:

$$\begin{cases}u_n=T_{r_n}^f x_n,\quad v_n=T_{r_n}^g y_n,\quad w_n=T_{r_n}^h\left(\dfrac{1}{2}Bu_n+\dfrac{1}{2}Bv_n\right),\\ l_n=P_C(u_n-\xi B^*(Bu_n-w_n)),\quad k_n=P_Q(v_n-\xi B^*(Bv_n-w_n)),\\ C_{n+1}\times Q_{n+1}=\{(x,y)\in C_n\times Q_n:W_n(x,y)\leqslant Z_n(x,y)\leqslant S_n(x,y)\},\\ W_n(x,y)=\|l_n-x\|^2+\|k_n-y\|^2,\\ Z_n(x,y)=\|u_n-x\|^2+\|v_n-y\|^2,\\ S_n(x,y)=\|x_n-x\|^2+\|y_n-y\|^2,\\ x_{n+1}=P_{C_{n+1}}(x_1),\\ y_{n+1}=P_{Q_{n+1}}(y_1),\quad \forall n\in\mathbf{N},\end{cases}$$

其中参数 ξ, r_n 满足

$$\xi\in\left(0,\frac{1}{\|B\|^2}\right),\quad \{r_n\}\subset(0,+\infty),\quad \liminf_{n\to+\infty} r_n>0,$$

P_C 和 P_Q 分别是从 $\mathbf{H}_1$ 到 C 和从 $\mathbf{H}_1$ 到 Q 的投影算子. 设

$$\Omega=\{(p,q)\in EP(f)\times EP(g):Bp=Bq\in EP(h)\}\neq\varnothing,$$

则存在 $(p,q)\in\Omega$, 使得

(a) $(x_n,y_n)\to(p,q)$, $(u_n,v_n)\to(p,q)$, $n\to\infty$;

(b) $w_n\to w^*:=Bp=Bq\in EP(h)$, $n\to\infty$.

如果 $\mathbf{H}_2=\mathbf{H}_3$ 和 $B=I$, 则有下面的推论 7.2.

推论 7.2 设 $\mathbf{H}_1$ 和 $\mathbf{H}_2$ 是实 Hilbert 空间. 设 $C\subset\mathbf{H}_1$ 和 $Q,K\subset\mathbf{H}_2$ 是闭凸集. 设 $f:C\times C\to\mathbf{R}$, $g:Q\times Q\to\mathbf{R}$ 和 $h:K\times K\to\mathbf{R}$ 是双变量函数. $A:\mathbf{H}_1\to\mathbf{H}_2$ 是有界线性算子, 其伴随算子是 A^*. 假设 f,g 和 h 满足条件 (A1)—(A4). 设 $x_1\in C$, $y_1\in Q$, $C_1=C$, $Q_1=Q$, 序列 $\{x_n\}$, $\{y_n\}$, $\{u_n\}$, $\{v_n\}$ 和 $\{w_n\}$ 按以下方式产生:

$$\begin{cases}u_n=T_{r_n}^f x_n,\\ v_n=T_{r_n}^g y_n,\\ w_n=T_{r_n}^h\left(\dfrac{1}{2}Au_n+\dfrac{1}{2}v_n\right),\\ l_n=P_C(u_n-\xi A^*(Au_n-w_n)),\quad k_n=v_n-\xi(v_n-w_n),\\ C_{n+1}\times Q_{n+1}=\{(x,y)\in C_n\times Q_n:W_n(x,y)\leqslant Z_n(x,y)\leqslant S_n(x,y)\},\\ W_n(x,y)=\|l_n-x\|^2+\|k_n-y\|^2,\\ Z_n(x,y)=\|u_n-x\|^2+\|v_n-y\|^2,\\ S_n(x,y)=\|x_n-x\|^2+\|y_n-y\|^2,\\ x_{n+1}=P_{C_{n+1}}(x_1),\\ y_{n+1}=P_{Q_{n+1}}(y_1),\quad\forall n\in\mathbf{N},\end{cases}$$

其中参数 ξ, r_n 满足

$$\xi\in\left(0,\min\left\{1,\frac{1}{\|A\|^2}\right\}\right),\quad\{r_n\}\subset(0,+\infty),\quad\liminf_{n\to+\infty}r_n>0,$$

P_C 和 P_Q 分别是从 $\mathbf{H}_1$ 到 C 和从 $\mathbf{H}_2$ 到 Q 的投影算子. 设

$$\Omega=\{p\in EP(f):Ap\in EP(g)\cap EP(h)\}\neq\varnothing.$$

则存在 $p\in\Omega$, 使得

(a) $x_n\to p$, $n\to\infty$;

(b) $u_n\to p$, $n\to\infty$;

(c) $v_n, y_n, w_n \to w^* := Ap$, $n \to \infty$.

如果 $\mathbf{H}_1 = \mathbf{H}_3$ 和 $A = I$, 则有下面的推论 7.3.

推论 7.3 设 $\mathbf{H}_2$ 和 $\mathbf{H}_3$ 是实 Hilbert 空间. 设 $C, Q \subset \mathbf{H}_3$ 和 $K \subset \mathbf{H}_2$ 是闭凸子集. 设 $f : C \times C \to \mathbf{R}$, $g : Q \times Q \to \mathbf{R}$ 和 $h : K \times K \to \mathbf{R}$ 是双变量函数. $B : \mathbf{H}_2 \to \mathbf{H}_3$ 是有界线性算子, 其伴随算子是 B^*. 设 f, g 和 h 满足条件 (A1)—(A4). 设 $x_1 \in C, y_1 \in Q, C_1 = C, Q_1 = Q$, 序列$\{x_n\}, \{y_n\}, \{u_n\}, \{v_n\}$ 和 $\{w_n\}$ 按以下方式产生:

$$
\begin{cases}
u_n = T_{r_n}^f x_n, \\
v_n = T_{r_n}^g y_n, \\
w_n = T_{r_n}^h \left(\dfrac{1}{2}u_n + \dfrac{1}{2}Bv_n\right), \\
l_n = u_n - \xi(u_n - w_n), \\
k_n = P_Q(v_n - \xi B^*(Bv_n - w_n)), \\
C_{n+1} \times Q_{n+1} = \{(x, y) \in C_n \times Q_n : W_n(x, y) \leqslant Z_n(x, y) \leqslant S_n(x, y)\}, \\
W_n(x, y) = \|l_n - x\|^2 + \|k_n - y\|^2, \\
Z_n(x, y) = \|u_n - x\|^2 + \|v_n - y\|^2, \\
S_n(x, y) = \|x_n - x\|^2 + \|y_n - y\|^2, \\
x_{n+1} = P_{C_{n+1}}(x_1), \\
y_{n+1} = P_{Q_{n+1}}(y_1), \quad \forall n \in \mathbf{N},
\end{cases}
$$

其中参数 ξ, r_n 满足

$$
\xi \in \left(0, \min\left\{1, \frac{1}{\|B\|^2}\right\}\right), \quad \{r_n\} \subset (0, +\infty), \quad \liminf_{n \to +\infty} r_n > 0,
$$

P_C 和 P_Q 分别是从 $\mathbf{H}_3$ 到 C 和从 $\mathbf{H}_2$ 到 Q 的投影算子. 设

$$
\Omega = \{p \in EP(f) \cap EP(g) : Ap \in EP(h)\} \neq \varnothing.
$$

则存在 $p \in \Omega$, 使得

(a) $x_n, u_n \to p$, $n \to \infty$;

(b) $y_n, v_n \to p$, $n \to \infty$;

(c) $w_n \to w^* := Ap$, $n \to \infty$.

如果 $A = B = I$(恒等算子), $\mathbf{H}_1 = \mathbf{H}_2 = \mathbf{H}_3 = \mathbf{H}$ 和 $C = Q = K$, 则有下面的结果.

推论 7.4　设 $\mathbf{H}$ 是实 Hilbert 空间. C 是 $\mathbf{H}$ 的非空闭凸子集. 设 $f, g, h : C \times C \to \mathbf{R}$ 是双变量函数. 设 f, g 和 h 满足条件 (A1)—(A4). 设 $x_1, y_1 \in C$, $C_1 = C$, 序列 $\{x_n\}$, $\{y_n\}$, $\{u_n\}$, $\{v_n\}$ 和 $\{w_n\}$ 按以下方式产生:

$$\begin{cases} u_n = T_{r_n}^f x_n, \\ v_n = T_{r_n}^g y_n, \\ w_n = T_{r_n}^h \left(\dfrac{1}{2}u_n + \dfrac{1}{2}v_n\right), \\ l_n = u_n - \xi(u_n - w_n), \\ k_n = v_n - \xi(v_n - w_n), \\ C_{n+1} \times Q_{n+1} = \{(x,y) \in C_n \times Q_n : W_n(x,y) \leqslant Z_n(x,y) \leqslant S_n(x,y)\}, \\ W_n(x,y) = \|l_n - x\|^2 + \|k_n - y\|^2, \\ Z_n(x,y) = \|u_n - x\|^2 + \|v_n - y\|^2, \\ S_n(x,y) = \|x_n - x\|^2 + \|y_n - y\|^2, \\ x_{n+1} = P_{C_{n+1}}(x_1), \\ y_{n+1} = P_{C_{n+1}}(y_1), \quad \forall n \in \mathbf{N}, \end{cases}$$

其中参数 ξ, r_n 满足

$$\xi \in (0,1), \quad \{r_n\} \subset (0, +\infty), \quad \liminf_{n\to+\infty} r_n > 0,$$

P_C 是从 $\mathbf{H}$ 到 C 的投影算子. 设

$$\Omega = \{(p,q) \in EP(f) \times EP(g) : p = q \in EP(h)\} \neq \varnothing.$$

则存在 $(p,q) \in \Omega$, 使得

(a) $(x_n, y_n) \to (p,q)$, $n \to \infty$;

(b) $(u_n, v_n) \to (p,q)$, $n \to \infty$;

(c) $w_n \to w^* := p = q \in EP(h)$, $n \to \infty$.

注 7.2　在推论 7.4 中, 当

$$\Omega = \{(p,q) \in EP(f) \times EP(g) : p = q \in EP(h)\} \neq \varnothing,$$

这意味着

$$\Omega = \{p \in EP(f) \cap EP(g) \cap EP(h)\} \neq \varnothing.$$

因此, 推论 7.4 讨论的问题仍然是均衡问题的公共解问题.

如果 C, Q, K 是线性子空间, 则有下面的一系列推论.

推论 7.5　设 $\mathbf{H}_1$, $\mathbf{H}_2$ 和 $\mathbf{H}_3$ 是实 Hilbert 空间. 设 $C \subset \mathbf{H}_1$, $Q \subset \mathbf{H}_2$ 和 $K \subset \mathbf{H}_3$ 是线性子空间. $f: C \times C \to \mathbf{R}$, $g: Q \times Q \to \mathbf{R}$ 和 $h: K \times K \to \mathbf{R}$ 是双变量函数. $A: \mathbf{H}_1 \to \mathbf{H}_3$ 和 $B: \mathbf{H}_2 \to \mathbf{H}_3$ 是有界线性算子, 其伴随算子分别是 A^* 和 B^*. 设 f, g 和 h 满足条件 (A1)—(A4). 设 $x_1 \in C$, $y_1 \in Q$, $C_1 = C$, $Q_1 = Q$, 序列 $\{x_n\}$, $\{y_n\}$, $\{u_n\}$, $\{v_n\}$ 和 $\{w_n\}$ 按以下方式产生:

$$
\begin{cases}
u_n = T_{r_n}^f x_n, \\
v_n = T_{r_n}^g y_n, \\
w_n = T_{r_n}^h \left(\dfrac{1}{2} A u_n + \dfrac{1}{2} B v_n\right), \\
l_n = u_n - \xi A^*(A u_n - w_n), \\
k_n = v_n - \xi B^*(B v_n - w_n), \\
C_{n+1} \times Q_{n+1} = \{(x, y) \in C_n \times Q_n : W_n(x, y) \leqslant Z_n(x, y) \leqslant S_n(x, y)\}, \\
W_n(x, y) = \|l_n - x\|^2 + \|k_n - y\|^2, \\
Z_n(x, y) = \|u_n - x\|^2 + \|v_n - y\|^2, \\
S_n(x, y) = \|x_n - x\|^2 + \|y_n - y\|^2, \\
x_{n+1} = P_{C_{n+1}}(x_1), \\
y_{n+1} = P_{Q_{n+1}}(y_1), \quad \forall n \in \mathbf{N},
\end{cases}
$$

其中参数 ξ, r_n 满足

$$
\xi \in \left(0, \min\left\{\frac{1}{\|A\|^2}, \frac{1}{\|B\|^2}\right\}\right), \quad \{r_n\} \subset (0, +\infty), \quad \liminf_{n \to +\infty} r_n > 0,
$$

P_C 和 P_Q 分别是从 $\mathbf{H}_1$ 到 C 和从 $\mathbf{H}_2$ 到 Q 的投影算子. 设

$$
\Omega = \{(p, q) \in EP(f) \times EP(g) : Ap = Bq \in EP(h)\} \neq \varnothing.
$$

则存在 $(p, q) \in \Omega$, 使得

(a) $(x_n, y_n) \to (p, q)$, $n \to \infty$;

(b) $(u_n, v_n) \to (p, q)$, $n \to \infty$;

(c) $w_n \to w^* := Ap = Bq \in EP(h)$, $n \to \infty$.

推论 7.6　设 $\mathbf{H}_1$ 和 $\mathbf{H}_2$ 是实 Hilbert 空间. 设 $C, Q \subset \mathbf{H}_1$ 和 $K \subset \mathbf{H}_2$ 是线性子空间. 设 $f: C \times C \to \mathbf{R}$, $g: Q \times Q \to \mathbf{R}$ 和 $h: K \times K \to \mathbf{R}$ 是双变量函数. $B: \mathbf{H}_1 \to \mathbf{H}_2$ 是有界线性算子, 其伴随算子是 B^*. 假设 f, g 和 h 满足条件 (A1)

—(A4). 设 $x_1 \in C$, $y_1 \in Q$, $C_1 = C$, $Q_1 = Q$, 序列 $\{x_n\}$, $\{y_n\}$, $\{u_n\}$, $\{v_n\}$ 和 $\{w_n\}$ 按以下方式产生:

$$\begin{cases} u_n = T_{r_n}^f x_n, \\ v_n = T_{r_n}^g y_n, \\ w_n = T_{r_n}^h \left(\dfrac{1}{2}Bu_n + \dfrac{1}{2}Bv_n\right), \\ l_n = u_n - \xi B^*(Bu_n - w_n), \\ k_n = v_n - \xi B^*(Bv_n - w_n), \\ C_{n+1} \times Q_{n+1} = \{(x,y) \in C_n \times Q_n : W_n(x,y) \leqslant Z_n(x,y) \leqslant S_n(x,y)\}, \\ W_n(x,y) = \|l_n - x\|^2 + \|k_n - y\|^2, \\ Z_n(x,y) = \|u_n - x\|^2 + \|v_n - y\|^2, \\ S_n(x,y) = \|x_n - x\|^2 + \|y_n - y\|^2, \\ x_{n+1} = P_{C_{n+1}}(x_1), \\ y_{n+1} = P_{Q_{n+1}}(y_1), \quad \forall n \in \mathbf{N}, \end{cases}$$

其中参数 ξ, r_n 满足

$$\xi \in \left(0, \frac{1}{\|B\|^2}\right), \quad \{r_n\} \subset (0, +\infty), \quad \liminf_{n\to+\infty} r_n > 0,$$

P_C 和 P_Q 分别是从 $\mathbf{H}_1$ 到 C 和 $\mathbf{H}_1$ 到 Q 的投影算子. 设

$$\Omega = \{(p,q) \in EP(f) \times EP(g) : Bp = Bq \in EP(h)\} \neq \varnothing.$$

则存在 $(p,q) \in \Omega$, 使得

(a) $(x_n, y_n) \to (p,q)$, $n \to \infty$;

(b) $(u_n, v_n) \to (p,q)$, $n \to \infty$;

(c) $w_n \to w^* := Bp = Bq \in EP(h)$, $n \to \infty$.

注 7.3 事实上, 推论 7.1—推论 7.3 和推论 7.6 研究的问题是分裂均衡问题 (SEP).

7.3 定理 7.1 的收敛性证明

由引理 1.7 和引理 1.8 知, $\{u_n\}$, $\{v_n\}$ 和 $\{w_n\}$ 是良定的. 容易验证 C_n, Q_n 是非空闭凸集, $n \in \mathbf{N}$. 现在验证 $C_n \times Q_n$ 是非空闭凸集, $n \in \mathbf{N}$. 为此, 只需要证

明 $\Omega \subset C_n \times Q_n$, $n \in \mathbf{N}$. 设 $(x^*, y^*) \in \Omega$. 则 $x^* \in EP(f)$, $y^* \in EP(g)$ 和

$$w^* := Ax^* = By^* \in EP(h).$$

根据引理 7.1, 可得

$$\begin{aligned}
&\|u_n - x^*\| \leqslant \|x_n - x^*\|,\\
&\|v_n - y^*\| \leqslant \|y_n - y^*\|,\\
&\|w_n - w^*\| \leqslant \left\|\frac{Au_n + Bv_n}{2} - w^*\right\|,\\
&\|w_n - w^*\|^2 \leqslant \frac{1}{2}\|Au_n - w^*\|^2 + \frac{1}{2}\|Bv_n - w^*\|^2. \quad (\text{引理 } 1.6)
\end{aligned} \tag{7.2}$$

从 (7.1) 式和 (7.2) 式, 以及引理 1.6 可知

$$\begin{aligned}
\|l_n - x^*\|^2 &= \|P_C(u_n - \xi A^*(Au_n - w_n)) - x^*\|^2\\
&\leqslant \|u_n - x^* - \xi A^*(Au_n - w_n)\|^2\\
&= \|u_n - x^*\|^2 + \|\xi A^*(Au_n - w_n)\|^2 - 2\xi\langle u_n - x^*, A^*(Au_n - w_n)\rangle\\
&= \|u_n - x^*\|^2 + \|\xi A^*(Au_n - w_n)\|^2 - 2\xi\langle Au_n - Ax^*, Au_n - w_n\rangle\\
&= \|u_n - x^*\|^2 + \|\xi A^*(Au_n - w_n)\|^2 - 2\xi\langle Au_n - w^*, Au_n - w_n\rangle\\
&= \|u_n - x^*\|^2 + \|\xi A^*(Au_n - w_n)\|^2 - \xi\|Au_n - w^*\|^2\\
&\quad -\xi\|Au_n - w_n\|^2 + \xi\|w_n - w^*\|^2\\
&\leqslant \|u_n - x^*\|^2 - \xi(1 - \xi\|A^*\|^2)\|Au_n - w_n\|^2\\
&\quad -\xi\|Au_n - w^*\|^2 + \xi\|w_n - w^*\|^2\\
&\leqslant \|u_n - x^*\|^2 - \xi(1 - \xi\|A^*\|^2)\|Au_n - w_n\|^2 - \xi\|Au_n - w^*\|^2\\
&\quad +\frac{\xi}{2}\|Au_n - w^*\|^2 + \frac{\xi}{2}\|Bv_n - w^*\|^2\\
&= \|u_n - x^*\|^2 - \xi(1 - \xi\|A^*\|^2)\|Au_n - w_n\|^2 - \frac{\xi}{2}\|Au_n - w^*\|^2\\
&\quad +\frac{\xi}{2}\|Bv_n - w^*\|^2
\end{aligned} \tag{7.3}$$

和

$$\|k_n - y^*\|^2 = \|P_Q(v_n - \xi B^*(Bv_n - w_n)) - y^*\|^2$$

$$
\begin{aligned}
&\leqslant \|v_n - y^* - \xi B^*(Bv_n - w_n)\|^2 \\
&= \|v_n - y^*\|^2 + \|\xi B^*(Bv_n - w_n)\|^2 - 2\xi\langle v_n - y^*, B^*(Bv_n - w_n)\rangle \\
&= \|v_n - y^*\|^2 + \|\xi B^*(Bv_n - w_n)\|^2 - 2\xi\langle Bv_n - By^*, Bv_n - w_n\rangle \\
&= \|v_n - y^*\|^2 + \|\xi B^*(Bv_n - w_n)\|^2 - 2\xi\langle Bv_n - w^*, Bv_n - w_n\rangle \\
&= \|v_n - y^*\|^2 + \|\xi B^*(Bv_n - w_n)\|^2 - \xi\|Bv_n - w^*\|^2 \\
&\quad -\xi\|Bv_n - w_n\|^2 + \xi\|w_n - w^*\|^2 \\
&\leqslant \|v_n - y^*\|^2 - \xi(1 - \xi\|B^*\|^2)\|Bv_n - w_n\|^2 \\
&\quad -\xi\|Bv_n - w^*\|^2 + \xi\|w_n - w^*\|^2 \\
&\leqslant \|v_n - y^*\|^2 - \xi(1 - \xi\|B^*\|^2)\|Bv_n - w_n\|^2 - \xi\|Bv_n - w^*\|^2 \\
&\quad +\frac{\xi}{2}\|Au_n - w^*\|^2 + \frac{\xi}{2}\|Bv_n - w^*\|^2 \\
&= \|v_n - y^*\|^2 - \xi(1 - \xi\|B^*\|^2)\|Bv_n - w_n\|^2 - \frac{\xi}{2}\|Bv_n - w^*\|^2 \\
&\quad +\frac{\xi}{2}\|Au_n - w^*\|^2.
\end{aligned} \tag{7.4}
$$

由 (7.2) 式、(7.3) 式和 (7.4) 式得

$$
\begin{aligned}
&\|l_n - x^*\|^2 + \|k_n - y^*\|^2 \\
\leqslant{}& \|u_n - x^*\|^2 + \|v_n - y^*\|^2 - \xi(1 - \xi\|A^*\|^2)\|Au_n - w_n\|^2 \\
&-\xi(1 - \xi\|B^*\|^2)\|Bv_n - w_n\|^2 \\
\leqslant{}& \|x_n - x^*\|^2 + \|y_n - y^*\|^2 - \xi(1 - \xi\|A^*\|^2)\|Au_n - w_n\|^2 \\
&-\xi(1 - \xi\|B^*\|^2)\|Bv_n - w_n\|^2,
\end{aligned} \tag{7.5}
$$

这意味着

$$
\|l_n - x^*\|^2 + \|k_n - y^*\|^2 \leqslant \|u_n - x^*\|^2 + \|v_n - y^*\|^2 \leqslant \|x_n - x^*\|^2 + \|y_n - y^*\|^2. \tag{7.6}
$$

不等式 (7.6) 表明 $(x^*, y^*) \in C_n \times Q_n$. 因此, $\Omega \subset C_n \times Q_n$, $C_n \times Q_n \neq \varnothing$, $n \in \mathbf{N}$.

因为 $C_{n+1} \subset C_n$, 所以

$$
x_{n+1} = P_{C_{n+1}}(x_1) \subset C_n.
$$

类似地, 因为 $Q_{n+1} \subset Q_n$, 所以

$$y_{n+1} = P_{Q_{n+1}}(y_1) \subset Q_n.$$

于是对任意 $(x^*, y^*) \in \Omega$, 有

$$\|x_{n+1} - x_1\| \leqslant \|x^* - x_1\|$$

和

$$\|y_{n+1} - y_1\| \leqslant \|y^* - y_1\|.$$

上述不等式说明 $\{x_n\}$ 和 $\{y_n\}$ 是有界的, 从而 $\{k_n\}$, $\{l_n\}$, $\{u_n\}$ 和 $\{v_n\}$ 都是有界的.

设 $n \in \mathbf{N}$, $n > 1$, 从 $x_n = P_{C_n}(x_1) \subset C_n$, $y_n = P_{Q_n}(y_1) \subset Q_n$ 和 (7.1) 式得

$$\begin{aligned}
\|x_{n+1} - x_n\|^2 + \|x_1 - x_n\|^2 &= \|x_{n+1} - P_{C_n}(x_1)\|^2 + \|x_1 - P_{C_n}(x_1)\|^2 \\
&\leqslant \|x_{n+1} - x_1\|^2, \\
\|y_{n+1} - y_n\|^2 + \|y_1 - y_n\|^2 &= \|y_{n+1} - P_{C_n}(y_1)\|^2 + \|y_1 - P_{C_n}(y_1)\|^2 \\
&\leqslant \|y_{n+1} - y_1\|^2,
\end{aligned}$$

这说明

$$\|x_1 - x_n\| \leqslant \|x_{n+1} - x_1\|, \quad \|y_1 - y_n\| \leqslant \|y_{n+1} - y_1\|.$$

注意 $\{x_n\}$ 和 $\{y_n\}$ 有界, 可知 $\lim_{n\to\infty} \|x_n - x_1\|$, $\lim_{n\to\infty} \|y_n - y_1\|$ 存在. 设 $k, n \in \mathbf{N}$, $k > n > 1$, 由 $x_k = P_{C_k}(x_1) \subset C_n$, $y_k = P_{Q_k}(y_1) \subset Q_n$ 和 (1.3) 式 (性质 1.1), 得

$$\begin{aligned}
\|x_k - x_n\|^2 + \|x_1 - x_n\|^2 &= \|x_k - P_{C_n}(x_1)\|^2 + \|x_1 - P_{C_n}(x_1)\|^2 \\
&\leqslant \|x_k - x_1\|^2, \\
\|y_k - y_n\|^2 + \|y_1 - y_n\|^2 &= \|y_k - P_{Q_n}(y_1)\|^2 + \|y_1 - P_{Q_n}(y_1)\|^2 \\
&\leqslant \|y_k - y_1\|^2.
\end{aligned} \tag{7.7}$$

根据 (7.7) 式得 $\lim_{n\to\infty} \|x_n - x_k\| = 0$ 和 $\lim_{n\to\infty} \|y_n - y_k\| = 0$. 因此, $\{x_n\}$ 和 $\{y_n\}$ 是柯西序列. 设 $x_n \to p$ 和 $y_n \to q$, $(p, q) \in C \times Q$. 下面证明 $(p, q) \in \Omega$. 因为, $n \in \mathbf{N}$,

$$(x_{n+1}, y_{n+1}) \in C_{n+1} \times Q_{n+1} \subset C_n \times Q_n,$$

根据 (1.3) 式 (性质 1.1), 得

$$\|l_n - x_{n+1}\|^2 + \|k_n - y_{n+1}\|^2 \leqslant \|u_n - x_{n+1}\|^2 + \|v_n - y_{n+1}\|^2$$

$$\leqslant \|x_n - x_{n+1}\|^2 + \|y_n - y_{n+1}\|^2. \tag{7.8}$$

在 (7.8) 式中取极限, 得

$$\begin{aligned} &\lim_{n\to\infty} \|l_n - x_{n+1}\| = \lim_{n\to\infty} \|k_n - y_{n+1}\| = 0, \\ &\lim_{n\to\infty} \|u_n - x_{n+1}\| = \lim_{n\to\infty} \|v_n - y_{n+1}\| = 0. \end{aligned} \tag{7.9}$$

进一步, 根据 (7.9) 式, 得

$$\begin{aligned} &\lim_{n\to\infty} \|l_n - u_n\| = \lim_{n\to\infty} \|u_n - x_n\| = \lim_{n\to\infty} \|l_n - x_n\| = 0, \\ &\lim_{n\to\infty} \|k_n - v_n\| = \lim_{n\to\infty} \|v_n - y_n\| = \lim_{n\to\infty} \|k_n - y_n\| = 0. \end{aligned} \tag{7.10}$$

从 (7.10) 式以及 $\{x_n\}, \{y_n\}$ 的收敛性可知

$$u_n \to p, \quad v_n \to q, \quad n \to \infty.$$

进一步, 得 $Au_n \to Ap$ 和 $Bv_n \to Bq$, $n \to \infty$.

现在验证 $p \in EP(f)$ 和 $q \in EP(g)$. 事实上, 如果 $r > 0$, 根据引理 1.9 得

$$\begin{aligned} \|T_r^f p - p\| &= \|T_r^f p - T_{r_n}^f x_n + T_{r_n}^f x_n - x_n + x_n - p\| \\ &\leqslant \|x_n - p\| + \frac{|r_n - r|}{r_n}\|T_{r_n}^f x_n - x_n\| + \|T_{r_n}^f x_n - x_n\| + \|x_n - p\| \\ &= \|x_n - p\| + \frac{|r_n - r|}{r_n}\|u_n - x_n\| + \|u_n - x_n\| + \|x_n - p\| \to 0 \end{aligned}$$

和

$$\begin{aligned} \|T_r^g q - q\| &\leqslant \|T_r^g q - T_{r_n}^g y_n + T_{r_n}^g y_n - y_n + y_n - q\| \\ &\leqslant \|y_n - q\| + \frac{|r_n - r|}{r_n}\|T_{r_n}^g y_n - y_n\| + \|T_{r_n}^g y_n - y_n\| + \|y_n - q\| \\ &= \|y_n - q\| + \frac{|r_n - r|}{r_n}\|v_n - y_n\| + \|v_n - y_n\| + \|y_n - q\| \to 0. \end{aligned}$$

因此, $p \in EP(f)$ 和 $q \in EP(g)$.

最后证明 $Ap = Bq \in EP(h)$. 设

$$\theta = \min\{\xi(1 - \xi\|A^*\|^2), \xi(1 - \xi\|B^*\|^2)\}.$$

则根据 (7.6) 式和 (7.10) 式得

$$
\begin{aligned}
&\theta\|Au_n - w_n\|^2 + \theta\|Bv_n - w_n\|^2 \\
\leqslant\ & \|x_n - x^*\|^2 + \|y_n - y^*\|^2 - \|l_n - x^*\|^2 - \|k_n - y^*\|^2 \\
=\ & \{\|x_n - x^*\| - \|l_n - x^*\|\}\{\|x_n - x^*\| + \|l_n - x^*\|\} \\
& + \{\|y_n - y^*\| - \|k_n - y^*\|\}\{\|y_n - y^*\| + \|k_n - y^*\|\} \\
\leqslant\ & \|l_n - x_n\|\{\|x_n - x^*\| + \|l_n - x^*\|\} \\
& + \|k_n - y_n\|\{\|y_n - y^*\| + \|k_n - y^*\|\} \\
\to\ & 0.
\end{aligned} \tag{7.11}
$$

(7.11) 式意味着

$$
\lim_{n\to\infty}\|Au_n - w_n\| = \lim_{n\to\infty}\|Bv_n - w_n\| = 0, \quad \lim_{n\to\infty}\|Au_n - Bv_n\| = 0. \tag{7.12}
$$

注意到 $Au_n \to Ap$, $Bv_n \to Bq$ 和 (7.12) 式, 得 $Ap = Bq$ 和 $w_n \to w^*$, 其中 $w^* := Ap = Bq$. 另一方面, 对于 $r > 0$, 再次根据引理 1.9 得

$$
\begin{aligned}
&\|T_r^h w^* - w^*\| \\
=\ & \left\| T_r^h w^* - T_{r_n}^h \frac{Au_n + Bv_n}{2} + T_{r_n}^h \frac{Au_n + Bv_n}{2} - \frac{Au_n + Bv_n}{2} + \frac{Au_n + Bv_n}{2} - w^* \right\| \\
\leqslant\ & \left\| \frac{Au_n + Bv_n}{2} - w^* \right\| + \frac{|r_n - r|}{r_n} \left\| T_{r_n}^h \frac{Au_n + Bv_n}{2} - \frac{Au_n + Bv_n}{2} \right\| \\
& + \left\| T_{r_n}^h \frac{Au_n + Bv_n}{2} - \frac{Au_n + Bv_n}{2} \right\| + \left\| \frac{Au_n + Bv_n}{2} - w^* \right\| \\
=\ & 2\left\| \frac{Au_n + Bv_n}{2} - w^* \right\| + \frac{|r_n - r|}{r_n} \left\| w_n - \frac{Au_n + Bv_n}{2} \right\| + \left\| w_n - \frac{Au_n + Bv_n}{2} \right\| \\
\to\ & 0.
\end{aligned}
$$

因此, $w^* \in EP(h)$, 即 $Ap = Bq \in EP(h)$.　　　　证完.

7.4　定理 7.1 的例子

本节给出一个例子说明定理 7.1.

例 7.7　设 $\mathbf{H}_1 = \mathbf{R}^2$, $\mathbf{H}_2 = \mathbf{R}^3$, $\mathbf{H}_3 = \mathbf{R}^4$ 是带有标准范数和内积的实 Hilbert 空间. $\alpha = (\alpha_1, \alpha_2) \in \mathbf{R}^2$, $\nu = (z_1, z_2, z_3, z_4) \in \mathbf{R}^4$, 定义

$$
A\alpha = (\alpha_1, \alpha_2, \alpha_1 + \alpha_2, \alpha_1 - \alpha_2)
$$

和

$$A^*\nu = (z_1 + z_3 + z_4, z_2 + z_3 - z_4).$$

则 A 是从 $\mathbf{R}^2$ 到 $\mathbf{R}^4$ 的有界线性算子, 其算子范数是 $\|A\| = \sqrt{3}$. A^* 是 A 的伴随算子, 且范数 $\|A^*\|$ 也是 $\|A^*\| = \sqrt{3}$. 对任意的 $\beta = (\beta_1, \beta_2, \beta_3) \in \mathbf{R}^3$ 和 $\nu = (z_1, z_2, z_3, z_4) \in \mathbf{R}^4$, 设

$$B\beta = (\beta_1, \beta_2, \beta_3, \beta_1 - \beta_2)$$

和

$$B^*\nu = (z_1 + z_4, z_2 - z_4, z_3).$$

则 B 是从 $\mathbf{R}^3$ 到 $\mathbf{R}^4$ 的有界线性算子, 其算子范数是 $\|B\| = \sqrt{3}$, B^* 是 B 的伴随算子, 其范数也是 $\|B^*\| = \sqrt{3}$. 取

$$C := \{\alpha = (\alpha_1, \alpha_2) \in \mathbf{R}^2 : -1 \leqslant \alpha_1 \leqslant 2, 3 \leqslant \alpha_2 \leqslant 4\},$$

$$Q := \{\beta = (\beta_1, \beta_2, \beta_3) \in \mathbf{R}^3 : -1 \leqslant \beta_1 \leqslant 1, 3 \leqslant \beta_2 \leqslant 4, 3 \leqslant \beta_3 \leqslant 5\}$$

和

$$K := \{z = (z_1, z_2, z_3, z_4) \in \mathbf{R}^4 : 0 \leqslant z_1 \leqslant 1, 3 \leqslant z_2 \leqslant 6,$$
$$3 \leqslant z_3 \leqslant 5, -5 \leqslant z_4 \leqslant -3\},$$

则任意 $\alpha = (\alpha_1, \alpha_2) \in C$, $\beta = (\beta_1, \beta_2, \beta_3) \in Q$, $z = (z_1, z_2, z_3, z_4) \in K$, 定义

$$f^*(\alpha) = \alpha_1^2 + \alpha_2^2,$$

$$g^*(\beta) = \beta_1^2 + \beta_2^2 + \beta_3^2$$

和

$$h^*(z) = z_1^2 + z_2^2 + z_3^2 + z_4^2.$$

对任意 $\alpha, x \in C$, 设

$$f(\alpha, x) = f^*(x) - f^*(\alpha).$$

对任意 $\beta, y \in Q$, 设

$$g(\beta, y) = g^*(y) - g^*(\beta).$$

对任意 $\eta, z \in K$, 设

$$h(\eta, z) = h^*(z) - h^*(\eta).$$

容易验证 f,g 和 h 满足条件 (A1)—(A4), 且

$$EP(f)=\{p=(0,3)\},\quad EP(g)=\{q=(0,3,3)\},\quad EP(h)=\{(0,3,3,-3)\}$$

和

$$\Omega=\{(p,q)\in EP(f)\times EP(g): Ap=Bq\in EP(h)\}\neq\varnothing.$$

设 $C_1=C, Q_1=Q, \xi=\dfrac{1}{6}$ 和 $r_n\equiv 1, n\in\mathbf{N}$. 则对于每一个 $\bar{x}=(a,b)\in C$, $\bar{y}=(c,d,e)\in Q$, $c>0$, 有

- $u=\left(\dfrac{a}{3},3\right)=T_{r_n}^{f}\bar{x}$;
- $v=\left(\dfrac{c}{3},3,3\right)=T_{r_n}^{g}\bar{y}$;
- $w=\left(\dfrac{a+c}{6},3,3,-3\right)=T_{r_n}^{h}\left(\dfrac{1}{2}A\bar{x}+\dfrac{1}{2}B\bar{y}\right)$;
- $l=P_C\left(u-\dfrac{1}{6}A^*(Au-w)\right)=\left(\dfrac{7a+c}{36},3\right)$;
- $k=P_Q\left(v-\dfrac{1}{6}B^*(Bv-w)\right)=\left(\dfrac{9c+a}{36},3+\dfrac{c}{18},3\right)$.

取 $x_1=(a_1,b_1)\in C$ 和 $y_1=(c_1,d_1,e_1)\in Q$, 且 $15c_1\geqslant a_1>0$, $17a_1\geqslant c_1$, $d_1>3+\dfrac{c_1}{18}$, 可得到

- $u_1=\left(\dfrac{a_1}{3},3\right)$;
- $v_1=\left(\dfrac{c_1}{3},3,3\right)$;
- $w_1=\left(\dfrac{a_1+c_1}{6},3,3,-3\right)$;
- $l_1=\left(\dfrac{7a_1+c_1}{36},3\right)$;
- $k_1=\left(\dfrac{9c_1+a_1}{36},3+\dfrac{c_1}{18},3\right)$;
- $C_2=\left\{\alpha=(\alpha_1,\alpha_2)\in C_1:-1\leqslant\alpha_1\leqslant\dfrac{19a_1+c_1}{72},3\leqslant\alpha_2\leqslant\dfrac{b_1+3}{2}\right\}$;

- $x_2 = P_{C_2}(x_1) = \left(\dfrac{19a_1 + c_1}{72}, \dfrac{b_1 + 3}{2}\right) := (a_2, b_2)$;

- $Q_2 = \Bigg\{\beta = (\beta_1, \beta_2, \beta_3) \in Q_1 : -1 \leqslant \beta_1 \leqslant \dfrac{21c_1 + a_1}{72}, 3 + \dfrac{c_1}{36} \leqslant \beta_2 \leqslant \dfrac{d_1 + 3}{2},$

  $3 \leqslant \beta_3 \leqslant \dfrac{e_1 + 3}{2}\Bigg\}$;

- $y_2 = P_{Q_2}(y_1) = \left(\dfrac{21c_1 + a_1}{72}, \dfrac{d_1 + 3}{2}, \dfrac{e_1 + 3}{2}\right) := (c_2, d_2, e_2)$.

根据 x_2, y_2, 得 $u_2 = \left(\dfrac{1}{3}a_2, 3\right)$, $v_2 = \left(\dfrac{1}{3}c_2, 3, 3\right)$ 和 $w_2 = \left(\dfrac{1}{6}(a_2 + b_2), 3, 3, -3\right)$. 因为

$$d_2 > 3 + \frac{c_2}{18},$$
$$15c_2 \geqslant a_2 > 0$$

和

$$17a_2 \geqslant c_2,$$

所以可得

- $C_3 = \left\{\alpha = (\alpha_1, \alpha_2) \in C_2 : -1 \leqslant \alpha_1 \leqslant \dfrac{19a_2 + c_2}{72}, 3 \leqslant \alpha_2 \leqslant \dfrac{1}{2}(b_2 + 3)\right\}$;

- $x_3 = \left(\dfrac{19a_2 + c_2}{72}, \dfrac{1}{2}(b_2 + 3)\right) := (a_3, b_3)$;

- $Q_3 = \Bigg\{\beta = (\beta_1, \beta_2, \beta_3) \in Q_1 : -1 \leqslant \beta_1 \leqslant \dfrac{21c_2 + a_2}{72}, 3 + \dfrac{c_2}{36} \leqslant \beta_2 \leqslant \dfrac{d_2 + 3}{2},$

  $3 \leqslant \beta_3 \leqslant \dfrac{e_2 + 3}{2}\Bigg\}$;

- $y_3 = \left(\dfrac{21c_2 + a_2}{72}, \dfrac{d_2 + 3}{2}, \dfrac{e_2 + 3}{2}\right) := (c_3, d_3, e_3)$.

类似地, 设 $n \in \mathbf{N}$, $n > 1$, 可得

- $C_{n+1} = \left\{\alpha = (\alpha_1, \alpha_2) \in C_n : -1 \leqslant \alpha_1 \leqslant \dfrac{19a_n + c_n}{72}, 3 \leqslant \alpha_2 \leqslant \dfrac{1}{2}(b_n + 3)\right\}$;

- $x_{n+1} = \left(\dfrac{19a_n + c_n}{72}, \dfrac{1}{2}(b_n + 3)\right)$;

- $Q_{n+1}=\left\{\beta=(\beta_1,\beta_2,\beta_3)\in Q_n:-1\leqslant\beta_1\leqslant\dfrac{21c_n+a_n}{72},\ 3+\dfrac{c_n}{36}\leqslant\beta_2\leqslant\dfrac{d_n+3}{2},\right.$

$$\left.3\leqslant\beta_3\leqslant\frac{e_n+3}{2}\right\};$$

- $y_{n+1}=\left(\dfrac{21c_n+a_n}{72},\dfrac{d_n+3}{2},\dfrac{e_n+3}{2}\right)$;
- $u_{n+1}=\left(\dfrac{1}{3}a_n,3\right)$;
- $v_{n+1}=\left(\dfrac{1}{3}c_n,3,3\right)$;
- $w_{n+1}=\left(\dfrac{c_n+a_n}{6},3,3,-3\right)$.

根据数学归纳法可知, $\{a_n\}$, $\{b_n\}$, $\{c_n\}$, $\{d_n\}$ 和 $\{e_n\}$ 都是单调减数列, 而且

$$a_n\to 0,\quad b_n\to 3,\quad c_n\to 0,\quad d_n\to 3,\quad e_n\to 3,\quad n\to\infty.$$

因此,

$$\begin{aligned}&u_n\to(0,3),\quad v_n\to(0,3,3),\quad w_n\to(0,3,3,-3),\\&x_n\to(0,3),\quad y_n\to(0,3,3),\quad n\to\infty.\end{aligned}$$

注 7.4 本章首先介绍双水平分裂均衡问题 (BSEP), 然后给出了迭代算法并证明算法具有强收敛性, 最后给出例子予以说明算法的有效性.

关于均衡问题或者分裂均衡问题的更多研究情况, 可以参考文献 [12, 13, 30, 35, 65, 85, 87, 106] 及其参考文献. 均衡问题 (EP) 也被推广到其他类型的均衡问题, 见文献 [33] 及其参考文献.

本章内容来源于文献 [46].

第 8 章　混合分裂问题及其迭代算法

从本章开始, 讨论和分析非线性算子分裂不动点问题的迭代算法. 本章研究均衡问题和非扩张映射不动点问题的分裂解, 给出求解算法, 并证明算法收敛.

8.1　问题及其特例

$\mathbf{H}$ 表示与前面章节相同的实 Hilbert 空间. 设 K 是 $\mathbf{H}$ 的非空闭凸子集. $T: C \to \mathbf{H}$ 是非线性算子. $\mathscr{F}(T)$ 表示 T 的不动点集.

第 5 章研究了 k 个均衡问题和非扩张映射的公共解的迭代算法, 文献 [18, 41, 42, 53, 85, 87] 也讨论了均衡问题和非线性算子不动点问题公共解的迭代算法. 我们在本章中建立均衡问题和非扩张映射分裂解的迭代算法.

设 $\mathbf{H}_1$ 和 $\mathbf{H}_2$ 是两个实 Hilbert 空间, C 和 K 分别是 $\mathbf{H}_1$ 和 $\mathbf{H}_2$ 的闭凸子集. $f: C \times C \to \mathbf{R}$, $g: K \times K \to \mathbf{R}$ 是双变量函数, $A: \mathbf{H}_1 \to \mathbf{H}_2$ 是有界线性算子. $T: C \to C$ 和 $S: K \to K$ 是非扩张映射, 且 $\mathscr{F}(T) \neq \varnothing$, $\mathscr{F}(S) \neq \varnothing$. 现在考虑如下问题:

$$\begin{aligned}
\text{(HSP)}\qquad & \text{找 } p \in C \text{ 使得 } Tp = p,\ f(p, y) \geqslant 0,\ \forall\, y \in C, \\
& \text{且 } u := Ap \text{ 满足 } Su = u \in K,\ g(u, v) \geqslant 0,\ \forall\, v \in K.
\end{aligned}$$

(HSP) 包含以下几种情形作为特例:

(1) 如果 T 是恒等算子, 则 (HSP) 将变为问题 (P_1):

(P_1) 找 $p \in C$ 使得 $f(p, y) \geqslant 0$, $\forall y \in C$, 且 $u := Ap$ 满足 $Su = u \in K$, $g(u, v) \geqslant 0$, $\forall v \in K$.

(2) 如果 S 是恒等算子, 则 (HSP) 将变为问题 (P_2):

(P_2) 找 $p \in C$ 使得 $Tp = p$, $f(p, y) \geqslant 0$, $\forall y \in C$, 且 $u := Ap \in K$ 满足 $g(u, v) \geqslant 0$, $\forall v \in K$.

(3) 如果 T, S 都是恒等算子, 则 (HSP) 将变为问题 (P_3), 此问题已经在第 6 章得到讨论:

(P_3) 找 $p \in C$ 使得 $f(p, y) \geqslant 0$, $\forall y \in C$, 且 $u := Ap \in K$ 满足 $g(u, v) \geqslant 0$, $\forall v \in K$.

(4) 如果 S 是恒等算子, 且 $f(x, y) \equiv 0$, $(x, y) \in C \times C$, 则 (HSP) 将变为问题 (P_4), 此问题已经在文献 [44] 得到讨论:

(P_4) 找 $p \in C$ 使得 $Tp = p$, 且 $u := Ap \in K$ 满足 $g(u, v) \geqslant 0, \forall v \in K$.

本章将建立关于问题 (HSP) 的弱收敛算法和强收敛算法.

8.2 关于 (HSP) 的弱收敛算法

本节介绍问题 (HSP) 的弱收敛算法.

定理 8.1 设 $\mathbf{H}_1$ 和 $\mathbf{H}_2$ 是实 Hilbert 空间. $C \subset \mathbf{H}_1$, $K \subset \mathbf{H}_2$ 是非空闭凸子集. $T: C \to C$, $S: K \to K$ 是非扩张映射, $f: C \times C \to \mathbf{R}$ 和 $g: K \times K \to \mathbf{R}$ 是满足条件 (A1)—(A4) 的双变量函数. $A: \mathbf{H}_1 \to \mathbf{H}_2$ 是有界线性算子, B 是 A 的伴随算子. 设 $x_1 \in C$, $\{x_n\}$, $\{u_n\}$ 按以下方式产生:

$$\begin{cases} u_n = T^f_{r_n} x_n, \\ y_n = (1-\alpha)u_n + \alpha T u_n, \\ w_n = T^g_{r_n} A y_n, \\ x_{n+1} = P_C(y_n + \xi B(S w_n - A y_n)), \quad \forall n \in \mathbf{N}, \end{cases} \tag{8.1}$$

其中, $\alpha \in (0,1)$, $\xi \in \left(0, \dfrac{1}{\|B\|^2}\right)$, $\{r_n\} \subset (0, +\infty)$, $\liminf_{n\to+\infty} r_n > 0$, P_C 是从 $\mathbf{H}_1$ 到 C 的投影算子. 假设 $\Omega = \{p \in \mathscr{F}(T) \cap EP(f) : Ap \in \mathscr{F}(S) \cap EP(g)\} \neq \varnothing$, 则 $x_n, u_n \rightharpoonup q$, $w_n \rightharpoonup Aq$, $q \in \Omega$.

证明 设 $p \in \Omega$, 易证下面几个不等式成立:

$$\|y_n - p\| \leqslant \|u_n - p\| \leqslant \|x_n - p\|, \quad \|w_n - Ap\| \leqslant \|Ay_n - Ap\|. \tag{8.2}$$

根据引理 1.11, 可知 $\|T^g_{r_n} Ay_n - Ay_n\|^2 \leqslant \|Ay_n - Ap\|^2 - \|T^g_{r_n} Ay_n - Ap\|^2$, 因此

$$\begin{aligned} \|Sw_n - Ap\|^2 &= \|ST^g_{r_n} Ay_n - Ap\|^2 \\ &\leqslant \|T^g_{r_n} Ay_n - Ap\|^2 \\ &\leqslant \|Ay_n - Ap\|^2 - \|T^g_{r_n} Ay_n - Ay_n\|^2. \end{aligned} \tag{8.3}$$

根据引理 1.6 的 (3) 和 (8.3) 式, 可得

$$\begin{aligned} &2\xi\langle y_n - p, B(ST^g_{r_n} - I)Ay_n\rangle \\ &= 2\xi\langle A(y_n - p) + (ST^g_{r_n} - I)Ay_n - (ST^g_{r_n} - I)Ay_n, (ST^g_{r_n} - I)Ay_n\rangle \\ &= 2\xi\left(\frac{1}{2}\|ST^g_{r_n} Ay_n - Ap\|^2 + \frac{1}{2}\|(ST^g_{r_n} - I)Ay_n\|^2\right) \end{aligned}$$

$$-2\xi\left(\frac{1}{2}\|Ay_n-Ap\|^2+\|(ST^g_{r_n}-I)Ay_n\|^2\right)$$

$$\leqslant 2\xi\left(-\frac{1}{2}\|T^g_{r_n}Ay_n-Ay_n\|^2+\frac{1}{2}\|(ST^g_{r_n}-I)Ay_n\|^2-\|(ST^g_{r_n}-I)Ay_n\|^2\right)$$

$$=-\xi\|(ST^g_{r_n}-I)Ay_n\|^2-\xi\|T^g_{r_n}Ay_n-Ay_n\|^2. \tag{8.4}$$

另一方面, 显然

$$\|B(ST^g_{r_n}-I)Ay_n\|^2\leqslant\|B\|^2\|(ST^g_{r_n}-I)Ay_n\|^2,$$

因此从 (8.1)—(8.4) 式可知

$$\begin{aligned}\|x_{n+1}-p\|^2&=\|P_C(y_n+\xi B(ST^g_{r_n}-I)Ay_n)-p\|^2\\&\leqslant\|y_n+\xi B(ST^g_{r_n}-I)Ay_n-p\|^2\\&=\|y_n-p\|^2+\|\xi B(ST^g_{r_n}-I)Ay_n\|^2\\&\quad+2\xi\langle y_n-p,B(ST^g_{r_n}-I)Ay_n\rangle\\&\leqslant\|y_n-p\|^2+\xi^2\|B\|^2\|(ST^g_{r_n}-I)Ay_n\|^2\\&\quad-\xi\|(ST^g_{r_n}-I)Ay_n\|^2-\xi\|(T^g_{r_n}-I)Ay_n\|^2\\&=\|y_n-p\|^2-\xi(1-\xi\|B\|^2)\|(ST^f_{r_n}-I)Ay_n\|^2\\&\quad-\xi\|(T^g_{r_n}-I)Ay_n\|^2\\&\leqslant\|x_n-p\|^2-\xi(1-\xi\|B\|^2)\|(ST^f_{r_n}-I)Ay_n\|^2\\&\quad-\xi\|(T^g_{r_n}-I)Ay_n\|^2.\end{aligned} \tag{8.5}$$

因为 $\xi\in\left(0,\frac{1}{\|B\|^2}\right)$, $\xi(1-\xi\|B\|^2)>0$, 根据 (8.2) 式和 (8.5) 式可得

$$\|x_{n+1}-p\|\leqslant\|y_n-p\|\leqslant\|u_n-p\|\leqslant\|x_n-p\| \tag{8.6}$$

和

$$\xi(1-\xi\|B\|^2)\|(ST^g_{r_n}-I)Ay_n\|^2+\xi\|(T^g_{r_n}-I)Ay_n\|^2\leqslant\|x_n-p\|^2-\|x_{n+1}-p\|^2. \tag{8.7}$$

不等式 (8.6) 意味着 $\lim_{n\to\infty}\|x_n-p\|$ 存在. 进一步, 从 (8.6) 式和 (8.7) 式可知

$$\lim_{n\to\infty}\|x_n-p\|=\lim_{n\to\infty}\|y_n-p\|=\lim_{n\to\infty}\|u_n-p\|,$$

$$\lim_{n\to\infty}\|(ST^g_{r_n}-I)Ay_n\|=\lim_{n\to\infty}\|(T^g_{r_n}-I)Ay_n\|=\lim_{n\to\infty}\|w_n-Ay_n\|=0. \tag{8.8}$$

(8.8) 式意味着

$$\lim_{n\to\infty}\|Sw_n - w_n\| = 0. \tag{8.9}$$

利用引理 1.11 和 (8.8) 式得

$$\begin{aligned}\|u_n - x_n\|^2 &= \|T_{r_n}^f x_n - x_n\|^2 \\ &\leqslant \|x_n - p\|^2 - \|T_{r_n}^f x_n - p\|^2 \\ &= \|x_n - p\|^2 - \|u_n - p\|^2 \\ &\to 0. \end{aligned} \tag{8.10}$$

注意到

$$\begin{aligned}\|y_n - p\|^2 &= (1-\alpha)\|u_n - p\|^2 + \alpha\|Tu_n - p\|^2 - \alpha(1-\alpha)\|Tu_n - u_n\|^2 \\ &\leqslant \|u_n - p\|^2 - \alpha(1-\alpha)\|Tu_n - u_n\|^2,\end{aligned}$$

因此,

$$\lim_{n\to\infty}\|Tu_n - u_n\| = 0, \tag{8.11}$$

由 (8.10) 式和 (8.11) 式得

$$\begin{aligned}\|y_n - x_n\| &\leqslant \|y_n - u_n\| + \|u_n - x_n\| \\ &= \alpha\|Tu_n - u_n\| + \|u_n - x_n\| \\ &\to 0, \quad n\to\infty. \end{aligned} \tag{8.12}$$

由于 $\lim_{n\to\infty}\|x_n - p\|$ 存在, 所以 $\{x_n\}$ 是有界的. 因此, $\{x_n\}$ 有弱收敛的子列 $\{x_{n_j}\}$.

假设 $x_{n_j} \rightharpoonup q$, $q\in C$, 则根据 (8.12) 式和 (8.8) 式得

$$y_{n_j} \rightharpoonup q, \quad Ay_{n_j} \rightharpoonup Aq \in K, \quad w_{n_j} = T_{r_{n_j}}^g Ay_{n_j} \rightharpoonup Aq.$$

现在证明 $q\in\Omega$, 即 $q\in\mathscr{F}(T)\cap EP(f)$ 和 $Aq\in\mathscr{F}(S)\cap EP(g)$. 根据 (8.10) 式可知, $u_{n_j}\rightharpoonup q$. 如果 $Tq\neq q$, 那么根据 Opial 条件和 (8.11) 式, 可知

$$\begin{aligned}\liminf_{j\to\infty}\|u_{n_j} - q\| &< \liminf_{j\to\infty}\|u_{n_j} - Tq\| \\ &\leqslant \liminf_{j\to\infty}\|u_{n_j} - Tu_{n_j} + Tu_{n_j} - Tq\| \\ &\leqslant \liminf_{j\to\infty}\|u_{n_j} - q\|,\end{aligned}$$

这是一个矛盾. 因此 $Tq = q$ 或者 $q \in \mathscr{F}(T)$.

另一方面, 根据引理 1.8 可知, $EP(f) = \mathscr{F}(T_r^f)$, $r > 0$. 因此, 如果 $T_r^f q \neq q$, $r > 0$, 则根据 Opial 条件和 (8.10) 式、引理 1.9, 得到

$$
\begin{aligned}
\liminf_{j\to\infty}\|x_{n_j}-q\| &< \liminf_{j\to\infty}\|x_{n_j} - T_r^f q\| \\
&= \liminf_{j\to\infty}\|x_{n_j} - T_{r_{n_j}}^f x_{n_j} + T_{r_{n_j}}^f x_{n_j} - T_r^f q\| \\
&\leqslant \liminf_{j\to\infty}\{\|x_{n_j} - T_{r_{n_j}}^f x_{n_j}\| + \|T_r^f q - T_{r_{n_j}}^f x_{n_j}\|\} \\
&\leqslant \liminf_{j\to\infty}\left\{\|x_{n_j}-T_{r_{n_j}}^f x_{n_j}\|+\|x_{n_j}-q\|+\frac{|r - r_{n_j}|}{r_{n_j}}\|T_{r_{n_j}}^f x_{n_j}-x_{n_j}\|\right\} \\
&= \liminf_{j\to\infty}\|x_{n_j} - q\|,
\end{aligned}
$$

这也是一个矛盾. 所以对每一个 $r > 0$, $T_r^f q = q$, 即 $q \in EP(f)$. 因此, $q \in \mathscr{F}(T) \cap EP(f)$. 类似地, 可以证明 $Aq \in \mathscr{F}(S) \cap EP(g)$. 所以 $q \in \Omega$.

现在, 证明 $\{x_n\}$ 弱收敛到 $q \in \Omega$. 若不然, 则存在 $\{x_n\}$ 的子列 $\{x_{n_l}\}$ 使得 $x_{n_l} \rightharpoonup \bar{x} \in \Omega$ 且 $\bar{x} \neq q$. 因为 $\{n_l\}$ 和 $\{n_j\}$ 都是单调增加趋于正无穷的正整数列, 所以可以选取适当的子列 $\{n_{l_k}\} \subset \{n_l\}$ 和 $\{n_{j_k}\} \subset \{n_j\}$ 使得

$$
n_{l_1} \leqslant n_{j_1} \leqslant n_{l_2} \leqslant n_{j_2} \leqslant \cdots \leqslant n_{l_k} \leqslant n_{j_k} \leqslant n_{l_{k+1}} \leqslant n_{j_{k+1}} \leqslant \cdots,
$$

再根据 Opial 条件可知

$$
\begin{aligned}
\liminf_{k\to\infty}\|x_{n_{l_k}} - \bar{x}\| &< \liminf_{k\to\infty}\|x_{n_{l_k}} - q\| \\
&\leqslant \liminf_{k\to\infty}(\|x_{n_{l_k}} - x_{n_{j_k}}\| + \|x_{n_{j_k}} - q\|) \\
&= \liminf_{k\to\infty}\|x_{n_{j_k}} - q\| \\
&< \liminf_{k\to\infty}\|x_{n_{j_k}} - \bar{x}\| \\
&\leqslant \liminf_{k\to\infty}(\|x_{n_{j_k}} - x_{n_{l_k}}\| + \|x_{n_{l_k}} - \bar{x}\|) \\
&< \liminf_{k\to\infty}\|x_{n_{l_k}} - \bar{x}\|,
\end{aligned}
$$

矛盾, 故 $\{x_n\}$ 弱收敛到 $q \in \Omega$. 又由 $\|u_n - x_n\| \to 0$ ((8.10) 式), 可知 $u_n \rightharpoonup q$.

最后, 证明 $\{w_n = T_{r_n}^g Ay_n\}$ 弱收敛到 $Aq \in \mathscr{F}(S) \cap EP(g)$. 由 (8.12) 式可知, $y_n \rightharpoonup q$, 故 $Ay_n \rightharpoonup Aq$. 于是从 (8.8) 式可得

$$
w_n = T_{r_n}^g Ay_n \rightharpoonup Aq \in \mathscr{F}(S) \cap EP(g).
$$

证完.

如果 $T=I$ 或者 $S=I$, 其中 I 表示恒等映射, 则有下面的推论.

推论 8.1　设 $\mathbf{H}_1$ 和 $\mathbf{H}_2$ 是实 Hilbert 空间. $C\subset\mathbf{H}_1$ 和 $K\subset\mathbf{H}_2$ 是两个非空闭凸子集. $S:K\to K$ 是非扩张映射, $f:C\times C\to\mathbf{R}$ 和 $g:K\times K\to\mathbf{R}$ 是满足条件 (A1)—(A4) 的双变量函数. $A:\mathbf{H}_1\to\mathbf{H}_2$ 是有界线性算子, 其伴随算子是 B. $x_1\in C,\{x_n\}$ 和 $\{u_n\}$ 按以下方式产生:

$$\begin{cases} u_n=T_{r_n}^f x_n,\\ w_n=T_{r_n}^g Au_n,\\ x_{n+1}=P_C(u_n+\xi B(Sw_n-Au_n)),\quad \forall\, n\in\mathbf{N}, \end{cases}$$

其中, $\xi\in\left(0,\dfrac{1}{\|B\|^2}\right)$ 和 $\{r_n\}\subset(0,+\infty)$, $\liminf_{n\to+\infty}r_n>0$, P_C 是从 $\mathbf{H}_1$ 到 C 的投影算子.

设 $\Omega=\{p\in EP(f):Ap\in\mathscr{F}(S)\cap EP(g)\}\neq\varnothing$, 则 $x_n,u_n\rightharpoonup q$, $w_n\rightharpoonup Aq$, $q\in\Omega$.

推论 8.2　设 $\mathbf{H}_1$ 和 $\mathbf{H}_2$ 是实 Hilbert 空间. $C\subset\mathbf{H}_1$ 和 $K\subset\mathbf{H}_2$ 是两个非空闭凸子集. $S:K\to K$ 是非扩张映射. $f:C\times C\to\mathbf{R}$ 和 $g:K\times K\to\mathbf{R}$ 是满足条件 (A1)—(A4) 的双变量函数. $A:\mathbf{H}_1\to\mathbf{H}_2$ 是有界线性算子, 其伴随算子是 B. $x_1\in C,\{x_n\}$ 和 $\{u_n\}$ 按以下方式产生:

$$\begin{cases} u_n=T_{r_n}^f x_n,\\ y_n=(1-\alpha)u_n+\alpha Tu_n,\\ w_n=T_{r_n}^g Ay_n,\\ x_{n+1}=P_C(y_n+\xi B(w_n-Ay_n)),\quad \forall n\in\mathbf{N}, \end{cases}$$

其中, $\alpha\in(0,1)$, $\xi\in\left(0,\dfrac{1}{\|B\|^2}\right)$ 和 $\{r_n\}\subset(0,+\infty)$, $\liminf_{n\to+\infty}r_n>0$, P_C 是从 $\mathbf{H}_1$ 到 C 的投影算子.

假设 $\Omega=\{p\in\mathscr{F}(T)\cap EP(f):Ap\in EP(g)\}\neq\varnothing$, 则 $x_n,u_n\rightharpoonup q$, $w_n\rightharpoonup Aq$, $q\in\Omega$.

推论 8.3　$C\subset\mathbf{H}_1$ 和 $K\subset\mathbf{H}_2$ 是两个非空闭凸子集. $f:C\times C\to\mathbf{R}$ 和 $g:K\times K\to\mathbf{R}$ 是满足条件 (A1)—(A4) 的双变量函数. $A:\mathbf{H}_1\to\mathbf{H}_2$ 是有界线性算子, 其伴随算子是 B. $x_1\in C,\{x_n\}$ 和 $\{u_n\}$ 按以下方式产生:

$$\begin{cases} u_n=T_{r_n}^f x_n,\\ w_n=T_{r_n}^g Au_n,\\ x_{n+1}=P_C(u_n+\xi B(w_n-Au_n)),\quad \forall n\in\mathbf{N}, \end{cases}$$

其中, $\xi \in \left(0, \dfrac{1}{\|B\|^2}\right)$ 和 $\{r_n\} \subset (0, +\infty)$, $\liminf_{n\to+\infty} r_n > 0$, P_C 是从 $\mathbf{H}_1$ 到 C 的投影算子.

设 $\Omega = \{p \in EP(f) : Ap \in EP(g)\} \neq \varnothing$, 则 $x_n, u_n \rightharpoonup q$, $w_n \rightharpoonup Aq$, $q \in \Omega$.

8.3 关于 (HSP) 的强收敛算法

本节介绍一个强收敛算法, 并验证收敛性.

定理 8.2 设 $\mathbf{H}_1$ 和 $\mathbf{H}_2$ 是实 Hilbert 空间. $C \subset \mathbf{H}_1$ 和 $K \subset \mathbf{H}_2$ 是两个非空闭凸子集. $S : K \to K$ 是非扩张映射. $f : C \times C \to \mathbf{R}$ 和 $g : K \times K \to \mathbf{R}$ 是满足条件 (A1)—(A4) 的双变量函数. $A : \mathbf{H}_1 \to \mathbf{H}_2$ 是有界线性算子, 其伴随算子是 B. $x_1 \in C_1 := C, \{x_n\}$ 和 $\{u_n\}$ 按以下方式产生:

$$\begin{cases} u_n = T^f_{r_n} x_n, \\ y_n = (1-\alpha)u_n + \alpha T u_n, \\ w_n = T^g_{r_n} A y_n, \\ z_n = P_C(y_n + \xi B(S w_n - A y_n)), \\ C_{n+1} = \{v \in C_n : \|z_n - v\| \leqslant \|y_n - v\| \leqslant \|x_n - v\|\}, \\ x_{n+1} = P_{C_{n+1}}(x_1), \quad \forall n \in \mathbf{N}, \end{cases} \tag{8.13}$$

其中, $\alpha \in (0,1)$, $\xi \in \left(0, \dfrac{1}{\|B\|^2}\right)$ 和 $\{r_n\} \subset (0, +\infty)$, $\liminf_{n\to+\infty} r_n > 0$, P_C 是从 $\mathbf{H}_1$ 到 C 的投影算子.

设 $\Omega = \{p \in \mathscr{F}(T) \cap EP(f) : Ap \in \mathscr{F}(S) \cap EP(g)\} \neq \varnothing$, 则 $x_n, u_n \to q$, $w_n \to Aq$, $q \in \Omega$.

证明 先证明 C_n 是非空闭凸子集. 事实上, 设 $p \in \Omega$, 从 (8.4) 式得

$$2\xi\langle y_n - p, B(Sw_n - Ay_n)\rangle \leqslant -\xi\|(T^g_{r_n} - I)Ax_n\|^2 - \xi\|Sw_n - Ay_n\|^2. \tag{8.14}$$

根据 (8.2) 式、(8.13) 式和 (8.14) 式, 可得

$$\begin{aligned} \|z_n - p\|^2 &\leqslant \|y_n + \xi B(Sw_n - Ay_n) - p\|^2 \\ &= \|y_n - p\|^2 + \|\xi B(Sw_n - Ay_n)\|^2 + 2\xi\langle y_n - p, B(Sw_n - Ay_n)\rangle \\ &\leqslant \|y_n - p\|^2 + \xi^2\|B\|^2\|Sw_n - Ay_n\|^2 - \xi\|(T^g_{r_n} - I)Ay_n\|^2 \\ &\quad -\xi\|Sw_n - Ay_n\|^2 \\ &= \|y_n - p\|^2 - \xi(1 - \xi\|B\|^2)\|(ST^g_{r_n} - I)Ay_n\|^2 - \xi\|(T^g_{r_n} - I)Ay_n\|^2 \end{aligned}$$

$$
\begin{aligned}
&\leqslant \|u_n-p\|^2-(1-\alpha)\alpha\|u_n-Tu_n\|^2-\xi(1-\xi\|B\|^2)\|(ST_{r_n}^g-I)Ay_n\|^2 \\
&\quad -\xi\|(T_{r_n}^g-I)Ay_n\|^2 \\
&\leqslant \|x_n-p\|^2-\xi(1-\xi\|B\|^2)\|(ST_{r_n}^g-I)Ay_n\|^2 \\
&\quad -\xi\|(T_{r_n}^g-I)Ay_n\|^2-(1-\alpha)\alpha\|u_n-Tu_n\|^2.
\end{aligned} \tag{8.15}
$$

注意到 $\left(0,\dfrac{1}{\|B\|^2}\right)$, $\xi(1-\xi\|B\|^2)>0$. 由 (8.2) 式和 (8.15) 式得

$$
\|z_n-p\|\leqslant\|y_n-p\|\leqslant\|u_n-p\|\leqslant\|x_n-p\|,\quad \forall n\in\mathbf{N},
$$

因此 $p\in C_n$, 从而 $\Omega\subset C_n$, $C_n\neq\varnothing$, $\forall n\in\mathbf{N}$.

不难验证 C_n 是闭集, 所以 C_n 是闭凸子集, $n\in\mathbf{N}$. 的确, 设 $w_1,w_2\in C_{n+1}$, $\gamma\in[0,1]$, 则

$$
\begin{aligned}
\|z_n-(\gamma w_1+(1-\gamma)w_2)\|^2 &= \|\gamma(z_n-w_1)+(1-\gamma)(z_n-w_2)\|^2 \\
&= \gamma\|z_n-w_1\|^2+(1-\gamma)\|z_n-w_2\|^2 \\
&\quad -\gamma(1-\gamma)\|w_1-w_2\|^2 \\
&\leqslant \gamma\|y_n-w_1\|^2+(1-\gamma)\|y_n-w_2\|^2 \\
&\quad -\gamma(1-\gamma)\|w_1-w_2\|^2 \\
&= \|y_n-(\gamma w_1+(1-\gamma)w_2)\|^2.
\end{aligned}
$$

因此,

$$
\|z_n-(\gamma w_1+(1-\gamma)w_2)\|\leqslant\|y_n-(\gamma w_1+(1-\gamma)w_2)\|.
$$

类似地, 可得

$$
\|y_n-(\gamma w_1+(1-\gamma)w_2)\|\leqslant\|x_n-(\gamma w_1+(1-\gamma)w_2)\|.
$$

所以, $\gamma w_1+(1-\gamma)w_2\in C_{n+1}$, C_{n+1} 是凸集, $\forall n\in\mathbf{N}$.

注意到 $C_{n+1}\subset C_n$, $x_{n+1}=P_{C_{n+1}}(x_1)\subset C_n$, 因此 $\|x_{n+1}-x_1\|\leqslant\|x_n-x_1\|$, $n>1$. 由此可知 $\lim_{n\to\infty}\|x_n-x_1\|$ 存在. 这也说明 $\{x_n\}$ 是有界的, 进而得到 $\{z_n\}$ 和 $\{y_n\}$ 都是有界的.

对于 $k,n\in\mathbf{N}$, $k>n>1$, 由 $x_k=P_{C_k}(x_1)\subset C_n$、性质 1.1 和 (8.13) 式, 可知

$$
\|x_n-x_k\|^2+\|x_1-x_k\|^2=\|x_n-P_{C_k}(x_1)\|^2+\|x_1-P_{C_k}(x_1)\|^2
$$

$$\leqslant \|x_n - x_1\|^2. \tag{8.16}$$

从上式可知 $\lim_{n\to\infty}\|x_n - x_k\| = 0$, 故 $\{x_n\}$ 是柯西序列.

现在设 $x_n \to q$, 则有 $q \in \Omega$. 首先, 根据 $x_{n+1} = P_{C_{n+1}}(x_1) \in C_{n+1} \subset C_n$, 由 (8.13) 式知

$$\begin{aligned}
\|z_n - x_n\| &\leqslant \|z_n - x_{n+1}\| + \|x_{n+1} - x_n\| \\
&\leqslant 2\|x_{n+1} - x_n\| \to 0, \\
\|y_n - x_n\| &\leqslant \|y_n - x_{n+1}\| + \|x_{n+1} - x_n\| \\
&\leqslant x_{n+1} - x_n\| \to 0.
\end{aligned} \tag{8.17}$$

设 $\rho = \xi(1-\xi\|B\|^2)$, 根据 (8.15) 式得

$$\begin{aligned}
&\rho\|(ST^g_{r_n} - I)Ay_n\|^2 + \xi\|(T^g_{r_n} - I)Ay_n\|^2 + (1-\alpha)\alpha\|u_n - Tu_n\|^2 \\
\leqslant\ & \|x_n - p\|^2 - \|z_n - p\|^2 \\
\leqslant\ & \|x_n - z_n\|\{\|x_n - p\| + \|z_n - p\|\} \\
\to\ & 0.
\end{aligned} \tag{8.18}$$

所以

$$\begin{aligned}
\lim_{n\to\infty}\|w_n - Ay_n\| &= \lim_{n\to\infty}\|(T^g_{r_n} - I)Ay_n\| = 0, \\
\lim_{n\to\infty}\|Sw_n - Ay_n\| &= \lim_{n\to\infty}\|(ST^g_{r_n} - I)Ay_n\| = 0, \\
\lim_{n\to\infty}\|Tu_n - u_n\| &= 0, \quad \lim_{n\to\infty}\|Sw_n - w_n\| = 0.
\end{aligned} \tag{8.19}$$

注意到

$$\lim_{n\to\infty}\|Tu_n - u_n\| = 0, \quad \|y_n - u_n\| = \alpha\|Tu_n - u_n\|,$$

因此,

$$\lim_{n\to\infty}\|y_n - u_n\| = 0. \tag{8.20}$$

从 (8.17) 式和 (8.20) 式得

$$\lim_{n\to\infty}\|x_n - u_n\| = 0. \tag{8.21}$$

由于 $x_n \to q$, 故从 (8.21) 式得 $u_n \to q$. 于是

$$\|Tq - q\| \leqslant \|Tq - Tu_n\| + \|Tu_n - u_n\| + \|u_n - q\| \to 0,$$

即 $Tq=q,\ q\in\mathscr{F}(T)$.

另一方面, 对 $r>0$, 根据引理 1.9, 可得

$$
\begin{aligned}
\|T_r^f q-q\| &\leqslant \|T_r^f q-T_{r_n}^f x_n+T_{r_n}^f x_n-x_n+x_n-q\| \\
&\leqslant \|x_n-q\|+\frac{|r_n-r|}{r_n}\|T_{r_n}^f x_n-x_n\|+\|T_{r_n}^f x_n-x_n\|+\|x_n-q\| \\
&\to 0,
\end{aligned}
$$

这说明 $q\in\mathscr{F}(T_r^f)=EP(f)$. 至此, 已经证明 $q\in\mathscr{F}(T)\cap EP(f)$.

下面证明 $Aq\in\mathscr{F}(S)\cap EP(g)$. 因为 $x_n\to q$ 和

$$x_n-y_n\to 0,\quad w_n-Ay_n\to 0,$$

所以 $y_n\to q,\ Ay_n\to Aq,\ w_n\to Aq$. 从而,

$$\|SAq-Aq\|\leqslant\|SAq-Sw_n\|+\|Sw_n-w_n\|+\|w_n-Aq\|\to 0,$$

即 $SAq=Aq,\ Aq\in\mathscr{F}(S)$.

另一方面, 对 $r>0$, 根据引理 1.9 可知

$$
\begin{aligned}
\|T_r^g Aq-Aq\| &\leqslant \|T_r^g Aq-T_{r_n}^g Ay_n+T_{r_n}^g Ay_n-Ay_n+Ay_n-Aq\| \\
&\leqslant \|Ay_n-Aq\|+\frac{|r_n-r|}{r_n}\|T_{r_n}^g Ay_n-Ay_n\|+\|T_{r_n}^g Ay_n-Ay_n\| \\
&\quad +\|Ay_n-Aq\| \\
&\to 0,
\end{aligned}
$$

这意味着 $Aq\in\mathscr{F}(T_r^g)=EP(g)$. 至此, 已经验证 $Aq\in\mathscr{F}(S)\cap EP(g)$.

所以 $q\in\Omega,\ x_n,u_n\to q,\ w_n\to Aq$. 证完.

如果 $T=I$ 或者 $S=I$, 其中 I 表示恒等算子, 则有下面的推论.

推论 8.4 设 $\mathbf{H}_1$ 和 $\mathbf{H}_2$ 是实 Hilbert 空间. $C\subset\mathbf{H}_1$ 和 $K\subset\mathbf{H}_2$ 是两个非空闭凸子集. $S:K\to K$ 是非扩张映射. $f:C\times C\to\mathbf{R}$, $g:K\times K\to\mathbf{R}$ 是满足条件 (A1)—(A4) 的双变量函数. $A:\mathbf{H}_1\to\mathbf{H}_2$ 是有界线性算子, 其伴随算子是 B. $x_1\in C_1:=C,\{x_n\}$ 和 $\{u_n\}$ 按以下方式产生:

$$
\begin{cases}
u_n=T_{r_n}^f x_n,\\
w_n=T_{r_n}^g Au_n,\\
z_n=P_C(u_n+\xi B(Sw_n-Au_n)),\\
C_{n+1}=\{v\in C_n:\|z_n-v\|\leqslant\|u_n-v\|\leqslant\|x_n-v\|\},\\
x_{n+1}=P_{C_{n+1}}(x_1),\quad \forall n\in\mathbf{N},
\end{cases}
$$

其中, $\xi \in \left(0, \dfrac{1}{\|B\|^2}\right)$ 和 $\{r_n\} \subset (0, +\infty)$, $\liminf_{n\to+\infty} r_n > 0$, P_C 是从 $\mathbf{H}_1$ 到 C 的投影算子.

设 $\Omega = \{p \in EP(f) : Ap \in \mathscr{F}(S) \cap EP(g)\} \neq \varnothing$, 则 $x_n, u_n \to q$, $w_n \to Aq$, 其中 $q \in \Omega$.

推论 8.5 设 $\mathbf{H}_1$ 和 $\mathbf{H}_2$ 是实 Hilbert 空间. $C \subset \mathbf{H}_1$ 和 $K \subset \mathbf{H}_2$ 是两个非空闭凸子集. $T : C \to C$ 是非扩张映射. $f : C \times C \to \mathbf{R}$ 和 $g : K \times K \to \mathbf{R}$ 是满足条件 (A1)—(A4) 的双变量函数. $A : \mathbf{H}_1 \to \mathbf{H}_2$ 是有界线性算子, 其伴随算子是 B. $x_1 \in C_1 := C, \{x_n\}$ 和 $\{u_n\}$ 按以下方式产生:

$$\begin{cases} u_n = T^f_{r_n} x_n, \\ y_n = (1-\alpha)u_n + \alpha T u_n, \\ w_n = T^g_{r_n} A y_n, \\ z_n = P_C(y_n + \xi B(w_n - A y_n)), \\ C_{n+1} = \{v \in C_n : \|z_n - v\| \leqslant \|y_n - v\| \leqslant \|x_n - v\|\}, \\ x_{n+1} = P_{C_{n+1}}(x_1), \quad \forall n \in \mathbf{N}, \end{cases}$$

其中, $\alpha \in (0,1)$, $\xi \in \left(0, \dfrac{1}{\|B\|^2}\right)$, $\{r_n\} \subset (0, +\infty)$, $\liminf_{n\to+\infty} r_n > 0$, P_C 是从 $\mathbf{H}_1$ 到 C 的投影算子.

设 $\Omega = \{p \in \mathscr{F}(T) \cap EP(f) : Ap \in EP(g)\} \neq \varnothing$, 则 $x_n, u_n \to q$, $w_n \to Aq$, 其中 $q \in \Omega$.

推论 8.6 设 $\mathbf{H}_1$ 和 $\mathbf{H}_2$ 是实 Hilbert 空间. $C \subset \mathbf{H}_1$ 和 $K \subset \mathbf{H}_2$ 是两个非空闭凸子集. $f : C \times C \to \mathbf{R}$ 和 $g : K \times K \to \mathbf{R}$ 是满足条件 (A1)—(A4) 的双变量函数. $A : \mathbf{H}_1 \to \mathbf{H}_2$ 是有界线性算子, 其伴随算子是 B. $x_1 \in C_1 := C, \{x_n\}$ 和 $\{u_n\}$ 按以下方式产生:

$$\begin{cases} u_n = T^f_{r_n} x_n, \quad w_n = T^g_{r_n} A u_n, \\ z_n = P_C(y_n + \xi B(w_n - A u_n)), \\ C_{n+1} = \{v \in C_n : \|z_n - v\| \leqslant \|u_n - v\| \leqslant \|x_n - v\|\}, \\ x_{n+1} = P_{C_{n+1}}(x_1), \quad \forall n \in \mathbf{N}, \end{cases}$$

其中, $\xi \in \left(0, \dfrac{1}{\|B\|^2}\right)$, $\{r_n\} \subset (0, +\infty)$, $\liminf_{n\to+\infty} r_n > 0$, P_C 是从 $\mathbf{H}_1$ 到 C 的投影算子.

设 $\Omega = \{p \in EP(f) : Ap \in EP(g)\} \neq \varnothing$, 则 $x_n, u_n \to q$, $w_n \to Aq$, 其中 $q \in \Omega$.

众所周知, 粘性迭代方法经常被用于求非线性算子不动点问题的近似解中, 例如文献 [64, 99]. 在本章中, 我们也利用粘性迭代方法建立问题 (HSP) 的近似解, 并证明具有强收敛性. 详细的分析见下面的定理 8.3.

定理 8.3　设 $\mathbf{H}_1$ 和 $\mathbf{H}_2$ 是实 Hilbert 空间. $C \subset \mathbf{H}_1$ 和 $K \subset \mathbf{H}_2$ 是两个非空闭凸子集. $h : C \to C$ 是 α-压缩映射, $T : C \to C$ 和 $S : K \to K$ 是非扩张映射. $f : C \times C \to \mathbf{R}$ 和 $g : K \times K \to \mathbf{R}$ 是满足条件 (A1)—(A4) 的双变量函数. $A : \mathbf{H}_1 \to \mathbf{H}_2$ 是有界线性算子, 其伴随算子是 B. $x_1 \in C, \{x_n\}$ 和 $\{u_n\}$ 按以下方式产生:

$$\begin{cases} u_n = T^f_{r_n} x_n, \\ w_n = T^g_{r_n} A u_n, \\ y_n = P_C(u_n + \xi B(Sw_n - Au_n)), \\ z_n = (1-r)y_n + rTy_n, \\ x_{n+1} = \alpha_n h(x_n) + (1-\alpha_n) z_n, \quad \forall n \in \mathbf{N}, \end{cases} \tag{8.22}$$

其中, $r \in (0,1)$, $\xi \in \left(0, \dfrac{1}{\|B\|^2}\right)$, $\{r_n\} \subset (0, +\infty)$, P_C 是从 $\mathbf{H}_1$ 到 C 的投影算子, 参数 $\{\alpha_n\}$ 和 $\{r_n\}$ 满足条件:

(1) $\{\alpha_n\} \subset (0,1)$, $\lim_{n\to\infty} \alpha_n = 0$, $\sum_{n=1}^{\infty} \alpha_n = \infty$;

(2) $\liminf_{n\to+\infty} r_n > 0$, $\lim_{n\to\infty} |r_{n+1} - r_n| = 0$.

设 $\Omega = \{p \in \mathscr{F}(T) \cap EP(f) : Ap \in \mathscr{F}(S) \cap EP(g)\} \neq \varnothing$, 则 $x_n, u_n \to q$, $w_n \rightharpoonup Aq$, 其中 $q = P_\Omega h(q)$.

证明　设 $p \in \Omega$. 下面几个不等式容易验证:

$$\|u_n - p\| \leqslant \|x_n - p\|, \quad \|w_n - Ap\| \leqslant \|Au_n - Ap\|. \tag{8.23}$$

根据引理 1.11,

$$\begin{aligned} \|u_n - p\|^2 &\leqslant \|x_n - p\|^2 - \|T^g_{r_n} x_n - x_n\|^2 \\ &= \|x_n - p\|^2 - \|u_n - x_n\|^2; \\ \|Sw_n - Ap\|^2 &= \|ST^g_{r_n} Au_n - Ap\|^2 \\ &\leqslant \|T^g_{r_n} Au_n - Ap\|^2 \\ &\leqslant \|Au_n - Ap\|^2 - \|T^g_{r_n} Au_n - Au_n\|^2. \end{aligned} \tag{8.24}$$

从 (8.22) 式和 (8.24) 式可知

$$\begin{aligned}2\xi\langle u_n-p,B(Sw_n-Au_n)\rangle &= 2\xi\langle A(u_n-p)+Sw_n-Au_n-(Sw_n-Au_n),Sw_n-Au_n\rangle\\ &= 2\xi\left(\frac{1}{2}\|Sw_n-Ap\|^2+\frac{1}{2}\|Sw_n-Au_n\|^2\right)\\ &\quad -2\xi\left(\frac{1}{2}\|Au_n-Ap\|^2+\|Sw_n-Au_n\|^2\right)\\ &\leqslant 2\xi\left(-\frac{1}{2}\|T_{r_n}^g Au_n-Au_n\|^2-\frac{1}{2}\|Sw_n-Au_n\|^2\right)\\ &= -\xi\|Sw_n-Au_n\|^2-\xi\|T_{r_n}^g Au_n-Au_n\|^2\\ &= -\xi\|Sw_n-Au_n\|^2-\xi\|w_n-Au_n\|^2 \end{aligned}\tag{8.25}$$

和

$$\begin{aligned}\|y_n-p\|^2 &= \|P_C(u_n+\xi B(Sw_n-Au_n))-P_Cp\|^2\\ &\leqslant \|u_n-p+\xi B(Sw_n-Au_n)\|^2\\ &= \|u_n-p\|^2+\|\xi B(Sw_n-Au_n)\|^2+2\xi\langle u_n-p,B(Sw_n-Au_n)\rangle\\ &\leqslant \|u_n-p\|^2-\xi(1-\xi\|B\|^2)\|Sw_n-Au_n\|^2-\xi\|T_{r_n}^g Au_n-Au_n\|^2\\ &\leqslant \|x_n-p\|^2-\xi(1-\xi\|B\|^2)\|Sw_n-Au_n\|^2-\xi\|T_{r_n}^g Au_n-Au_n\|^2\\ &= \|x_n-p\|^2-\xi(1-\xi\|B\|^2)\|Sw_n-Au_n\|^2-\xi\|w_n-Au_n\|^2. \end{aligned}\tag{8.26}$$

由 (8.22) 式、(8.23) 式和 (8.26) 式可得

$$\|z_n-p\|\leqslant\|y_n-p\|\leqslant\|u_n-p\|\leqslant\|x_n-p\|.\tag{8.27}$$

现在证明 $\{x_n\}$ 是有界的. 事实上, 根据 (8.22) 式和 (8.27) 式,

$$\begin{aligned}\|x_{n+1}-p\| &= \|\alpha_n(h(x_n)-p)+(1-\alpha_n)(z_n-p)\|\\ &\leqslant (1-\alpha_n)\|z_n-p\|+\alpha_n\|h(x_n)-p\|\\ &\leqslant (1-\alpha_n)\|x_n-p\|+\alpha_n\alpha\|x_n-p\|+\alpha_n\|h(p)-p\|\\ &= (1-\alpha_n(1-\alpha))\|x_n-p\|+\alpha_n(1-\alpha)\frac{\|h(p)-p\|}{1-\alpha}, \end{aligned}$$

这意味着

$$\|x_n-p\|\leqslant\max\left\{\|x_1-p\|,\frac{\|h(p)-p\|}{1-\alpha}\right\},\quad\forall n\in\mathbf{N},\tag{8.28}$$

所以 $\{x_n\}$ 是有界的. 进一步, 根据 (8.22) 式知, $\{u_n\}$, $\{w_n\}$ 和 $\{y_n\}$ 也是有界的.

根据引理 1.9, 由 (8.22) 式得

$$
\begin{aligned}
\|u_{n+1} - u_n\|^2 &= \|T^f_{r_{n+1}} x_{n+1} - T^f_{r_n} x_n\|^2 \\
&\leqslant \left(\|x_{n+1} - x_n\| + \frac{|r_n - r_{n+1}|}{r_n} \|T^f_{r_n} x_n - x_n\| \right)^2 \\
&\leqslant \|x_{n+1} - x_n\|^2 + \frac{|r_n - r_{n+1}|}{r_n} M_1, \\
\|w_{n+1} - w_n\|^2 &= \|T^g_{r_{n+1}} Au_{n+1} - T^g_{r_n} Au_n\|^2 \\
&\leqslant \left(\|Au_{n+1} - Au_n\| + \frac{|r_n - r_{n+1}|}{r_n} \|T^g_{r_n} Au_n - Au_n\| \right)^2 \\
&\leqslant \|Au_{n+1} - Au_n\|^2 + \frac{|r_n - r_{n+1}|}{r_n} M_1
\end{aligned} \tag{8.29}
$$

和

$$
\begin{aligned}
&\|y_{n+1} - y_n\|^2 \\
\leqslant &\|u_{n+1} + \xi B(Sw_{n+1} - Au_{n+1}) - u_n - \xi B(Sw_n - Au_n)\|^2 \\
= &\|u_{n+1} - u_n + \xi B(Sw_{n+1} - Au_{n+1} - (Sw_n - Au_n))\|^2 \\
= &\|u_{n+1} - u_n\|^2 + \|\xi B(Sw_{n+1} - Au_{n+1} - (Sw_n - Au_n))\|^2 \\
&+ 2\xi\langle u_{n+1} - u_n, B(Sw_{n+1} - Au_{n+1} - (Sw_n - Au_n))\rangle \\
\leqslant &\|u_{n+1} - u_n\|^2 + \xi^2\|B\|^2\|Sw_{n+1} - Au_{n+1} - (Sw_n - Au_n)\|^2 \\
&+ 2\xi\langle A(u_{n+1} - u_n), Sw_{n+1} - Au_{n+1} - (Sw_n - Au_n)\rangle \\
= &\|u_{n+1} - u_n\|^2 + \xi^2\|B\|^2\|Sw_{n+1} - Au_{n+1} - (Sw_n - Au_n)\|^2 \\
&+ 2\xi\langle A(u_{n+1} - u_n), Sw_{n+1} - Au_{n+1} - (Sw_n - Au_n)\rangle \\
&+ 2\xi\langle Sw_{n+1} - Au_{n+1} - (Sw_n - Au_n), Sw_{n+1} - Au_{n+1} - (Sw_n - Au_n)\rangle \\
&- 2\xi\langle Sw_{n+1} - Au_{n+1} - (Sw_n - Au_n), Sw_{n+1} - Au_{n+1} - (Sw_n - Au_n)\rangle \\
= &\|u_{n+1} - u_n\|^2 + \xi^2\|B\|^2\|Sw_{n+1} - Au_{n+1} - (Sw_n - Au_n)\|^2
\end{aligned}
$$

$$
\begin{aligned}
&+2\xi\langle Sw_{n+1}-Sw_n, Sw_{n+1}-Au_{n+1}-(Sw_n-Au_n)\rangle \\
&-2\xi\|Sw_{n+1}-Au_{n+1}-(Sw_n-Au_n)\|^2 \\
=\ &\|u_{n+1}-u_n\|^2+\xi^2\|B\|^2\|Sw_{n+1}-Au_{n+1}-(Sw_n-Au_n)\|^2 \\
&+2\xi\frac{1}{2}\left\{\|Sw_{n+1}-Sw_n\|^2+\|Sw_{n+1}-Au_{n+1}-(Sw_n-Au_n)\|^2\right\} \\
&-2\xi\frac{1}{2}\|Au_{n+1}-Au_n\|^2-2\xi\|Sw_{n+1}-Au_{n+1}-(Sw_n-Au_n)\|^2 \\
=\ &\|u_{n+1}-u_n\|^2+\xi^2\|B\|^2\|Sw_{n+1}-Au_{n+1}-(Sw_n-Au_n)\|^2 \\
&+\xi\left\{\|Sw_{n+1}-Sw_n\|^2-\|Au_{n+1}-Au_n\|^2\right\} \\
&-\xi\|Sw_{n+1}-Au_{n+1}-(Sw_n-Au_n)\|^2 \\
\leqslant\ &\|u_{n+1}-u_n\|^2-\xi(1-\xi\|B\|^2)\|Sw_{n+1}-Au_{n+1}-(Sw_n-Au_n)\|^2 \\
&+\xi\left\{\|w_{n+1}-w_n\|^2-\|Au_{n+1}-Au_n\|^2\right\} \\
\leqslant\ &\|u_{n+1}-u_n\|^2-\xi(1-\xi\|B\|^2)\|Sw_{n+1}-Au_{n+1}-(Sw_n-Au_n)\|^2 \\
&+\xi\left\{\|Au_{n+1}-Au_n\|^2+\frac{|r_n-r_{n+1}|}{r_n}M_1-\|Au_{n+1}-Au_n\|^2\right\} \\
=\ &\|u_{n+1}-u_n\|^2-\xi(1-\xi\|B\|^2)\|Sw_{n+1}-Au_{n+1}-(Sw_n-Au_n)\|^2 \\
&+\xi\frac{|r_n-r_{n+1}|}{r_n}M_1 \\
\leqslant\ &\|x_{n+1}-x_n\|^2-\xi(1-\xi\|B\|^2)\|Sw_{n+1}-Au_{n+1}-(Sw_n-Au_n)\|^2 \\
&+\frac{|r_n-r_{n+1}|}{r_n}(\xi M_1+M_1) \\
\leqslant\ &\|x_{n+1}-x_n\|^2-\xi(1-\xi\|B\|^2)\|Sw_{n+1}-Au_{n+1}-(Sw_n-Au_n)\|^2 \\
&+2\frac{|r_n-r_{n+1}|}{r_n}M_1,
\end{aligned}
\tag{8.30}
$$

其中 M_1 是满足以下条件的常数:

$$
\sup_{n\in\mathbf{N}}\{W_n, V_n\}\leqslant M_1,
$$

$$W_n = 2\|x_{n+1} - x_n\|\|T_{r_n}^f x_n - x_n\| + \frac{|r_n - r_{n+1}|}{r_n}\|T_{r_n}^f x_n - x_n\|^2,$$

$$V_n = 2\|Au_{n+1} - Au_n\|\|T_{r_n}^g Au_n - Au_n\| + \frac{|r_n - r_{n+1}|}{r_n}\|T_{r_n}^g Au_n - Au_n\|^2.$$

现在证明 $\|x_{n+1} - x_n\| \to 0, n \to \infty$.

设

$$\beta_n = 1 - (1 - \alpha_n)(1 - r), \quad v_n = \frac{x_{n+1} - x_n + \beta_n x_n}{\beta_n},$$

即

$$v_n = \frac{\alpha_n h(x_n) + (1 - \alpha_n) r T y_n}{\beta_n}.$$

设 M_2 是满足

$$\sup_{n \in \mathbf{N}} \left\{ \left\| \frac{h(x_{n+1})}{\beta_{n+1}} \right\|, \left\| \frac{h(x_n)}{\beta_n} \right\|, \|T y_n\| \right\} \leqslant M_2$$

的常数, $n \in \mathbf{N}$, 则

$$\begin{aligned}
&\|v_{n+1} - v_n\| \\
&= \left\| \frac{\alpha_{n+1} h(x_{n+1}) + (1 - \alpha_{n+1}) r T y_{n+1}}{\beta_{n+1}} - \frac{\alpha_n h(x_n) + (1 - \alpha_n) r T y_n}{\beta_n} \right\| \\
&\leqslant \alpha_{n+1} \left\| \frac{h(x_{n+1})}{\beta_{n+1}} \right\| + \alpha_n \left\| \frac{h(x_n)}{\beta_n} \right\| + r \left\| \frac{(1 - \alpha_{n+1}) T y_{n+1}}{\beta_{n+1}} - \frac{(1 - \alpha_n) T y_n}{\beta_n} \right\| \\
&\leqslant (\alpha_{n+1} + \alpha_n) M_2 + r \left\| \frac{(1 - \alpha_{n+1})(T y_{n+1} - T y_n + T y_n)}{\beta_{n+1}} - \frac{(1 - \alpha_n) T y_n}{\beta_n} \right\| \\
&\leqslant (\alpha_{n+1} + \alpha_n) M_2 + r \frac{(1 - \alpha_{n+1})\|y_{n+1} - y_n\|}{\beta_{n+1}} + \left| \frac{(1 - \alpha_{n+1})}{\beta_{n+1}} - \frac{(1 - \alpha_n)}{\beta_n} \right| M_2 \\
&= (\alpha_{n+1} + \alpha_n) M_2 + r \frac{(1 - \alpha_{n+1})\|y_{n+1} - y_n\|}{\beta_{n+1}} \\
&\quad + \left| \frac{(1 - r)(\alpha_n - \alpha_{n+1}) + \beta_{n+1}\alpha_n - \beta_n \alpha_{n+1}}{\beta_n \beta_{n+1}} \right| M_2 \\
&\leqslant (\alpha_{n+1} + \alpha_n) M_2 + r \frac{(1 - \alpha_{n+1})\|y_{n+1} - y_n\|}{\beta_{n+1}} + 2 \frac{\alpha_n + \alpha_{n+1}}{\beta_n \beta_{n+1}} M_2
\end{aligned}$$

$$:= \rho_n + r\frac{(1-\alpha_{n+1})\|y_{n+1}-y_n\|}{\beta_{n+1}}. \tag{8.31}$$

从 (8.30) 式和 (8.31) 式得

$$\begin{aligned}
&\|v_{n+1}-v_n\|^2\\
&\leqslant \left(\rho_n + r\frac{(1-\alpha_{n+1})\|y_{n+1}-y_n\|}{\beta_{n+1}}\right)^2\\
&= \rho_n^2 + 2\rho_n r\frac{(1-\alpha_{n+1})\|y_{n+1}-y_n\|}{\beta_{n+1}} + r^2\frac{(1-\alpha_{n+1})^2\|y_{n+1}-y_n\|^2}{\beta_{n+1}^2}\\
&\leqslant \rho_n^2 + 2\rho_n r\frac{(1-\alpha_{n+1})\|y_{n+1}-y_n\|}{\beta_{n+1}} + r^2\frac{(1-\alpha_{n+1})^2}{\beta_{n+1}^2}\|x_{n+1}-x_n\|^2\\
&\quad +2r^2\frac{(1-\alpha_{n+1})^2}{\beta_{n+1}^2}\frac{|r_n-r_{n+1}|}{r_n}M_1,
\end{aligned} \tag{8.32}$$

根据条件 (1) 和 (2), 以及 (8.32) 式得

$$\limsup_{n\to\infty}\{\|v_{n+1}-v_n\|^2 - \|x_{n+1}-x_n\|^2\} \leqslant 0. \tag{8.33}$$

注意到

$$\begin{aligned}
&\|v_{n+1}-v_n\|^2 - \|x_{n+1}-x_n\|^2\\
&= (\|v_{n+1}-v_n\| - \|x_{n+1}-x_n\|)(\|v_{n+1}-v_n\| + \|x_{n+1}-x_n\|),
\end{aligned}$$

因此根据 (8.33) 式得

$$\limsup_{n\to\infty}\{\|v_{n+1}-v_n\| - \|x_{n+1}-x_n\|\} \leqslant 0. \tag{8.34}$$

由引理 1.5 和 (8.34) 式可知, $\lim_{n\to\infty}\|v_n - x_n\| = 0$, 再根据 v_n 的定义可知

$$\lim_{n\to\infty}\|x_{n+1}-x_n\| = 0. \tag{8.35}$$

又 $\|x_{n+1}-z_n\| \to 0$, 结合 (8.35) 式可得

$$\lim_{n\to\infty}\|x_n - z_n\| = 0. \tag{8.36}$$

由 (8.22) 式、(8.24) 式和 (8.27) 式得

$$\|x_{n+1}-p\|^2 = \|\alpha_n(h(x_n)-p)+(1-\alpha_n)(z_n-p)\|^2$$

$$
\begin{aligned}
&\leqslant (1-\alpha_n)\|z_n-p\|^2+\alpha_n\|h(x_n)-p\|^2\\
&\leqslant \|u_n-p\|^2+\alpha_n\|h(x_n)-p\|^2\\
&\leqslant \|x_n-p\|^2-\|u_n-x_n\|^2+\alpha_n\|h(x_n)-p\|^2, \qquad (8.37)
\end{aligned}
$$

于是

$$
\begin{aligned}
\|u_n-x_n\|^2 &\leqslant \|x_n-p\|^2-\|x_{n+1}-p\|^2+\alpha_n\|h(x_n)-p\|^2\\
&=(\|x_n-p\|+\|x_{n+1}-p\|)(\|x_n-p\|-\|x_{n+1}-p\|)+\alpha_n\|h(x_n)-p\|^2\\
&\leqslant (\|x_n-p\|+\|x_{n+1}-p\|)\|x_n-x_{n+1}\|+\alpha_n\|h(x_n)-p\|^2. \qquad (8.38)
\end{aligned}
$$

由 (8.38) 式得

$$
\lim_{n\to\infty}\|T_{r_n}^f x_n-x_n\|=\lim_{n\to\infty}\|u_n-x_n\|=0. \tag{8.39}
$$

又根据 (8.37) 式、(8.27) 式、(8.26) 式可知

$$
\begin{aligned}
\|x_{n+1}-p\|^2 &\leqslant (1-\alpha_n)\|z_n-p\|^2+\alpha_n\|h(x_n)-p\|^2\\
&\leqslant \|y_n-p\|^2+\alpha_n\|h(x_n)-p\|^2\\
&\leqslant \|x_n-p\|^2-\xi(1-\xi\|B\|^2)\|Sw_n-Au_n\|^2\\
&\quad -\xi\|w_n-Au_n\|^2+\alpha_n\|h(x_n)-p\|^2, \qquad (8.40)
\end{aligned}
$$

由此立即可得

$$
\begin{aligned}
&\xi(1-\xi\|B\|^2)\|Sw_n-Au_n\|^2+\xi\|w_n-Au_n\|^2\\
&\leqslant \{\|x_n-p\|+\|x_{n+1}-p\|\}\|x_n-x_{n+1}\|+\alpha_n\|f(x_n)-p\|^2. \qquad (8.41)
\end{aligned}
$$

从上式可知

$$
\lim_{n\to\infty}\|w_n-Au_n\|=\lim_{n\to\infty}\|Sw_n-Au_n\|=0. \tag{8.42}
$$

进一步得

$$
\lim_{n\to\infty}\|T_{r_n}^g Au_n-Au_n\|=\lim_{n\to\infty}\|Sw_n-w_n\|=0. \tag{8.43}
$$

注意到 $y_n=P_C(u_n+\xi B(Sw_n-Au_n))$, $u_n\in C$, $n\in\mathbf{N}$, 因此

$$
\begin{aligned}
\|y_n-u_n\| &= \|P_C(u_n+\xi B(Sw_n-Au_n))-P_C u_n\|\\
&\leqslant \|\xi B(Sw_n-Au_n)\|
\end{aligned}
$$

$$\leqslant \xi\|B\|\|Sw_n - Au_n\|,$$

再根据 (8.42) 式知

$$\lim_{n\to\infty}\|y_n - u_n\| = 0. \tag{8.44}$$

进一步, 根据 (8.39) 式、(8.44) 式和 (8.36) 式得

$$\lim_{n\to\infty}\|y_n - x_n\| = 0, \quad \lim_{n\to\infty}\|y_n - z_n\| = 0, \tag{8.45}$$

再从根据 (8.22) 式和 (8.45) 式可知

$$\lim_{n\to\infty}\|y_n - Ty_n\| = 0. \tag{8.46}$$

设 $q = P_\Omega h(q)$. 选择一个子列 $\{x_{n_k}\}$ 使得

$$\limsup_{n\to\infty}\langle h(q) - q, x_n - q\rangle = \lim_{k\to\infty}\langle h(q) - q, x_{n_k} - q\rangle. \tag{8.47}$$

注意到 $\{x_n\}$ 是有界的, 故 $\{\langle h(q) - q, x_n - q\rangle\}$ 也是有界的. 因此

$$\limsup_{n\to\infty}\langle h(q) - q, x_n - q\rangle$$

是有限数, 即 $\lim_{n\to\infty}\langle h(q) - q, x_{n_k} - q\rangle$ 存在, 所以 (8.47) 是良定的.

由 $\{x_n\}$ 有界知 $\{x_{n_k}\}$ 存在弱收敛子列, 这里仍然用 $\{x_{n_k}\}$ 表示. 设 $x_{n_k} \rightharpoonup x^*$, 则一定有 $x^* \in \Omega$. 下面验证这一事实. 当 $x_{n_k} \rightharpoonup x^*$ 时, 由 (8.42)—(8.45) 式得

$$u_{n_k} \rightharpoonup x^*, \quad y_{n_k} \rightharpoonup x^*, \quad z_{n_k} \rightharpoonup x^*, \quad Au_{n_k} \rightharpoonup Ax^*, \quad w_{n_k} \rightharpoonup Ax^*. \tag{8.48}$$

如果 $Tx^* \neq x^*$, 则根据 (8.46) 式、(8.48) 式和 Opial 条件可得

$$\begin{aligned}\liminf_{k\to\infty}\|y_{n_k} - x^*\| &< \liminf_{k\to\infty}\|y_{n_k} - Tx^*\| \\ &\leqslant \liminf_{k\to\infty}\{\|y_{n_k} - Ty_{n_k}\| + \|Ty_{n_k} - Tx^*\|\} \\ &\leqslant \liminf_{k\to\infty}\{\|y_{n_k} - Ty_{n_k}\| + \|y_{n_k} - x^*\|\} \\ &= \liminf_{k\to\infty}\|y_{n_k} - x^*\|,\end{aligned} \tag{8.49}$$

这是矛盾的. 因此 $Tx^* = x^*$, 从而 $x^* \in \mathscr{F}(T)$. 因为根据引理 1.8, 对于 $r > 0$, $EP(f) = \mathscr{F}(T_r^f)$, 一定有 $x^* \in \mathscr{F}(T_r^f)$. 否则, 如果存在 $r > 0$ 使得 $T_r^f x^* \neq x^*$, 则根据 (8.39) 式、引理 1.9, 以及 Opial 条件, 可知

$$\liminf_{k\to\infty}\|x_{n_k} - x^*\| < \liminf_{k\to\infty}\|x_{n_k} - T_r^f x^*\|$$

$$
\begin{aligned}
&\leqslant \liminf_{k\to\infty}\{\|x_{n_k}-T^f_{n_k}x_{n_k}\|+\|T^f_{n_k}x_{n_k}-T^f_r x^*\|\}\\
&=\liminf_{k\to\infty}\|T^f_{n_k}x_{n_k}-T^f_r x^*\|\\
&\leqslant \liminf_{k\to\infty}\left\{\|x_{n_k}-x^*\|+\frac{|r_{n_k}-r|}{r_{n_k}}\|T^f_{n_k}x_{n_k}-x_{n_k}\|\right\}\\
&=\liminf_{k\to\infty}\|x_{n_k}-x^*\|,
\end{aligned}
\tag{8.50}
$$

矛盾, 因此 $T^f_r x^* = x^*$, $x^* \in \mathscr{F}(T^f_r) = EP(f)$. 至此, 已经证明 $x^* \in \mathscr{F}(T) \cap EP(f)$.

类似地可以证明 $Ax^* \in \mathscr{F}(S) \cap EP(g)$. 所以 $x^* \in \Omega$.

因为 $x^* \in \Omega$, 所以

$$
\begin{aligned}
\limsup_{n\to\infty}\langle f(q)-q, x_n-q\rangle &= \lim_{k\to\infty}\langle f(q)-q, x_{n_k}-q\rangle\\
&=\langle f(q)-q, x^*-q\rangle\\
&\leqslant 0, \quad 其中\ q=P_C f(q).
\end{aligned}
\tag{8.51}
$$

最后, 证明定理的结论成立. 对于 $q = P_\Omega f(q)$, 根据 (8.22) 式可知

$$
\begin{aligned}
\|x_{n+1}-q\|^2 &= \|\alpha_n(h(x_n)-q)+(1-\alpha_n)(z_n-q)\|^2\\
&\leqslant (1-\alpha_n)^2\|z_n-q\|^2+2\alpha_n\langle h(x_n)-q, x_{n+1}-q\rangle\\
&\leqslant (1-\alpha_n)^2\|x_n-q\|^2+2\alpha_n\langle h(x_n)-h(q)+h(q)-q, x_{n+1}-q\rangle\\
&\leqslant (1-\alpha_n)^2\|x_n-q\|^2+2\alpha_n\alpha\|x_n-q\|\|x_{n+1}-q\|\\
&\quad +2\alpha_n\langle h(q)-q, x_{n+1}-q\rangle\\
&\leqslant (1-\alpha_n)^2\|x_n-q\|^2+\alpha_n\alpha\|x_n-q\|^2+\alpha_n\alpha\|x_{n+1}-q\|^2\\
&\quad +2\alpha_n\langle h(q)-q, x_{n+1}-q\rangle\\
&=(1-2\alpha_n)\|x_n-q\|^2+\alpha_n^2\|x_n-q\|^2+\alpha_n\alpha\|x_n-q\|^2\\
&\quad +\alpha_n\alpha\|x_{n+1}-q\|^2+2\alpha_n\langle h(q)-q, x_{n+1}-q\rangle,
\end{aligned}
\tag{8.52}
$$

从 (8.52) 式得

$$
\begin{aligned}
\|x_{n+1}-q\|^2 \leqslant{}& \left(1-\alpha_n\frac{2-2\alpha}{1-\alpha_n\alpha}\right)\|x_n-q\|^2+\frac{\alpha_n^2}{1-\alpha_n\alpha}\|x_n-q\|^2\\
&+2\frac{\alpha_n}{1-\alpha_n\alpha}\langle h(q)-q, x_{n+1}-q\rangle,
\end{aligned}
\tag{8.53}
$$

根据 (8.53) 式和引理 1.3, $x_n \to q \in \Omega$. 再从 (8.39) 式和 (8.43) 式知 $u_n \to q \in \Omega$, $w_n \to Aq \in F(S) \cap EP(f)$. 证完.

注 (1) 参数 α 或者 r 可以用 $\{\zeta_n\}$ 替代, 只要 $\{\zeta_n\}$ 满足 $\{\zeta_n\} \subset [\varrho, \vartheta]$ 即可, 其中 $\varrho, \vartheta \in (0,1)$;

(2) 显然, 如果 $\mathbf{H}_1 = \mathbf{H}_2$, 本章定理也是成立的;

(3) 如果 T 是从 $\mathbf{H}_1$ 到 $\mathbf{H}_1$ 的非扩张映射, $f(x,y)$ 是从 $\mathbf{H}_1 \times \mathbf{H}_1$ 到 $\mathbf{R}$ 且满足条件 (A1)—(A4) 的双变量函数, S 是从 $\mathbf{H}_2$ 到 $\mathbf{H}_2$ 的非扩张映射, $g(u,v)$ 是从 $\mathbf{H}_2 \times \mathbf{H}_2$ 到 $\mathbf{R}$ 且满足条件 (A1)—(A4) 的双变量函数, 同样可以得到类似的收敛算法.

本章内容来自于文献 [45].

第 9 章　分裂凸可行性问题及其迭代算法

凸可行性问题在许多领域中有着广泛的应用, 比如, 信号检测、图像处理和增强型辐射治疗中的完全离散问题模型, 可以归结为凸可行性问题, 见文献 [10] 及其参考文献. 分裂凸可行性问题: 通过一个有界算子把不同空间中或不同子集中的两个凸可行性问题联系起来, 同时求解这两个问题的解. 分裂凸可行性问题是凸可行性问题的延伸和发展, 得到了相关领域专家的关注和研究.

通常地, 把凸可行性问题转化为投影算子的不动点问题, 然后通过不动点算法给出问题的近似解算法, 是求解凸可行性问题的有效算法. 同样地, 分裂凸可行性问题也是类似地建立求解算法. 不同的是, 在分裂凸可行性问题的求解算法中, 可以实现一个算法求解多个问题, 而且从算法的每一步迭代, 都可以知道各个问题解的情况. 本章研究文献 [69, 70] 提出的分裂凸可行性问题, 给出收敛算法.

9.1　分裂凸可行性问题

设 $\mathbf{H}_1$ 和 $\mathbf{H}_2$ 是实 Hilbert 空间, $C \subset \mathbf{H}_1$ 和 $Q \subset \mathbf{H}_2$ 是非空闭凸子集. $A : \mathbf{H}_1 \to \mathbf{H}_2$ 是有界线性算子. 1994 年, Censor 和 Elfving [10] 介绍了如下的分裂可行性问题 (简称 (SFP)):

$$\text{找 } x \in C \text{ 使得 } Ax \in Q. \tag{9.1}$$

如果问题 (9.1) 的解存在, 那么容易验证: $x \in C$ 是问题 (9.1) 的解当且仅当 x 满足方程 $x = P_C(x - \xi A^*(Ax - P_Q Ax))$, 其中 P_C 和 P_Q 分别表示投影算子, $\xi > 0$ 是一个正常数, A^* 表示 A 的自伴算子 [10]. 为了读者更方便理解这一事实, 现在给出一个简单的验证.

首先, 如果 $x \in C$ 和 $Ax \in Q$, 则有

$$\begin{aligned} Ax = P_Q Ax, \quad Ax - P_Q Ax = \theta, \\ x = P_C x = P_C(x - \xi A^*(Ax - P_Q Ax)). \end{aligned}$$

其次, 如果 $x = P_C(x - \xi A^*(Ax - P_Q Ax))$, 则显然有 $x \in C$. 于是依据 (1.2) 式, 得

$$\langle x - \xi A^*(Ax - P_Q Ax) - x, x - y \rangle \geqslant 0, \quad \forall y \in C,$$

即

$$\langle A^*(Ax - P_Q Ax), x - y\rangle \leqslant 0, \quad \forall y \in C.$$

进一步, 得

$$\langle Ax - P_Q Ax, Ax - Ay\rangle \leqslant 0, \quad \forall y \in C.$$

注意到, 根据 (1.2) 式和问题 (9.1) 解的存在性, 对 $\forall y \in C$, 有

$$\langle Ax - P_Q Ax, P_Q Ax - Ay\rangle \geqslant 0,$$

并且有

$$\begin{aligned} 0 &\leqslant \|Ax - P_Q Ax\|^2 + \langle Ax - P_Q Ax, P_Q Ax - Ay\rangle \\ &= \langle Ax - P_Q Ax, Ax - P_Q Ax + P_Q Ax - Ay\rangle \\ &= \langle Ax - P_Q Ax, Ax - Ay\rangle \\ &\leqslant 0. \end{aligned}$$

所以 $\|Ax - P_Q Ax\| = 0$, 即 $Ax = P_Q Ax \in Q$, $x \in C$. 证完.

由于问题 (9.1) 可以转换成算子的不动点问题, 因此可以利用算子的不动点迭代方法给出近似解.

Byrne 在文献 [8] 建立了一个称之为 CQ-算法的方法用于求解问题 (9.1), 该算法的迭代序列 $\{x_n\}$ 按以下方式产生:

$$x_{n+1} = P_C(x_n - \xi A^*(Ax_n - P_Q Ax_n)), \quad \forall n \in \mathbf{N}, \tag{9.2}$$

其中 $\xi \in \left(0, \dfrac{2}{\lambda}\right)$, λ 是算子 A^*A 的谱半径.

之后, Moudafi 在文献 [69,70] 中推广了问题 (9.1):

设 $\mathbf{H}_1$, $\mathbf{H}_2$ 和 $\mathbf{H}_3$ 是三个实 Hilbert 空间. $C \subset \mathbf{H}_1$ 和 $Q \subset \mathbf{H}_2$ 是非空闭凸子集. $A : \mathbf{H}_1 \to \mathbf{H}_3$ 和 $B : \mathbf{H}_2 \to \mathbf{H}_3$ 是两个有界线性算子. 考虑如下问题:

$$\text{找 } x \in C \text{ 和 } y \in Q \text{ 使得 } Ax = By. \tag{9.3}$$

注 9.1 容易知道, 如果 B 是恒等算子, 那么问题 (9.3) 将变为问题 (9.1).

为了解问题 (9.3), Moudafi [70] 给出了如下 CQ-算法:

$$\begin{cases} x_{n+1} = P_C(x_n - \gamma_n A^*(Ax_n - By_n)), \\ y_{n+1} = P_Q(y_n + \gamma_n B^*(Ax_{n+1} - By_n)), \quad \forall n \in \mathbf{N}. \end{cases} \tag{9.4}$$

在合适的条件下, Moudafi 证明了 $\{(x_n, y_n)\}$ 弱收敛到问题 (9.3) 的一个解, 如果问题 (9.3) 的解集 $\Omega = \{x \in C, y \in Q : Ax = By\}$ 是非空的.

关于问题 (9.3), Moudafi 在另一篇文献 [69] 中, 提出了如下的松弛的 CQ-算法:

设 C 和 Q 是两个闭凸的水平集:

$$C = \{x \in \mathbf{H}_1 : c(x) \leqslant 0\} \quad 和 \quad Q = \{y \in \mathbf{H}_2 : q(y) \leqslant 0\}, \tag{9.5}$$

其中 $c : \mathbf{H}_1 \to \mathbf{R}$, $q : \mathbf{H}_2 \to \mathbf{R}$ 是两个次可微的凸函数, 且其次微分在有界集中是有界的. 松弛的 CQ-算法 $\{(x_n, y_n)\}$ 按以下方式产生:

$$\begin{cases} x_{n+1} = P_{C_n}(x_n - \gamma A^*(Ax_n - By_n)), \\ y_{n+1} = P_{Q_n}(y_n + \beta B^*(Ax_{n+1} - By_n)), \end{cases} \forall n \in \mathbf{N}, \tag{9.6}$$

其中 $\gamma, \beta > 0, x_0 \in \mathbf{H}_1, y_0 \in \mathbf{H}_2$, 闭凸集 $\{C_n\}, \{Q_n\}$ 为

$$C_n = \{x \in \mathbf{H}_1 : c(x_n) + \langle \xi_n, x - x_n \rangle \leqslant 0\}, \quad \xi_n \in \partial c(x_n), \quad \forall n \in \mathbf{N} \tag{9.7}$$

和

$$Q_n = \{y \in \mathbf{H}_2 : q(y_n) + \langle \eta_n, y - y_n \rangle \leqslant 0\}, \quad \eta_n \in \partial q(y_n), \quad \forall n \in \mathbf{N}. \tag{9.8}$$

假设问题 (9.3) 的解集 $\Omega = \{x \in C, y \in Q : Ax = By\} \neq \varnothing$, 则 Moudafi [69] 证明了算法 (9.6) 弱收敛到问题 (9.3) 的一个解.

注意到算法 (9.4) 和 (9.6) 都是弱收敛算法. 尽管在有限维空间下, 弱收敛算法也是强收敛的, 但是在无限维空间却不一定成立. 因此一个自然的想法就是, 能否给出问题 (9.3) 的一个强收敛算法? 这个问题也是文献 [69] 提出的问题. 因此, 本章第一个目的是围绕问题 (9.3) 建立强收敛算法, 对文献 [69] 的疑问给出肯定性回答. 第二个目的是对问题 (9.3) 做了一些推广.

9.2 问题 (9.3) 的强收敛性算法

设 $\mathbf{H}_1$ 和 $\mathbf{H}_2$ 是实 Hilbert 空间, $\mathbf{H}_1 \times \mathbf{H}_2$ 表示乘积空间, 其范数和线性运算分别定义为 $\|(x, y)\| = \|x\| + \|y\|, (x, y) \in \mathbf{H}_1 \times \mathbf{H}_2$ 和 $a(x_1, y_1) + b(x_2, y_2) = (ax_1 + bx_2, ay_1 + by_2)$, 其中 a, b 是任意实数, $(x_1, y_1), (x_2, y_2) \in \mathbf{H}_1 \times \mathbf{H}_2$.

定理 9.1 设 $\mathbf{H}_1$, $\mathbf{H}_2$ 和 $\mathbf{H}_3$ 是实 Hilbert 空间. $f : \mathbf{H}_1 \to \mathbf{R}$ 和 $g : \mathbf{H}_2 \to \mathbf{R}$ 在 C 和 Q 上是次可微的凸函数, 且次微分在有界集中分别是有界的, 其中 C 和 Q 分别是如下的闭凸水平集:

$$C = \{x \in H_1 : f(x) \leqslant 0\} \quad 和 \quad Q = \{y \in H_2 : g(y) \leqslant 0\}.$$

$A : \mathbf{H}_1 \to \mathbf{H}_3$ 和 $B : \mathbf{H}_2 \to \mathbf{H}_3$ 是有界线性算子, 其自伴算子分别是 A^* 和 B^*. 设

$$x_1 \in C, \quad y_1 \in Q, \quad C_1 = C, \quad Q_1 = Q,$$

序列 $\{x_n\}, \{y_n\}, \{u_n\}, \{v_n\}$ 按以下方式产生:

$$\begin{cases} u_n = P_C(x_n - \xi A^*(Ax_n - By_n)), \\ v_n = P_Q(y_n - \xi B^*(By_n - Ax_n)), \\ C_{n+1} \times Q_{n+1} = \{(x,y) \in C_n \times Q_n : \Phi_n(x,y) \leqslant \Psi_n(x,y), \Upsilon_n(x) \leqslant 0, \Lambda_n(y) \leqslant 0\}, \\ \Phi_n(x,y) = \|u_n - x\|^2 + \|v_n - y\|^2, \\ \Psi_n(x,y) = \|x_n - x\|^2 + \|y_n - y\|^2, \\ \Upsilon_n(x) = f(x_n) + \langle \xi_n, x - x_n \rangle, \\ \Lambda_n(y) = g(y_n) + \langle \eta_n, y - y_n \rangle, \\ x_{n+1} = P_{C_{n+1}}(x_1), \\ y_{n+1} = P_{Q_{n+1}}(y_1), \quad \forall n \in \mathbf{N}, \end{cases} \tag{9.9}$$

其中, 参数 ξ, ξ_n, η_n 满足

$$\xi \in \left(0, \min\left\{\frac{1}{\|A\|^2}, \frac{1}{\|B\|^2}\right\}\right), \quad \xi_n \in \partial f(x_n), \quad \eta_n \in \partial g(y_n),$$

P_C 和 P_Q 分别是从 $\mathbf{H}_1$ 到 C 和从 $\mathbf{H}_2$ 到 Q 的投影算子.

设 $\Omega = \{(x,y) \in C \times Q : Ax = By\} \neq \varnothing$, 则

$$(x_n, y_n) \to (p,q), \quad (u_n, v_n) \to (p,q),$$

其中 $(p,q) \in \Omega$.

证明 首先证明 $C_n \times Q_n \neq \varnothing$, $n \in \mathbf{N}$, 这只需要验证 $\Omega \subset C_n \times Q_n$ 即可. 设 $(x^*, y^*) \in \Omega$, 即, $x^* \in C$, $y^* \in Q$ 和 $w^* := Ax^* = By^*$. 根据引理 1.6 和性质 1.1 得

$$\begin{aligned} \|u_n - x^*\|^2 \leqslant{}& \|x_n - x^*\|^2 - \xi(1 - \xi\|A^*\|^2)\|Ax_n - By_n\|^2 \\ & - \xi\|Ax_n - w^*\|^2 + \xi\|By_n - w^*\|^2, \end{aligned} \tag{9.10}$$

以及

$$\|v_n - y^*\|^2 \leqslant \|y_n - x^*\|^2 - \xi(1 - \xi\|B^*\|^2)\|Ax_n - By_n\|^2$$

$$-\xi\|By_n - w^*\|^2 + \xi\|Ax_n - w^*\|^2. \tag{9.11}$$

设 $\tau = \min\{\xi(1-\xi\|A^*\|^2), \xi(1-\xi\|B^*\|^2)\}$. 把 (9.10) 式和 (9.11) 式相加得

$$\|u_n - x^*\|^2 + \|v_n - y^*\|^2 \leqslant \|x_n - x^*\|^2 + \|y_n - y^*\|^2 - \tau\|Ax_n - By_n\|^2. \tag{9.12}$$

此外, 当 $x^* \in C$ 和 $y^* \in Q$ 时, 可得

$$f(x_n) + \langle \xi_n, x^* - x_n\rangle \leqslant 0, \quad g(y_n) + \langle \eta_n, y^* - y_n\rangle \leqslant 0. \tag{9.13}$$

根据 (9.12) 式和 (9.13) 式得 $(x^*, y^*) \in C_n \times Q_n$, 这意味着 $\Omega \subset C_n \times Q_n$, $n \in \mathbf{N}$.

容易验证 C_n, Q_n, $C_n \times Q_n$ 是闭凸集, $n \in \mathbf{N}$. 注意到

$$\begin{aligned} &C_{n+1} \subset C_n, \quad x_{n+1} = P_{C_{n+1}}(x_1) \subset C_n, \\ &Q_{n+1} \subset Q_n, \quad y_{n+1} = P_{Q_{n+1}}(y_1) \subset Q_n. \end{aligned}$$

因此, 任意 $(x^*, y^*) \in \Omega$, 有

$$\|x_{n+1} - x_1\| \leqslant \|x^* - x_1\|, \quad \|y_{n+1} - y_1\| \leqslant \|y^* - y_1\|.$$

可见 $\{x_n\}$ 和 $\{y_n\}$ 是有界的. 进一步可知 $\{u_n\}$ 和 $\{v_n\}$ 都是有界的. 因为

$$\|x_n - x_1\| \leqslant \|x_{n+1} - x_1\|, \quad \|y_1 - y_n\| \leqslant \|y_{n+1} - y_1\|,$$

因此, $\{\|x_n - x_1\|\}$ 和 $\{\|y_n - y_1\|\}$ 都是单调增序列. 再根据序列有界可知

$$\lim_{n\to\infty} \|x_n - x_1\| \quad \text{和} \quad \lim_{n\to\infty} \|y_n - y_1\|$$

存在.

对任意 $k, n \in \mathbf{N}$, $k > n > 1$, 根据

$$x_k = P_{C_k}(x_1) \subset C_n, \quad y_k = P_{Q_k}(y_1) \subset Q_n$$

和性质 1.1,

$$\begin{aligned} &\|x_k - x_n\|^2 + \|x_1 - x_n\|^2 \leqslant \|x_k - x_1\|^2, \\ &\|y_k - y_n\|^2 + \|y_1 - y_n\|^2 \leqslant \|y_k - y_1\|^2. \end{aligned} \tag{9.14}$$

由 (9.14) 式知

$$\lim_{n\to\infty} \|x_n - x_k\| = 0, \quad \lim_{n\to\infty} \|y_n - y_k\| = 0.$$

从而 $\{x_n\}$ 和 $\{y_n\}$ 是柯西序列, 于是

$$\lim_{n\to\infty}\|x_n - x_{n+1}\| = 0, \quad \lim_{n\to\infty}\|y_n - y_{n+1}\| = 0.$$

现在设 $x_n \to p$ 和 $y_n \to q$. 下面证明 $(p,q) \in \Omega$.

因为 $(x_{n+1}, y_{n+1}) \in C_{n+1} \times Q_{n+1} \subset C_n \times Q_n$, 从性质 1.1 得

$$\|u_n - x_{n+1}\|^2 + \|v_n - y_{n+1}\|^2 \leqslant \|x_n - x_{n+1}\|^2 + \|y_n - y_{n+1}\|^2. \tag{9.15}$$

在上式取极限得

$$\lim_{n\to\infty}\|u_n - x_{n+1}\| = 0, \quad \lim_{n\to\infty}\|v_n - y_{n+1}\| = 0,$$

以及

$$\lim_{n\to\infty}\|u_n - x_n\| = 0, \quad \lim_{n\to\infty}\|v_n - y_n\| = 0. \tag{9.16}$$

由 (9.16) 式可知 $u_n \to p$, $v_n \to q$.

再根据 (9.12) 式得

$$\begin{aligned}\tau\|Ax_n - By_n\|^2 \leqslant \|x_n - u_n\|\{\|x_n - x^*\| - \|u_n - x^*\|\} \\ +\|y_n - v_n\|\{\|y_n - y^*\| + \|v_n - y^*\|\}.\end{aligned} \tag{9.17}$$

由 (9.16) 式和 (9.17) 式得

$$\|Ap - Bq\| = \lim_{n\to\infty}\|Ax_n - By_n\| = 0,$$

即 $Ap = Bq$.

最后, 证明 $p \in C, q \in Q$. 因为 $\{\xi_n\}$ 和 $\{\eta_n\}$ 都有界, 故存在常数 $M > 0$ 使得 $\|\xi_n\| \leqslant M$ 和 $\|\eta_n\| \leqslant M$. 注意到 $(x_{n+1}, y_{n+1}) \in C_{n+1} \times Q_{n+1}$, 由 (9.9) 式得

$$f(x_n) + \langle \xi_n, x_{n+1} - x_n\rangle \leqslant 0, \quad g(y_n) + \langle \eta_n, y_{n+1} - y_n\rangle \leqslant 0. \tag{9.18}$$

于是

$$f(x_n) \leqslant -\langle \xi_n, x_{n+1} - x_n\rangle \leqslant M\|x_{n+1} - x_n\|, \tag{9.19}$$

$$g(y_n) \leqslant -\langle \eta_n, y_{n+1} - y_n\rangle \leqslant M\|y_{n+1} - y_n\|. \tag{9.20}$$

根据 f 和 g 的下半连续性以及 (9.19) 式得

$$f(p) \leqslant \liminf_{n\to\infty} f(x_n) \leqslant M \liminf_{n\to\infty}\|x_{n+1} - x_n\| = 0,$$

$$g(q) \leqslant \liminf_{n\to\infty} g(y_n) \leqslant M \liminf_{n\to\infty} \|y_{n+1} - y_n\| = 0. \tag{9.21}$$

至此已经验证, $p \in C$, $q \in Q$. 证完.

如果 $C = \mathbf{H}_1$ 和 $Q = \mathbf{H}_2$, 可得下面的推论 9.1.

推论 9.1 设 $\mathbf{H}_1, \mathbf{H}_2, \mathbf{H}_3$ 是实 Hilbert 空间. $f : \mathbf{H}_1 \to \mathbf{R}$ 和 $g : \mathbf{H}_2 \to \mathbf{R}$ 是次可微的凸函数, 且在有界集上其次微分是有界的. $A : \mathbf{H}_1 \to \mathbf{H}_3$ 和 $B : \mathbf{H}_2 \to \mathbf{H}_3$ 是有界线性算子, 其自伴算子分别是 A^* 和 B^*. 设

$$x_1 \in \mathbf{H}_1, \quad y_1 \in \mathbf{H}_2, \quad C_1 = \mathbf{H}_1, \quad Q_1 = \mathbf{H}_2,$$

序列 $\{x_n\}, \{y_n\}, \{u_n\}, \{v_n\}$ 按以下方式产生:

$$\begin{cases} u_n = x_n - \xi A^*(Ax_n - By_n), \\ v_n = y_n - \xi B^*(By_n - Ax_n), \\ C_{n+1} \times Q_{n+1} = \{(x, y) \in C_n \times Q_n : \varPhi_n(x, y) \leqslant \varPsi_n(x, y), \varUpsilon_n(x) \leqslant 0,\ \varLambda_n(y) \leqslant 0\}, \\ \varPhi_n(x, y) = \|u_n - x\|^2 + \|v_n - y\|^2, \\ \varPsi_n(x, y) = \|x_n - x\|^2 + \|y_n - y\|^2, \\ \varUpsilon_n(x) = f(x_n) + \langle \xi_n, x - x_n \rangle, \\ \varLambda_n(y) = g(y_n) + \langle \eta_n, y - y_n \rangle, \\ x_{n+1} = P_{C_{n+1}}(x_1), \\ y_{n+1} = P_{Q_{n+1}}(y_1), \quad \forall n \in \mathbf{N}, \end{cases}$$

其中, P 是投影算子, 参数 ξ, ξ_n, η_n 满足

$$\xi \in \left(0, \min\left\{\frac{1}{\|A\|^2}, \frac{1}{\|B\|^2}\right\}\right), \quad \xi_n \in \partial f(x_n), \quad \eta_n \in \partial g(y_n).$$

设

$$f(x) \leqslant 0, \quad g(y) \leqslant 0, \quad \forall x \in H_1, \quad y \in H_2$$

和

$$\Omega = \{(x, y) \in H_1 \times H_2 : Ax = By\} \neq \varnothing.$$

则 $(x_n, y_n) \to (p, q)$, $(u_n, v_n) \to (p, q)$, 其中 $(p, q) \in \Omega$.

如果 $\mathbf{H}_1 = \mathbf{H}_2$ 和 $A = B$, 则有下面的推论 9.2 和推论 9.3.

推论 9.2 设 $\mathbf{H}_1$ 是实的 Hilbert 空间. $f:\mathbf{H}_1\to\mathbf{R}$ 和 $g:\mathbf{H}_1\to\mathbf{R}$ 在 C 和 Q 上分别是次可微的凸函数, 且其次微分在有界集上是有界的, 其中 C 和 Q 是两个闭凸水平集:

$$C=\{x\in\mathbf{H}_1:f(x)\leqslant 0\}\quad 和\quad Q=\{y\in\mathbf{H}_1:g(y)\leqslant 0\}.$$

$A:\mathbf{H}_1\to\mathbf{H}_1$ 是有界线性算子, 其自伴算子是 A^*. 设

$$x_1\in C,\quad y_1\in Q,\quad C_1=C,\quad Q_1=Q,$$

序列 $\{x_n\},\{y_n\},\{u_n\},\{v_n\}$ 按以下方式产生:

$$\begin{cases}u_n=P_C(x_n-\xi A^*(Ax_n-Ay_n)),\\ v_n=P_Q(y_n-\xi A^*(Ay_n-Ax_n)),\\ C_{n+1}\times Q_{n+1}=\{(x,y)\in C_n\times Q_n:\varPhi_n(x,y)\leqslant\varPsi_n(x,y),\varUpsilon_n(x)\leqslant 0,\ \varLambda_n(y)\leqslant 0\},\\ \varPhi_n(x,y)=\|u_n-x\|^2+\|v_n-y\|^2,\\ \varPsi_n(x,y)=\|x_n-x\|^2+\|y_n-y\|^2,\\ \varUpsilon_n(x)=f(x_n)+\langle\xi_n,x-x_n\rangle,\\ \varLambda_n(y)=g(y_n)+\langle\eta_n,y-y_n\rangle,\\ x_{n+1}=P_{C_{n+1}}(x_1),\\ y_{n+1}=P_{Q_{n+1}}(y_1),\quad\forall n\in\mathbf{N},\end{cases}$$

其中, P 是投影算子, 参数 ξ, ξ_n, η_n 满足

$$\xi\in\left(0,\frac{1}{\|A\|^2}\right),\quad \xi_n\in\partial f(x_n),\quad \eta_n\in\partial g(y_n).$$

设 $\Omega=\{(x,y)\in C\times Q:Ax=Ay\}\neq\varnothing$, 则

$$(x_n,y_n)\to(p,q),\quad (u_n,v_n)\to(p,q),$$

其中 $(p,q)\in\Omega$.

推论 9.3 设 $\mathbf{H}_1$ 是实 Hilbert 空间. $f:\mathbf{H}_1\to\mathbf{R}$ 和 $g:\mathbf{H}_1\to\mathbf{R}$ 是次可微的凸函数, 且在有界集上其次微分是有界的. $A:\mathbf{H}_1\to\mathbf{H}_1$ 是有界线性算子, A^* 是其自伴算子. 设

$$x_1\in\mathbf{H}_1,\quad y_1\in\mathbf{H}_1,\quad C_1=\mathbf{H}_1,\quad Q_1=\mathbf{H}_1,$$

序列 $\{x_n\},\{y_n\},\{u_n\}$和$\{v_n\}$ 按以下方式产生:

$$\begin{cases} u_n = x_n - \xi A^*(Ax_n - Ay_n), \\ v_n = y_n - \xi A^*(Ay_n - Ax_n), \\ C_{n+1}\times Q_{n+1} = \{(x,y)\in C_n\times Q_n : \varPhi_n(x,y)\leqslant \varPsi_n(x,y), \varUpsilon_n(x)\leqslant 0,\ \varLambda_n(y)\leqslant 0\}, \\ \varPhi_n(x,y) = \|u_n - x\|^2 + \|v_n - y\|^2, \\ \varPsi_n(x,y) = \|x_n - x\|^2 + \|y_n - y\|^2, \\ \varUpsilon_n(x) = f(x_n) + \langle \xi_n, x - x_n\rangle, \\ \varLambda_n(y) = g(y_n) + \langle \eta_n, y - y_n\rangle, \\ x_{n+1} = P_{C_{n+1}}(x_1), \\ y_{n+1} = P_{Q_{n+1}}(y_1), \quad \forall n\in \mathbf{N}, \end{cases}$$

其中, P 是投影算子, 参数 ξ,ξ_n,η_n 满足

$$\xi \in \left(0, \frac{1}{\|A\|^2}\right), \quad \xi_n \in \partial f(x_n), \quad \eta_n \in \partial g(y_n).$$

设

$$f(x)\leqslant 0, \quad g(y)\leqslant 0, \quad \forall x,y\in \mathbf{H}_1$$

和

$$\Omega = \{(x,y)\in \mathbf{H}_1\times \mathbf{H}_1 : Ax = By\} \neq \varnothing.$$

则

$$(x_n,y_n)\to (p,q), \quad (u_n,v_n)\to (p,q),$$

其中 $(p,q)\in\Omega$.

如果 $\mathbf{H}_1=\mathbf{H}_2=\mathbf{H}_3$, $A=B$ 是恒等算子, 则有下面的推论 9.4 和推论 9.5.

推论 9.4 设 $\mathbf{H}_1$ 是实 Hilbert 空间. $f:\mathbf{H}_1\to\mathbf{R}$ 和 $g:\mathbf{H}_1\to\mathbf{R}$ 在 C 和 Q 上分别是两个次可微的凸函数, 且在有界集上其次微分都是有界的, 其中 C 和 Q 是两个闭凸水平集:

$$C=\{x\in\mathbf{H}_1 : f(x)\leqslant 0\} \quad 和 \quad Q=\{y\in\mathbf{H}_1 : g(y)\leqslant 0\}.$$

设

$$x_1\in C, \quad y_1\in Q, \quad C_1=C, \quad Q_1=Q,$$

序列 $\{x_n\},\{y_n\},\{u_n\},\{v_n\}$ 按以下方式产生:

$$\begin{cases} u_n = P_C((1-\xi)x_n+\xi y_n), \quad v_n = P_Q((1-\xi)y_n+\xi x_n), \\ C_{n+1}\times Q_{n+1}=\{(x,y)\in C_n\times Q_n : \varPhi_n(x,y)\leqslant \varPsi_n(x,y), \varUpsilon_n(x)\leqslant 0, \varLambda_n(y)\leqslant 0\}, \\ \varPhi_n(x,y) = \|u_n-x\|^2+\|v_n-y\|^2, \\ \varPsi_n(x,y) = \|x_n-x\|^2+\|y_n-y\|^2, \\ \varUpsilon_n(x) = f(x_n)+\langle \xi_n, x-x_n\rangle, \\ \varLambda_n(y) = g(y_n)+\langle \eta_n, y-y_n\rangle, \\ x_{n+1} = P_{C_{n+1}}(x_1), \quad y_{n+1} = P_{Q_{n+1}}(y_1), \quad \forall n\in \mathbf{N}, \end{cases}$$

其中

$$\xi\in(0,1), \quad \xi_n\in\partial f(x_n), \quad \eta_n\in\partial g(y_n),$$

P 是投影算子. 设 $\Omega=\{(x,y)\in C\times Q : x=y\}\neq\varnothing$, 则

$$(x_n,y_n)\to(p,q), \quad (u_n,v_n)\to(p,q),$$

其中 $(p,q)\in\Omega$.

推论 9.5 设 $\mathbf{H}_1$ 是实 Hilbert 空间. $f:\mathbf{H}_1\to\mathbf{R}$ 和 $g:\mathbf{H}_1\to\mathbf{R}$ 是次可微的两个凸函数, 在有界集上其次微分是有界的. 设 $x_1,y_1\in\mathbf{H}_1, C_1=\mathbf{H}_1, Q_1=\mathbf{H}_1$, 序列 $\{x_n\},\{y_n\},\{u_n\},\{v_n\}$ 按以下方式产生:

$$\begin{cases} u_n = (1-\xi)x_n+\xi y_n, \quad v_n = (1-\xi)y_n+\xi x_n, \\ C_{n+1}\times Q_{n+1}=\{(x,y)\in C_n\times Q_n : \varPhi_n(x,y)\leqslant \varPsi_n(x,y), \varUpsilon_n(x)\leqslant 0, \ \varLambda_n(y)\leqslant 0\}, \\ \varPhi_n(x,y) = \|u_n-x\|^2+\|v_n-y\|^2, \\ \varPsi_n(x,y) = \|x_n-x\|^2+\|y_n-y\|^2, \\ \varUpsilon_n(x) = f(x_n)+\langle \xi_n, x-x_n\rangle, \\ \varLambda_n(y) = g(y_n)+\langle \eta_n, y-y_n\rangle, \\ x_{n+1} = P_{C_{n+1}}(x_1), \quad y_{n+1} = P_{Q_{n+1}}(y_1), \quad \forall n\in \mathbf{N}, \end{cases}$$

其中, $\xi\in(0,1)$, $\xi_n\in\partial f(x_n)$, $\eta_n\in\partial g(y_n)$, P 是投影算子. 设

$$f(x)\leqslant 0, \quad g(y)\leqslant 0, \quad \forall x,y\in\mathbf{H}_1$$

和

$$\Omega=\{(x,y)\in\mathbf{H}_1\times\mathbf{H}_1 : x=y\}\neq\varnothing.$$

则 $(x_n,y_n)\to(p,q)$, $(u_n,v_n)\to(p,q)$, 其中 $(p,q)\in\Omega$.

9.3 问题 (9.3) 的推广形式及其迭代算法

设 $\mathbf{H}_1$, $\mathbf{H}_2$ 和 $\mathbf{H}_3$ 是实 Hilbert 空间. 设 $C \subset \mathbf{H}_1$, $Q \subset \mathbf{H}_2$ 和 $K \subset \mathbf{H}_3$ 是非空闭凸子集. $A : \mathbf{H}_1 \to \mathbf{H}_3$ 和 $B : \mathbf{H}_2 \to \mathbf{H}_3$ 是有界线性算子. 在这一节, 将考虑下面的分裂可行性问题:

$$\text{找 } x \in C \text{ 和 } y \in Q \text{ 使得 } Ax = By \in K.$$

定理 9.2 设 $\mathbf{H}_1, \mathbf{H}_2$ 和 $\mathbf{H}_3$ 是三个实 Hilbert 空间. $f : \mathbf{H}_1 \to \mathbf{R}$, $g : \mathbf{H}_2 \to \mathbf{R}$ 和 $h : \mathbf{H}_3 \to \mathbf{R}$ 在 C, Q 和 K 上分别是次可微的凸函数, 且在有界集上其次微分是有界的, 其中 C, Q 和 K 分别是闭凸的水平集:

$$C = \{x \in \mathbf{H}_1 : f(x) \leqslant 0\}, \quad Q = \{y \in \mathbf{H}_2 : g(y) \leqslant 0\} \quad \text{和} \quad K = \{z \in \mathbf{H}_3 : h(z) \leqslant 0\}.$$

$A : \mathbf{H}_1 \to \mathbf{H}_3$ 和 $B : \mathbf{H}_2 \to \mathbf{H}_3$ 是有界线性算子, 其伴随算子分别是 A^* 和 B^*. 设

$$x_1 \in C, \quad y_1 \in Q, \quad C_1 = C, \quad Q_1 = Q,$$

序列 $\{x_n\}, \{y_n\}, \{w_n\}, \{u_n\}, \{v_n\}$ 按以下方式产生:

$$\begin{cases} w_n = P_{K_n}\left(\dfrac{Ax_n + By_n}{2}\right), \\ K_n = \left\{z \in H_3 : h\left(\dfrac{Ax_n + By_n}{2}\right) + \left\langle \zeta_n, z - \dfrac{Ax_n + By_n}{2} \right\rangle \leqslant 0\right\}, \\ u_n = P_C(x_n - \xi A^*(Ax_n - w_n)), \quad v_n = P_Q(y_n - \xi B^*(By_n - w_n)), \\ C_{n+1} \times Q_{n+1} = \{(x, y) \in C_n \times Q_n : \varPhi_n(x, y) \leqslant \varPsi_n(x, y), \\ \qquad\qquad\qquad\qquad \varUpsilon_n(x) \leqslant 0, \varLambda_n(y) \leqslant 0\}, \\ \varPhi_n(x, y) = \|u_n - x\|^2 + \|v_n - y\|^2, \quad \varPsi_n(x, y) = \|x_n - x\|^2 + \|y_n - y\|^2, \\ \varUpsilon_n(x) = f(x_n) + \langle \xi_n, x - x_n \rangle, \quad \varLambda_n(y) = g(y_n) + \langle \eta_n, y - y_n \rangle, \\ x_{n+1} = P_{C_{n+1}}(x_1), \quad y_{n+1} = P_{Q_{n+1}}(y_1), \quad \forall n \in \mathbf{N}, \end{cases} \tag{9.22}$$

其中, P 是投影算子, 参数 $\xi, \xi_n, \eta_n, \zeta_n$ 满足

$$\xi \in \left(0, \min\left\{\frac{1}{\|A\|^2}, \frac{1}{\|B\|^2}\right\}\right), \quad \xi_n \in \partial f(x_n), \quad \eta_n \in \partial g(y_n), \quad \zeta_n \in \partial h\left(\frac{Ax_n + By_n}{2}\right).$$

设 $\Omega = \{(x, y) \in C \times Q : Ax = By \in K\} \neq \varnothing$, 则 $(x_n, y_n) \to (s, t)$, $(u_n, v_n) \to (s, t)$ 和 $w_n \to z^* := As = Bt \in K$, 其中 $(s, t) \in \Omega$.

证明 显然, $K \subset K_n$, $n \in \mathbf{N}$. 设 $(x^*, y^*) \in \Omega$, 即

$$x^* \in C, \quad y^* \in Q \quad \text{和} \quad w^* := Ax^* = By^* \in K.$$

根据引理 1.6 得

$$\begin{aligned}
\|w_n - w^*\|^2 &= \left\|P_{K_n}\left(\frac{Ax_n + By_n}{2}\right) - P_{K_n}(w^*)\right\|^2 \\
&\leqslant \left\|\frac{Ax_n + By_n}{2} - w^*\right\|^2 \\
&= \frac{1}{2}\|Ax_n - w^*\|^2 + \frac{1}{2}\|By_n - w^*\|^2 - \frac{1}{4}\|Ax_n - By_n\|^2.
\end{aligned} \tag{9.23}$$

根据 (9.10) 式、(9.11) 式和 (9.23) 式得

$$\begin{aligned}
\|u_n - x^*\|^2 \leqslant\ & \|x_n - x^*\|^2 + \|\xi A^*(Ax_n - w_n)\|^2 - \xi\|Ax_n - w^*\|^2 \\
& -\xi\|Ax_n - w_n\|^2 + \xi\|w_n - w^*\|^2 \\
\leqslant\ & \|x_n - x^*\|^2 - \xi(1 - \xi\|A^*\|^2)\|Ax_n - w_n\|^2 \\
& -\xi\|Ax_n - w^*\|^2 + \xi\|w_n - w^*\|^2 \\
=\ & \|x_n - x^*\|^2 - \xi(1 - \xi\|A^*\|^2)\|Ax_n - w_n\|^2 - \frac{\xi}{2}\|Ax_n - w^*\|^2 \\
& +\frac{\xi}{2}\|By_n - w^*\|^2 - \frac{\xi}{4}\|Ax_n - By_n\|^2
\end{aligned} \tag{9.24}$$

和

$$\begin{aligned}
\|v_n - y^*\|^2 \leqslant\ & \|y_n - y^*\|^2 + \|\xi B^*(By_n - w_n)\|^2 - \xi\|By_n - w^*\|^2 \\
& -\xi\|w_n - By_n\|^2 + \xi\|w_n - w^*\|^2 \\
=\ & \|y_n - x^*\|^2 - \xi(1 - \xi\|B^*\|^2)\|w_n - By_n\|^2 - \frac{\xi}{2}\|By_n - w^*\|^2 \\
& +\frac{\xi}{2}\|Ax_n - w^*\|^2 - \frac{\xi}{4}\|Ax_n - By_n\|^2.
\end{aligned} \tag{9.25}$$

设 $\tau = \min\{\xi(1 - \xi\|A^*\|^2), \xi(1 - \xi\|B^*\|^2)\}$. 把 (9.24) 式和 (9.25) 式相加, 得

$$\begin{aligned}
\|u_n - x^*\|^2 + \|v_n - y^*\|^2 \leqslant\ & \|x_n - x^*\|^2 + \|y_n - y^*\|^2 - \tau\|Ax_n - w_n\|^2 \\
& -\tau\|By_n - w_n\|^2 - \frac{\xi}{2}\|Ax_n - By_n\|^2.
\end{aligned} \tag{9.26}$$

此外, 对于 $x^* \in C$ 和 $y^* \in Q$, 显然有

$$f(x_n) + \langle \xi_n, x^* - x_n \rangle \leqslant 0, \quad g(y_n) + \langle \eta_n, y^* - y_n \rangle \leqslant 0. \tag{9.27}$$

根据 (9.26) 式和 (9.27) 式知, $(x^*, y^*) \in C_n \times Q_n$, 因此 $\Omega \subset C_n \times Q_n$ 和 $C_n \times Q_n \neq \varnothing$, $n \in \mathbf{N}$. 容易验证 C_n, Q_n, $C_n \times Q_n$ 是闭凸集, $n \in \mathbf{N}$.

类似于定理 9.1 的证明, 可以证明 $x_n \to s$, $y_n \to t$, $u_n \to s$ 和 $v_n \to t$.

再根据 (9.26) 式得

$$\begin{aligned}
\varphi_n &\leqslant \|x_n - x^*\|^2 - \|y_n - y^*\|^2 - \|u_n - x^*\|^2 - \|v_n - y^*\|^2 \\
&\leqslant \{\|x_n - x^*\| - \|u_n - x^*\|\}\{\|x_n - x^*\| - \|u_n - x^*\|\} \\
&\quad + \{\|y_n - y^*\| - \|v_n - y^*\|\}\{\|y_n - y^*\| + \|v_n - y^*\|\} \\
&\leqslant \|x_n - u_n\|\{\|x_n - x^*\| - \|u_n - x^*\|\} \\
&\quad + \|y_n - v_n\|\{\|y_n - y^*\| + \|v_n - y^*\|\},
\end{aligned} \tag{9.28}$$

其中

$$\varphi_n = \tau\|Ax_n - w_n\|^2 + \tau\|By_n - w_n\|^2 + \frac{\xi}{2}\|Ax_n - By_n\|^2.$$

根据 (9.28) 式得

$$\|As - Bt\| = \lim_{n\to\infty} \|Ax_n - By_n\| = 0,$$

即 $As = Bt$, 而且, $w_n \to z^* := As = Bt$.

下面证明 $(s, t) \in \Omega$. 首先, 类似于定理 9.1 的证明, 可得 $s \in C, t \in Q$.

其次, 证明 $z^* \in K$. 因为 $\{\zeta_n\}$ 是有界的, 故存在常数 $M_1 > 0$ 使得 $\|\zeta_n\| \leqslant M_1$. 注意到 $w_n = P_{K_n} \in K_n$, 由 (9.22) 式得

$$h\left(\frac{Ax_n + By_n}{2}\right) + \left\langle \zeta_n, w_n - \frac{Ax_n + By_n}{2} \right\rangle \leqslant 0, \tag{9.29}$$

因此,

$$\begin{aligned}
h\left(\frac{Ax_n + By_n}{2}\right) &\leqslant -\left\langle \zeta_n, w_n - \frac{Ax_n + By_n}{2} \right\rangle \\
&\leqslant M_1 \left\| w_n - \frac{Ax_n + By_n}{2} \right\|.
\end{aligned} \tag{9.30}$$

根据 h 的下半连续性和 (9.30) 式得

$$h(z^*) \leqslant \liminf_{n\to\infty} h\left(\frac{Ax_n + By_n}{2}\right)$$

$$\leqslant M_1 \liminf_{n\to\infty} \left\| w_n - \frac{Ax_n + By_n}{2} \right\|$$
$$= 0. \tag{9.31}$$

因此, $z^* \in K$, 故 $(p, q) \in \Omega$. 证完.

如果 $C = \mathbf{H}_1$ 和 $Q = \mathbf{H}_2$, 可得下面推论 9.6.

推论 9.6 设 $\mathbf{H}_1$, $\mathbf{H}_2$ 和 $\mathbf{H}_3$ 是实 Hilbert 空间. $f : \mathbf{H}_1 \to \mathbf{R}$, $g : \mathbf{H}_2 \to \mathbf{R}$ 和 $h : \mathbf{H}_3 \to \mathbf{R}$ 是次可微的凸函数, 且在有界集中的次微分是有界的. $A : \mathbf{H}_1 \to \mathbf{H}_3$ 和 $B : \mathbf{H}_2 \to \mathbf{H}_3$ 是有界线性算子, 其自伴算子分别是 A^* 和 B^*. 设

$$x_1 \in \mathbf{H}_1, \quad y_1 \in \mathbf{H}_2, \quad C_1 = \mathbf{H}_1, \quad Q_1 = \mathbf{H}_2,$$

序列 $\{x_n\}, \{y_n\}, \{w_n\}, \{u_n\}, \{v_n\}$ 按以下方式产生:

$$\begin{cases} w_n = P_{K_n}\left(\dfrac{Ax_n + By_n}{2}\right), \\ K_n = \left\{ z \in H_3 : h\left(\dfrac{Ax_n + By_n}{2}\right) + \left\langle \zeta_n, z - \dfrac{Ax_n + By_n}{2} \right\rangle \leqslant 0 \right\}, \\ u_n = x_n - \xi A^*(Ax_n - w_n), \\ v_n = y_n - \xi B^*(By_n - w_n), \\ C_{n+1} \times Q_{n+1} = \{(x, y) \in C_n \times Q_n : \varPhi_n(x, y) \leqslant \varPsi_n(x, y), \varUpsilon_n(x) \leqslant 0, \varLambda_n(y) \leqslant 0\}, \\ \varPhi_n(x, y) = \|u_n - x\|^2 + \|v_n - y\|^2, \\ \varPsi_n(x, y) = \|x_n - x\|^2 + \|y_n - y\|^2, \\ \varUpsilon_n(x) = f(x_n) + \langle \xi_n, x - x_n \rangle, \quad \varLambda_n(y) = g(y_n) + \langle \eta_n, y - y_n \rangle, \\ x_{n+1} = P_{C_{n+1}}(x_1), \quad y_{n+1} = P_{Q_{n+1}}(y_1), \quad \forall n \in \mathbf{N}, \end{cases}$$

其中, P 是投影算子, 且

$$\xi \in \left(0, \min\left\{\frac{1}{\|A\|^2}, \frac{1}{\|B\|^2}\right\}\right), \quad \xi_n \in \partial f(x_n), \quad \eta_n \in \partial g(y_n), \quad \zeta_n \in \partial h\left(\frac{Ax_n + By_n}{2}\right).$$

设

$$f(x) \leqslant 0, \quad g(y) \leqslant 0, \quad \forall x \in \mathbf{H}_1, \quad y \in \mathbf{H}_2, \quad K = \{z \in \mathbf{H}_3 : h(z) \leqslant 0\}$$

和

$$\Omega=\{(x,y)\in \mathbf{H}_1\times \mathbf{H}_2 : Ax=By\in K\}\neq\varnothing,$$

则 $(x_n,y_n)\to(s,t)$, $(u_n,v_n)\to(s,t)$, $w_n\to z^*:=As=Bt\in K$, 其中 $(s,t)\in\Omega$.

如果 $\mathbf{H}_1=\mathbf{H}_2$ 和 $A=B$, 则有下面的推论 9.7.

推论 9.7 设 $\mathbf{H}_1$, $\mathbf{H}_2$ 是实 Hilbert 空间. $f:\mathbf{H}_1\to\mathbf{R}$, $g:\mathbf{H}_2\to\mathbf{R}$ 和 $h:\mathbf{H}_3\to\mathbf{R}$ 在 C, Q 和 K 中分别是次可微的凸函数, 且在有界子集上的次微分是有界的, 其中 C, Q 和 K 是闭凸水平集:

$$C=\{x\in\mathbf{H}_1 : f(x)\leqslant 0\},\ Q=\{y\in\mathbf{H}_1 : g(y)\leqslant 0\}\quad 和\quad K=\{z\in\mathbf{H}_2 : h(z)\leqslant 0\}.$$

$A:\mathbf{H}_1\to\mathbf{H}_2$ 是有界线性算子, 其自伴算子分别是 A^*. 设

$$x_1\in C,\quad y_1\in Q,\quad C_1=C,\quad Q_1=Q,$$

序列 $\{x_n\},\{y_n\},\{w_n\},\{u_n\}$ 和 $\{v_n\}$ 按以下方式产生:

$$\begin{cases}
w_n=P_{K_n}\left(\dfrac{Ax_n+Ay_n}{2}\right),\\
K_n=\left\{z\in\mathbf{H}_2 : h\left(\dfrac{Ax_n+Ay_n}{2}\right)+\left\langle \zeta_n, z-\dfrac{Ax_n+Ay_n}{2}\right\rangle\leqslant 0\right\},\\
u_n=P_C(x_n-\xi A^*(Ax_n-w_n)),\\
v_n=P_Q(y_n-\xi A^*(Ay_n-w_n)),\\
C_{n+1}\times Q_{n+1}=\{(x,y)\in C_n\times Q_n : \varPhi_n(x,y)\leqslant\varPsi_n(x,y), \varUpsilon_n(x)\leqslant 0, \varLambda_n(y)\leqslant 0\},\\
\varPhi_n(x,y)=\|u_n-x\|^2+\|v_n-y\|^2,\\
\varPsi_n(x,y)=\|x_n-x\|^2+\|y_n-y\|^2,\\
\varUpsilon_n(x)=f(x_n)+\langle\xi_n, x-x_n\rangle,\quad \varLambda_n(y)=g(y_n)+\langle\eta_n, y-y_n\rangle,\\
x_{n+1}=P_{C_{n+1}}(x_1),\quad y_{n+1}=P_{Q_{n+1}}(y_1),\quad \forall n\in\mathbf{N},
\end{cases}$$

其中, P 是投影算子, 且

$$\xi\in\left(0,\frac{1}{\|A\|^2}\right),\quad \xi_n\in\partial f(x_n),\quad \eta_n\in\partial g(y_n),\quad \zeta_n\in\partial h\left(\frac{Ax_n+Ay_n}{2}\right).$$

设 $\Omega=\{(x,y)\in C\times Q : Ax=Ay\in K\}\neq\varnothing$, 则 $(x_n,y_n)\to(s,t)$, $(u_n,v_n)\to(s,t)$ 和 $w_n\to z^*:=As=At\in K$, 其中 $(s,t)\in\Omega$.

如果 $C=Q=\mathbf{H}_1=\mathbf{H}_2$ 和 $A=B$, 则有下面的推论 9.8.

推论 9.8 设 $\mathbf{H}_1$, $\mathbf{H}_2$ 是实 Hilbert 空间. $f:\mathbf{H}_1\to\mathbf{R}$, $g:\mathbf{H}_1\to\mathbf{R}$ 和 $h:\mathbf{H}_2\to\mathbf{R}$ 是次可微的凸函数, 且在有界子集上的次微分是有界的. $A:\mathbf{H}_1\to\mathbf{H}_2$ 是有界线性算子, 其自伴算子是 A^*. 设

$$x_1\in\mathbf{H}_1,\quad y_1\in\mathbf{H}_2,\quad C_1=\mathbf{H}_1,\quad Q_1=\mathbf{H}_2,$$

序列 $\{x_n\},\{y_n\},\{w_n\},\{u_n\},\{v_n\}$ 按以下方式产生:

$$\begin{cases} w_n=P_{K_n}\left(\dfrac{Ax_n+Ay_n}{2}\right),\\ K_n=\left\{z\in\mathbf{H}_2:h\left(\dfrac{Ax_n+Ay_n}{2}\right)+\left\langle\zeta_n,z-\dfrac{Ax_n+BAy_n}{2}\right\rangle\leqslant 0\right\},\\ u_n=x_n-\xi A^*(Ax_n-w_n),\\ v_n=y_n-\xi A^*(Ay_n-w_n),\\ C_{n+1}\times Q_{n+1}=\{(x,y)\in C_n\times Q_n:\varPhi_n(x,y)\leqslant\varPsi_n(x,y),\varUpsilon_n(x)\leqslant 0,\varLambda_n(y)\leqslant 0\},\\ \varPhi_n(x,y)=\|u_n-x\|^2+\|v_n-y\|^2,\\ \varPsi_n(x,y)=\|x_n-x\|^2+\|y_n-y\|^2,\\ \varUpsilon_n(x)=f(x_n)+\langle\xi_n,x-x_n\rangle,\quad \varLambda_n(y)=g(y_n)+\langle\eta_n,y-y_n\rangle,\\ x_{n+1}=P_{C_{n+1}}(x_1),\quad y_{n+1}=P_{Q_{n+1}}(y_1),\quad \forall n\in\mathbf{N}, \end{cases}$$

其中, P 是投影算子, 且

$$\xi\in\left(0,\frac{1}{\|A\|^2}\right),\quad \xi_n\in\partial f(x_n),\quad \eta_n\in\partial g(y_n),\quad \zeta_n\in\partial h\left(\frac{Ax_n+By_n}{2}\right),$$

设

$$f(x)\leqslant 0,\ \forall x\in\mathbf{H}_1,\quad g(y)\leqslant 0,\ \forall y\in\mathbf{H}_1,\quad K=\{z\in\mathbf{H}_2:h(z)\leqslant 0\},$$

$$\Omega=\{(x,y)\in\mathbf{H}_1\times\mathbf{H}_1:Ax=Ay\in K\}\neq\varnothing,$$

则 $(x_n,y_n)\to(s,t)$, $(u_n,v_n)\to(s,t)$ 和 $w_n\to z^*:=As=At\in K$, 其中 $(s,t)\in\Omega$.

如果 $\mathbf{H}_1=\mathbf{H}_2=\mathbf{H}_3$, 则有下面的推论 9.9.

推论 9.9 设 $\mathbf{H}_1$ 是实 Hilbert 空间. $f:\mathbf{H}_1\to\mathbf{R}$, $g:\mathbf{H}_1\to\mathbf{R}$ 和 $h:\mathbf{H}_1\to\mathbf{R}$ 在 C, Q 和 K 中分别是次可微的, 且在有界集上的次微分是有界的, 其中 C, Q

和 K 分别是闭凸水平集:

$$C=\{x\in\mathbf{H}_1:f(x)\leqslant 0\},\quad Q=\{y\in\mathbf{H}_1:g(y)\leqslant 0\}\quad \text{和}\quad K=\{z\in\mathbf{H}_1:h(z)\leqslant 0\}.$$

$A,B:\mathbf{H}_1\to\mathbf{H}_1$ 是有界线性算子, 其自伴算子分别是 A^* 和 B^*. 设

$$x_1\in C,\quad y_1\in Q,\quad C_1=C,\quad Q_1=Q,$$

序列 $\{x_n\},\{y_n\},\{w_n\},\{u_n\},\{v_n\}$ 按以下方式产生:

$$\begin{cases}
w_n=P_{K_n}\left(\dfrac{Ax_n+By_n}{2}\right),\\
K_n=\left\{z\in\mathbf{H}_1:h\left(\dfrac{Ax_n+By_n}{2}\right)+\left\langle\zeta_n,z-\dfrac{Ax_n+By_n}{2}\right\rangle\leqslant 0\right\},\\
u_n=P_C(x_n-\xi A^*(Ax_n-w_n)),\\
v_n=P_Q(y_n-\xi B^*(By_n-w_n)),\\
C_{n+1}\times Q_{n+1}=\{(x,y)\in C_n\times Q_n:\Phi_n(x,y)\leqslant\Psi_n(x,y),\Upsilon_n(x)\leqslant 0,\Lambda_n(y)\leqslant 0\},\\
\Phi_n(x,y)=\|u_n-x\|^2+\|v_n-y\|^2,\\
\Psi_n(x,y)=\|x_n-x\|^2+\|y_n-y\|^2,\\
\Upsilon_n(x)=f(x_n)+\langle\xi_n,x-x_n\rangle,\Lambda_n(y)=g(y_n)+\langle\eta_n,y-y_n\rangle,\\
x_{n+1}=P_{C_{n+1}}(x_1),\quad y_{n+1}=P_{Q_{n+1}}(y_1),\quad\forall n\in\mathbf{N},
\end{cases}$$

其中, P 是投影算子, 且

$$\xi\in\left(0,\min\left\{\frac{1}{\|A\|^2},\frac{1}{\|B\|^2}\right\}\right),\quad \xi_n\in\partial f(x_n),\quad \eta_n\in\partial g(y_n),\quad \zeta_n\in\partial h\left(\frac{x_n+y_n}{2}\right).$$

设 $\Omega=\{(x,y)\in C\times Q:Ax=By\in K\}\neq\varnothing$, 则

$$(x_n,y_n)\to(s,t),\quad (u_n,v_n)\to(s,t)\quad \text{和}\quad w_n\to z^*:=As=Bt\in K,$$

其中 $(s,t)\in\Omega$.

如果 $\mathbf{H}_1=\mathbf{H}_2=\mathbf{H}_3$ 和 $A=B$, 则有下面的推论 9.10.

推论 9.10 设 $\mathbf{H}_1$ 是实 Hilbert 空间. $f:\mathbf{H}_1\to\mathbf{R}$, $g:\mathbf{H}_1\to\mathbf{R}$ 和 $h:\mathbf{H}_1\to\mathbf{R}$ 在 C, Q 和 K 中分别是次可微的, 且在有界集上的次微分是有界的, 其中 C, Q 和 K 分别是闭凸水平集:

$$C=\{x\in\mathbf{H}_1:f(x)\leqslant 0\},\quad Q=\{y\in\mathbf{H}_1:g(y)\leqslant 0\}\quad \text{和}\quad K=\{z\in H_1:h(z)\leqslant 0\}.$$

$A:\mathbf{H}_1\to\mathbf{H}_1$ 是有界线性算子, 其自伴算子是 A^*. 设

$$x_1\in C,\quad y_1\in Q,\quad C_1=C,\quad Q_1=Q,$$

序列 $\{x_n\},\{y_n\},\{w_n\},\{u_n\},\{v_n\}$ 按以下方式产生:

$$\begin{cases} w_n=P_{K_n}\left(\dfrac{Ax_n+Ay_n}{2}\right),\\ K_n=\left\{z\in H_1:h\left(\dfrac{Ax_n+Ay_n}{2}\right)+\left\langle\zeta_n,z-\dfrac{Ax_n+Ay_n}{2}\right\rangle\leqslant 0\right\},\\ u_n=P_C(x_n-\xi A^*(Ax_n-w_n)),\\ v_n=P_Q(y_n-\xi A^*(Ay_n-w_n)),\\ C_{n+1}\times Q_{n+1}=\{(x,y)\in C_n\times Q_n:\varPhi_n(x,y)\leqslant\varPsi_n(x,y),\varUpsilon_n(x)\leqslant 0,\varLambda_n(y)\leqslant 0\},\\ \varPhi_n(x,y)=\|u_n-x\|^2+\|v_n-y\|^2,\\ \varPsi_n(x,y)=\|x_n-x\|^2+\|y_n-y\|^2,\\ \varUpsilon_n(x)=f(x_n)+\langle\xi_n,x-x_n\rangle,\quad \varLambda_n(y)=g(y_n)+\langle\eta_n,y-y_n\rangle,\\ x_{n+1}=P_{C_{n+1}}(x_1),\quad y_{n+1}=P_{Q_{n+1}}(y_1),\quad\forall n\in\mathbf{N}, \end{cases}$$

其中, P 是投影算子, 且

$$\xi\in\left(0,\frac{1}{\|A\|^2}\right),\quad \xi_n\in\partial f(x_n),\quad \eta_n\in\partial g(y_n),\quad \zeta_n\in\partial h\left(\frac{x_n+y_n}{2}\right).$$

设 $\Omega=\{(x,y)\in C\times Q:Ax=Ay\in K\}\neq\varnothing$, 则

$$(x_n,y_n)\to(s,t),\quad (u_n,v_n)\to(s,t)\quad 和\quad w_n\to z^*:=As=At\in K,$$

其中 $(s,t)\in\Omega$.

如果 $C=Q=\mathbf{H}_1=\mathbf{H}_2=\mathbf{H}_3$, 则有下面推论 9.11.

推论 9.11 设 $\mathbf{H}_1$ 是实 Hilbert 空间. $f:\mathbf{H}_1\to\mathbf{R}$, $g:\mathbf{H}_1\to\mathbf{R}$ 和 $h:\mathbf{H}_1\to\mathbf{R}$ 在 $\mathbf{H}_1$ 上分别是次可微的, 且在有界集上的次微分是有界的. A, $B:\mathbf{H}_1\to\mathbf{H}_1$ 是有界线性算子, 其自伴算子分别是 A^* 和 B^*. 设

$$x_1,y_1\in\mathbf{H}_1,\quad C_1=Q_1=\mathbf{H}_1,$$

序列 $\{x_n\},\{y_n\},\{w_n\},\{u_n\},\{v_n\}$ 按以下方式产生:

$$\begin{cases} w_n = P_{K_n}\left(\dfrac{Ax_n + By_n}{2}\right), \\ K_n = \left\{z \in \mathbf{H}_1 : h\left(\dfrac{Ax_n + By_n}{2}\right) + \left\langle \zeta_n, z - \dfrac{Ax_n + By_n}{2} \right\rangle \leqslant 0\right\}, \\ u_n = x_n - \xi A^*(Ax_n - w_n), \\ v_n = y_n - \xi B^*(By_n - w_n), \\ C_{n+1} \times Q_{n+1} = \{(x, y) \in C_n \times Q_n : \Phi_n(x, y) \leqslant \Psi_n(x, y), \Upsilon_n(x) \leqslant 0, \Lambda_n(y) \leqslant 0\}, \\ \Phi_n(x, y) = \|u_n - x\|^2 + \|v_n - y\|^2, \quad \Psi_n(x, y) = \|x_n - x\|^2 + \|y_n - y\|^2, \\ \Upsilon_n(x) = f(x_n) + \langle \xi_n, x - x_n \rangle, \quad \Lambda_n(y) = g(y_n) + \langle \eta_n, y - y_n \rangle, \\ x_{n+1} = P_{C_{n+1}}(x_1), \quad y_{n+1} = P_{Q_{n+1}}(y_1), \quad \forall n \in \mathbf{N}, \end{cases}$$

其中, P 是投影算子,

$$\xi \in \left(0, \min\left\{\frac{1}{\|A\|^2}, \frac{1}{\|B\|^2}\right\}\right), \quad \xi_n \in \partial f(x_n), \quad \eta_n \in \partial g(y_n), \quad \zeta_n \in \partial h\left(\frac{x_n + y_n}{2}\right),$$

设

$$f(x) \leqslant 0,\ \forall x \in \mathbf{H}_1, \quad g(y) \leqslant 0,\ \forall y \in \mathbf{H}_1, \quad K = \{z \in \mathbf{H}_1 : h(z) \leqslant 0\}$$

和

$$\Omega = \{(x, y) \in \mathbf{H}_1 \times \mathbf{H}_1 : Ax = By \in K\} \neq \varnothing,$$

则

$$(x_n, y_n) \to (s, t), \quad (u_n, v_n) \to (s, t) \quad \text{和} \quad w_n \to z^* := As = Bt \in K,$$

其中 $(s, t) \in \Omega$.

如果 $C = Q = \mathbf{H}_1 = \mathbf{H}_2 = \mathbf{H}_3$ 和 $A = B$, 则有下面的推论 9.12.

推论 9.12 设 $\mathbf{H}_1$ 是实 Hilbert 空间. $f : \mathbf{H}_1 \to \mathbf{R}$, $g : \mathbf{H}_1 \to \mathbf{R}$ 和 $h : \mathbf{H}_1 \to \mathbf{R}$ 在 $\mathbf{H}_1$ 上分别是次可微的, 且在有界集上的次微分是有界的. $A : \mathbf{H}_1 \to \mathbf{H}_1$ 是有界线性算子, 其自伴算子是 A^*. 设

$$x_1 = y_1 \in \mathbf{H}_1, \quad C_1 = Q_1 = \mathbf{H}_1,$$

序列 $\{x_n\}, \{y_n\}, \{w_n\}, \{u_n\}, \{v_n\}$ 按以下方式产生:

$$\begin{cases} w_n = P_{K_n}\left(\dfrac{Ax_n + Ay_n}{2}\right), \\ K_n = \left\{z \in \mathbf{H}_1 : h\left(\dfrac{Ax_n + Ay_n}{2}\right) + \left\langle \zeta_n, z - \dfrac{Ax_n + Ay_n}{2} \right\rangle \leqslant 0\right\}, \\ u_n = x_n - \xi A^*(Ax_n - w_n), \\ v_n = y_n - \xi A^*(Ay_n - w_n), \\ C_{n+1} \times Q_{n+1} = \{(x, y) \in C_n \times Q_n : \Phi_n(x, y) \leqslant \Psi_n(x, y), \Upsilon_n(x) \leqslant 0, \Lambda_n(y) \leqslant 0\}, \\ \Phi_n(x, y) = \|u_n - x\|^2 + \|v_n - y\|^2, \\ \Psi_n(x, y) = \|x_n - x\|^2 + \|y_n - y\|^2, \\ \Upsilon_n(x) = f(x_n) + \langle \xi_n, x - x_n \rangle, \quad \Lambda_n(y) = g(y_n) + \langle \eta_n, y - y_n \rangle, \\ x_{n+1} = P_{C_{n+1}}(x_1), \quad y_{n+1} = P_{Q_{n+1}}(y_1), \quad \forall n \in \mathbf{N}, \end{cases}$$

其中, P 是投影算子, 且

$$\xi_n \in \partial f(x_n), \quad \eta_n \in \partial g(y_n), \quad \zeta_n \in \partial h\left(\frac{x_n + y_n}{2}\right).$$

设

$$f(x) \leqslant 0, \forall x \in \mathbf{H}_1, \quad g(y) \leqslant 0, \forall y \in \mathbf{H}_1, \quad K = \{z \in \mathbf{H}_1 : h(z) \leqslant 0\}$$

和

$$\Omega = \{(x, y) \in \mathbf{H}_1 \times \mathbf{H}_1 : Ax = Ay \in K\} \neq \varnothing,$$

则

$$(x_n, y_n) \to (s, t), \quad (u_n, v_n) \to (s, t) \quad \text{和} \quad w_n \to z^* := As = At \in K,$$

其中 $(s, t) \in \Omega$.

注 9.2 事实上, 推论 9.9—推论 9.12 研究的问题是同一空间不同子集的分裂凸可行性问题.

如果 $\mathbf{H}_1 = \mathbf{H}_2 = \mathbf{H}_3$ 和 $A = B$ 是恒等算子, 则有下面推论 9.13.

推论 9.13 设 $\mathbf{H}_1$ 是实 Hilbert 空间. $f : \mathbf{H}_1 \to \mathbf{R}$, $g : \mathbf{H}_1 \to \mathbf{R}$ 和 $h : \mathbf{H}_1 \to \mathbf{R}$ 在 C, Q 和 K 中分别是次可微的, 且在有界集上的次微分是有界的, 其中 C, Q 和 K 分别是闭凸水平集:

$$C = \{x \in \mathbf{H}_1 : f(x) \leqslant 0\}, \quad Q = \{y \in \mathbf{H}_1 : g(y) \leqslant 0\} \quad \text{和} \quad K = \{z \in \mathbf{H}_1 : h(z) \leqslant 0\}.$$

$A, B : \mathbf{H}_1 \to \mathbf{H}_1$ 是有界线性算子, 其自伴算子分别是 A^* 和 B^*. 设

$$x_1 \in C, \quad y_1 \in Q, \quad C_1 = C, \quad Q_1 = Q,$$

序列 $\{x_n\},\{y_n\},\{w_n\},\{u_n\},\{v_n\}$ 按以下方式产生:

$$\begin{cases} w_n = P_{K_n}\left(\dfrac{x_n + y_n}{2}\right), \\ K_n = \left\{ z \in \mathbf{H}_1 : h\left(\dfrac{x_n + y_n}{2}\right) + \left\langle \zeta_n, z - \dfrac{Ax_n + Ay_n}{2} \right\rangle \leqslant 0 \right\}, \\ u_n = P_C((1-\xi)x_n + \xi w_n), \\ v_n = P_Q((1-\xi)y_n + \xi w_n), \\ C_{n+1} \times Q_{n+1} = \{(x,y) \in C_n \times Q_n : \Phi_n(x,y) \leqslant \Psi_n(x,y), \Upsilon_n(x) \leqslant 0, \Lambda_n(y) \leqslant 0\}, \\ \Phi_n(x,y) = \|u_n - x\|^2 + \|v_n - y\|^2, \quad \Psi_n(x,y) = \|x_n - x\|^2 + \|y_n - y\|^2, \\ \Upsilon_n(x) = f(x_n) + \langle \xi_n, x - x_n \rangle, \quad \Lambda_n(y) = g(y_n) + \langle \eta_n, y - y_n \rangle, \\ x_{n+1} = P_{C_{n+1}}(x_1), \quad y_{n+1} = P_{Q_{n+1}}(y_1), \quad \forall n \in \mathbf{N}, \end{cases}$$

其中, P 是投影算子, 且

$$\xi \in (0,1), \quad \xi_n \in \partial f(x_n), \quad \eta_n \in \partial g(y_n), \quad \zeta_n \in \partial h\left(\frac{x_n + y_n}{2}\right).$$

设 $\Omega = \{(x,y) \in C \times Q : x = y \in K\} \neq \varnothing$, 则 $(x_n, y_n) \to (s,t)$, $(u_n, v_n) \to (s,t)$ 和 $w_n \to z^* := s = t \in K$, 其中 $(s,t) \in \Omega$.

如果 $C = Q = \mathbf{H}_1 = \mathbf{H}_2 = \mathbf{H}_3$ 和 $A = B$ 是恒等算子, 则有下面的推论 9.14.

推论 9.14　设 $\mathbf{H}_1$ 是实 Hilbert 空间. $f : \mathbf{H}_1 \to \mathbf{R}$, $g : \mathbf{H}_1 \to \mathbf{R}$ 和 $h : \mathbf{H}_1 \to \mathbf{R}$ 在 $\mathbf{H}_1$ 中分别是次可微的, 且在有界集中的次微分是有界的. 设

$$x_1 \in \mathbf{H}_1, \quad y_1 \in \mathbf{H}_2, \quad C_1 = \mathbf{H}_1, \quad Q_1 = \mathbf{H}_1,$$

序列 $\{x_n\},\{y_n\}$, $\{w_n\}$, $\{u_n\}$ 和 $\{v_n\}$ 按以下方式产生:

$$\begin{cases} w_n = P_{K_n}\left(\dfrac{x_n + y_n}{2}\right), \\ K_n = \left\{ z \in \mathbf{H}_1 ; h\left(\dfrac{x_n + y_n}{2}\right) + \left\langle \zeta_n, z - \dfrac{x_n + y_n}{2} \right\rangle \leqslant 0 \right\}, \\ u_n = (1-\xi)x_n + \xi w_n, \quad v_n = (1-\xi)y_n + \xi w_n, \\ C_{n+1} \times Q_{n+1} = \{(x,y) \in C_n \times Q_n : \Phi_n(x,y) \leqslant \Psi_n(x,y), \Upsilon_n(x) \leqslant 0, \Lambda_n(y) \leqslant 0\}, \\ \Phi_n(x,y) = \|u_n - x\|^2 + \|v_n - y\|^2, \quad \Psi_n(x,y) = \|x_n - x\|^2 + \|y_n - y\|^2, \\ \Upsilon_n(x) = f(x_n) + \langle \xi_n, x - x_n \rangle, \quad \Lambda_n(y) = g(y_n) + \langle \eta_n, y - y_n \rangle, \\ x_{n+1} = P_{C_{n+1}}(x_1), \quad y_{n+1} = P_{Q_{n+1}}(y_1), \quad \forall n \in \mathbf{N}, \end{cases}$$

其中, P 是投影算子, 且

$$\xi \in (0,1), \quad \xi_n \in \partial f(x_n), \quad \eta_n \in \partial g(y_n), \quad \zeta_n \in \partial h\left(\frac{x_n+y_n}{2}\right).$$

设

$$f(x) \leqslant 0,\ \forall x \in \mathbf{H}_1, \quad g(y) \leqslant 0,\ \forall y \in \mathbf{H}_1, \quad K = \{z \in \mathbf{H}_1 : h(z) \leqslant 0\}$$

和 $\Omega = \{(x,y) \in \mathbf{H}_1 \times \mathbf{H}_1 : x = y \in K\} \neq \varnothing$, 则 $(x_n, y_n) \to (s,t)$, $(u_n, v_n) \to (s,t)$ 和 $w_n \to z^* := s = t \in K$, 其中 $(s,t) \in \Omega$.

注 9.3　事实上, 推论 9.13 和推论 9.14 研究的问题是公共凸可行性问题.

注 9.4　(1) 9.2 节给出了问题 (9.3) 的一个强收敛算法, 该算法不同于算法 (9.4) 和算法 (9.6).

(2) 9.3 节推广了问题 (9.3).

本章一方面对 Moudafi 在文献 [69] 中提出的问题给出肯定性回答. 另一方面, 本章的结果改进和推广了文献 [8,10,19,69,70,77,101,109] 的结果.

本章内容来源于文献 [48].

第 10 章　均衡问题、W-映射不动点问题分裂解的收敛性算法

10.1　W-映射及其研究情况

设 K 是实 Hilbert 空间 $\mathbf{H}$ 的非空子集, T 是 K 到 K 的非线性映射, $\mathscr{F}(T)$ 表示 T 的不动点集. 符号 $\mathbf{N}$ 和 $\mathbf{R}$ 表示正整数集和实数集.

1999 年, Atsushiba 和 Takahashi [2] 介绍了一个 W-映射:

$$\begin{aligned} U_1 &= \beta_1 T_1 + (1-\beta_1)I, \\ U_2 &= \beta_2 T_2 U_1 + (1-\beta_2)I, \\ &\cdots\cdots \\ U_{N-1} &= \beta_{N-1} T_{N-1} U_{N-2} + (1-\beta_{N-1})I, \\ W = U_N &= \beta_N T_N U_{N-1} + (1-\beta_N)I, \end{aligned} \tag{10.1}$$

其中, $\{T_i\}_i^N$ 是一族从 K 到 K 的算子, $\beta_i \in [0,1]$, $i=1,2,\cdots,N$, $\sum_{i=1}^N \beta_i = 1$. 这样的映射 W 称为由 $T_1, T_2, \cdots, T_N$ 和 $\beta_1, \beta_2, \cdots, \beta_N$ 产生的 W-映射 [28].

定义 10.1　映射 $T: K \to K$ 被称为拟非扩张映射, 如果

$$\mathscr{F}(T) \neq \varnothing, \quad \|Tx - p\| \leqslant \|x - p\|, \quad x \in K \quad 和 \quad p \in \mathscr{F}(T).$$

定义 10.2 [67]　T 是 K 到 K 的非线性映射. 称 T 是半闭的, 若任意 $\{x_n\}$, 当 $\{x_n\}$ 弱收敛到 y, 且序列 $\{Tx_n\}$ 强收敛到 z 时, 有 $Ty = z$.

性质 10.1　设 θ 表示实 Hilbert 空间中的零向量.

(a) T 是从 K 到 K 的非线性映射. T 是零点半闭的, 当且仅当 $I-T$ 在 θ 处是半闭的.

(b) 设 T 是从 $\mathbf{H}$ 到 $\mathbf{H}$ 的非扩张映射. 如果有界序列 $\{x_n\} \subset \mathbf{H}$ 满足

$$\|x_n - Tx_n\| \to 0, \quad n \to 0,$$

则 T 是零点半闭的.

证明 显然, 结论 (a) 成立. 现在证 (b). 因为 $\{x_n\}$ 有界, 所以存在 $\{x_{n_k}\} \subset \{x_n\}$ 和 $z \in \mathbf{H}$ 使得 $x_{n_k} \rightharpoonup z$. 如果 $Tz \neq z$, 则根据 Opial 条件得

$$\begin{aligned}\liminf_{k\to\infty}\|x_{n_k}-z\| &< \liminf_{k\to\infty}\|x_{n_k}-Tz\| \\ &\leqslant \liminf_{k\to\infty}\{\|x_{n_k}-Tx_{n_k}\|+\|Tx_{n_k}-Tz\|\} \\ &= \liminf_{k\to\infty}\|Tx_{n_k}-Tz\| \\ &\leqslant \liminf_{k\to\infty}\|x_{n_k}-z\|,\end{aligned}$$

矛盾. 因此 $Tz = z$, 即 T 是零点半闭的. 证完.

引理 10.1 [28] 设 K 是严格凸 Banach 空间 $\mathbf{X}$ 的子集. 设 $\{T_i\}_{i=1}^N$ 是从 K 到 K 的一族拟非扩张映射和 L-Lipschitz 映射, $\bigcap_{i=1}^N F(T_i) \neq \varnothing$. 设 $\beta_1, \beta_2, \cdots, \beta_N$ 满足

$$0 < \beta_i < 1, \quad i = 1, 2, \cdots, N-1, \quad 0 < \beta_N \leqslant 1, \quad \sum_{i=1}^N \beta_i = 1.$$

设 W 是由 $T_1, T_2, \cdots, T_N$ 和 $\beta_1, \beta_2, \cdots, \beta_N$ 产生的 W-映射, 则:

(i) W 是拟非扩张映射和 Lipschitz 连续的;

(ii) $\mathscr{F}(W) = \bigcap_{i=1}^N \mathscr{F}(T_i)$.

注 10.1 (i) 在引理 10.1 的条件下, 如果 $\{T_i\}_{i=1}^N$ 是一族从 K 到 K 的拟非扩张映射, 则 W 是拟非扩张映射 [28].

(ii) 任意实 Hilbert 空间是一致凸 Banach 空间. 因此, 引理 10.1 在实 Hilbert 空间也成立.

例 10.1 设 $\mathbf{H} = \mathbf{R}$, 内积为 $\langle x, y\rangle = xy$, $x, y \in \mathbf{R}$, 范数为 $|\cdot|$. 设 $C := [0, +\infty)$, T 是 C 到 C 的映射:

$$Tx = \begin{cases} \dfrac{1}{x}, & x \in (1, +\infty), \\ 0, & x \in [0, 1]. \end{cases}$$

则 T 是拟非扩张映射, 但不是零点半闭的.

证明 容易验证 $\mathscr{F}(T) = \{0\}$, 且 T 是拟非扩张映射. 现在证明 T 不是半闭的. 定义序列 $\{x_n\}$ 为 $x_n = 1 + \dfrac{1}{n}$, $n \in \mathbf{N}$. 则 $x_n \to 1$ 和 $x_n - Tx_n \to 0$, $n \to \infty$ 和 $1 \notin \mathscr{F}(T)$. 因此 T 不是零点半闭的. 证完.

例 10.2 设 $\mathbf{H}=\mathbf{R}$, 内积为 $\langle x,y\rangle = xy,\ x,y\in\mathbf{R}$ 和范数为 $|\cdot|$. 设 $C:=[0,1]$, 分别定义从 C 到 C 的映射 T_1, T_2 为

$$T_1x=\begin{cases}\dfrac{7}{8}, & x=1/5,\\ 1, & \text{其他}\end{cases}$$

和

$$T_2x=\begin{cases}\dfrac{5}{6}, & x=1/5,\\ 1, & \text{其他}.\end{cases}$$

则 T_1 和 T_2 都是零点半闭的拟非扩张映射.

证明 易知 $\mathscr{F}(T_1)=\mathscr{F}(T_2)=\{1\}$ 和 T_1,T_2 都是拟非扩张映射, 因此只需要证明 T_1 和 T_2 都是零点半闭的.

设 $\{x_n\}\subset C$ 是满足 $n\to\infty,\ x_n-T_1x_n\to 0$ 和 $x_n\to z$ 的序列.

现在证明 $z\in\mathscr{F}(T_1)$, 即证明 $z=1$. 事实上, 因为 $x_n-T_1x_n\to 0$, 不失一般性, 存在 $\{x_n\}$ 的子列 $\{x_{n_i}\}$ 使得 $x_{n_i}\neq 1/5,\ i\in\mathbf{N}$. 因为

$$|z-1|\leqslant |z-x_{n_i}|+|x_{n_i}-T_1x_{n_i}|+|T_1x_{n_i}-1|\to 0,\quad n\to\infty,$$

这意味着 $z=1$. 即 T_1 是零点半闭的. 类似可证 T_2 也是零点半闭的. 证完.

例 10.3 设 $\mathbf{H},C,T_1$ 和 T_2 与例 10.2 相同. 设 $U_1x=\dfrac{1}{2}T_1x+\dfrac{1}{2}x,\ x\in C$. 定义 W-映射为

$$Wx=\frac{1}{2}T_2U_1x+\frac{1}{2}x,\quad \forall x\in C.$$

则有

(i) $\mathscr{F}(W)=\mathscr{F}(T_1)=\mathscr{F}(T_2)=\{1\}$;

(ii) W 是零点半闭的拟非扩张映射.

证明 (i) 易知 $1\in\mathscr{F}(W)$. 另一方面, 设 $p\in\mathscr{F}(W)$, 则

$$\begin{aligned}|p-1|&\leqslant \frac{1}{2}\,|T_2U_1p-1|+\frac{1}{2}|p-1|\\&\leqslant \frac{1}{2}|U_1p-1|+\frac{1}{2}|p-1|\\&=\frac{1}{2}\left|\frac{1}{2}T_1p+\frac{1}{2}p-1\right|+\frac{1}{2}|p-1|\end{aligned}$$

$$\leqslant \frac{1}{4}|T_1p-1|+\frac{1}{4}|p-1|+\frac{1}{2}|p-1|$$

$$\leqslant |p-1|,$$

这意味着下面的结论成立:

(1) $\frac{1}{2}|U_1p-1|+\frac{1}{2}|p-1|=|p-1|$;

(2) $\frac{1}{2}|T_2U_1p-1|+\frac{1}{2}|p-1|=|p-1|$.

由 (1) 知, $U_1p=p$, 即 $T_1p=p$. 由 (2) 知, $T_2p=p$. 故 $p\in\mathscr{F}(T_1)=\mathscr{F}(T_2)=\{1\}$, $p=1$. 所以 $\mathscr{F}(W)=\{1\}$, 即结论 (i) 成立.

(ii) 不难验证 W 是拟非扩张映射, 故只需要证明 W 是零点半闭映射即可. 设 $\{x_n\}\subset C$ 是满足 $x_n-Wx_n\to 0$ 和 $x_n\to z$ 的序列, $n\to\infty$. 从 $x_n-Wx_n\to 0$ 可知, 存在 $\{x_n\}$ 的子列 $\{x_{n_l}\}$ 使得 $x_{n_l}\neq 1/5$, $l\in\mathbf{N}$. 的确, 设 $\Lambda:=\{n\in\mathbf{N}:x_n\neq 1/5\}$. 如果指标集 $\sharp(\Lambda)$ 是有限集, 则 $x_n=1/5$, $T_1x_n=7/8$ 和 $U_1x_n=43/80\neq 1/5$, $n\in\mathbf{N}\setminus\Lambda$. 因而 $Wx_n=3/5$, $n\in\mathbf{N}\setminus\Lambda$, 这说明 $\lim_{n\to\infty}x_n-Wx_n\neq 0$, 矛盾.

现在证明 $z=1$. 对于 n_l, 因为 $T_1x_{n_l}=1$, $U_1x_{n_l}=\frac{1}{2}+\frac{1}{2}x_{n_l}\neq\frac{1}{5}$ 和 $T_2U_1x_{n_l}=1$, 所以

$$Wx_{n_l}=\frac{1}{2}+\frac{1}{2}x_{n_l}$$

和

$$Wx_{n_l}-x_{n_l}=\frac{1}{2}(1-x_{n_l}).$$

又因为 $x_n-Wx_n\to 0$, 所以 $x_{n_l}\to 1$, 即有 $z=1$. 至此, 已经证明 W 是零点半闭的. 证完.

寻找均衡和非扩张映射的公共解的迭代算法, 已有不少研究. 而拟非扩张映射是非扩张映射的推广, 一些作者已经研究了拟非扩张映射与均衡问题的公共解 [28,75,95,112].

例 10.4 设 $\mathbf{E}_1=\mathbf{E}_2=\mathbf{R}$, $C=[1,+\infty)$, $K=(-\infty,-2]$. 设 $f:C\times C\to\mathbf{R}$, $A:\mathbf{R}\to\mathbf{R}$ 和 $T:K\to K$ 分别定义为 $f(x,y)=y-x$, $A(x)=-2x$, $T(x)=x$. 则 A 是有界线性算子, $EP(f)=\{1\}$, $A(1)=-2\in\mathscr{F}(T)$. 因此 $\Gamma=\{p\in EP(f):Ap\in\mathscr{F}(T)\}\neq\varnothing$.

关于均衡问题和非线性算子不动点问题的公共解问题, 得到许多作者关注, 建立了大量的强或弱收敛算法. 在本章中, 考虑求解均衡问题与 W-映射不动点问题的分裂解问题.

10.2 均衡问题和 W-映射不动点问题分裂解的迭代算法

这一节, 给出分裂解的迭代算法及其收敛性分析.

引理 10.2 设 $I=\{1,2,\cdots,k\}$ 是一个指标集. $i\in I$, f_i 是从 $K\times K$ 到 $\mathbf{R}$ 的双变量函数, 且满足条件 (A1)—(A4). 对于 $r>0$, 设 T_r^i: $\mathbf{H}\to K$ 与引理 1.8 所定义相同. 设 $\{r_n\}\subset(0,+\infty)$, $\liminf_{n\to\infty}r_n>0$ 和 $\{x_n\}\subset\mathbf{H}$ 是一序列. 则有

(1) 对每一个 $(i,n)\in I\times\mathbf{N}$, $T_{r_n}^i$ 是一族相对非扩张的单值映射, $\mathscr{F}(T_{r_n}^i)=EP(f_i)$ 是闭凸集.

(2) 对每一个 $(i,n)\in I\times\mathbf{N}$, 设 $u_n^i=T_{r_n}^i x_n$ 和 $z_n=\dfrac{u_n^1+u_n^2+\cdots+u_n^k}{k}$. 则

(i) $\|z_n-v\|^2\leqslant\|x_n-v\|^2-\dfrac{1}{k}\sum_{i=1}^k\|u_n^i-x_n\|^2$, 任意 $v\in\bigcap_{i=1}^k EP(f_i)$.

(ii) 如果 $\|u_n^i-x_n\|\to 0$ 和 $u_n^i\rightharpoonup z$, $n\to\infty$, 则 $z\in\bigcap_{i=1}^k EP(f_i)$.

证明 由引理 1.8 知结论 (1) 成立.

为了证明 (2), 我们先证 (i) 成立. 对任意 $v\in\bigcap_{i=1}^k EP(f_i)$, 根据引理 1.8 和引理 1.6, 可得

$$\begin{aligned}\|u_n^i-v\|^2&=\|T_{r_n}^i x_n-T_{r_n}^i v\|^2\\&\leqslant\langle T_{r_n}^i x_n-T_{r_n}^i v,x_n-v\rangle\\&=\frac{1}{2}\left\{\|u_n^i-v\|^2+\|x_n-v\|^2-\|u_n^i-x_n\|^2\right\},\end{aligned}$$

这意味着

$$\|u_n^i-v\|^2\leqslant\|x_n-v\|^2-\|u_n^i-x_n\|^2. \tag{10.2}$$

根据引理 5.1, 可知

$$\|z_n-v\|^2\leqslant\frac{1}{k}\sum_{i=1}^k\|u_n^i-v\|^2. \tag{10.3}$$

因此, 根据 (10.2) 式和 (10.3) 式知

$$\|z_n-v\|^2\leqslant\|x_n-v\|^2-\frac{1}{k}\sum_{i=1}^k\|u_n^i-x_n\|^2,$$

故 (i) 成立.

再证 (ii). 对每一个 $i \in I$, 因为

$$f_i(u_n^i, y) + \frac{1}{r_n}\langle y - u_n^i, u_n^i - x_n\rangle \geqslant 0, \quad \forall y \in K,$$

根据 (A2) 得

$$\begin{aligned}\frac{1}{r_n}\langle y - u_n^i, u_n^i - x_n\rangle &\geqslant f_i(y, u_n^i) + f_i(u_n^i, y) + \frac{1}{r_n}\langle y - u_n^i, u_n^i - x_n\rangle \\ &\geqslant f_i(y, u_n^i),\end{aligned}$$

因此,

$$\left\langle y - u_n^i, \frac{u_n^i - x_n}{r_n}\right\rangle \geqslant f_i(y, u_n^i), \quad \forall y \in K. \tag{10.4}$$

由 (A4) 和 (10.4) 式得, $f_i(y, z) \leqslant 0, \forall y \in K$.

设 $y \in K$, 令

$$y_t = ty + (1-t)z, \quad t \in (0,1).$$

则 $y_t \in K$ 和 $f_i(y_t, z) \leqslant 0$, $i \in I$. 对每一个 $i \in I$, 根据条件 (A1) 和 (A4) 得

$$0 = f_i(y_t, y_t) \leqslant tf_i(y_t, y) + (1-t)f_i(y_t, z) \leqslant tf_i(y_t, y).$$

因此, $f_i(y_t, y) \geqslant 0$, $i \in I$. 对任意 $i \in I$, 根据 (A3) 得

$$f_i(z, y) \geqslant \lim_{t\downarrow 0} f_i(ty + (1-t)z, y) = \lim_{t\downarrow 0} f_i(y_t, y) \geqslant 0,$$

这意味着 $z \in \bigcap_{i=1}^{k} EP(f_i)$. 证完.

定理 10.1 设 $\mathbf{H}_1$ 和 $\mathbf{H}_2$ 是实 Hilbert 空间. 设 C 和 K 分别是 $\mathbf{H}_1$ 和 $\mathbf{H}_2$ 的非空闭凸子集. $I := \{1, 2, \cdots, k\}$ 表示一个有限指标集. 任意 $i \in I$, 设 $G_i : C \to C$ 是拟非扩张映射和 $f_i : C \times C \to \mathbf{R}$ 是双变量函数. $A : \mathbf{H}_1 \to \mathbf{H}_2$ 是有界线性算子, A^* 是其伴随算子, $T : K \to K$ 是零点半闭拟非扩张映射, $\mathscr{F}(T) \neq \varnothing$. 设 $\beta \in (0,1)$, ρ 是算子 A^*A 的谱半径, $\lambda \in \left(0, \dfrac{1}{\rho\beta}\right)$. 设 W 是 $G_1, G_2, \cdots, G_k$ 和 $\gamma_1, \gamma_2, \cdots, \gamma_k$ 产生的 W-映射, 其中 $\gamma_i \in [0,1]$, $i \in I$, $\sum_{i\in I}\gamma_i = 1$.

设 $\{x_n\}$ 和 $\{u_n^i\}$ 按以下方式产生:

$$
\begin{cases}
x_1 \in C, \\
u_n^i = T_{r_n}^i x_n, \quad \forall i \in I, \\
v_n = \dfrac{u_n^1 + \cdots + u_n^k}{k}, \\
x_{n+1} = (1-\alpha_n) y_n + \alpha_n W y_n, \\
y_n = P_C(v_n + \lambda\beta A^*(T-I)Av_n), \quad \forall n \in \mathbf{N},
\end{cases}
\tag{10.5}
$$

其中 P_C 是从 $\mathbf{H}_1$ 到 C 的投影算子, 参数 $\{\alpha_n\} \subset (0,1)$, $\{r_n\} \subset (0,+\infty)$ 满足:

(D1) 存在 $\xi \in (0,1)$ 使得 $\alpha_n \in [\xi, 1-\xi]$, $n \in \mathbf{N}$;

(D2) $\liminf_{n\to\infty} r_n > 0$.

如果 W 是零点半闭的, $\Omega = \left(\bigcap_{i=1}^k EP(f_i)\right) \cap \left(\bigcap_{i=1}^k \mathscr{F}(G_i)\right) \neq \varnothing$ 和 $\Gamma = \{p \in \Omega : Ap \in \mathscr{F}(T)\} \neq \varnothing$, 则 $\{x_n\}$ 和 $\{u_n^i\}$ 分别弱收敛到 $q \in \Gamma$.

证明 设 $p \in \Gamma$, 则 $Ap \in \mathscr{F}(T)$. 对 $n \in \mathbf{N}$, 根据引理 10.2 的 (2) 得

$$
\|v_n - p\|^2 \leqslant \|x_n - p\|^2 - \frac{1}{k}\sum_{i=1}^k \|u_n^i - x_n\|^2 \tag{10.6}
$$

和

$$
\|u_n^i - p\| = \|T_{r_n}^i x_n - p\| \leqslant \|x_n - p\|. \tag{10.7}
$$

由于 T 是拟非扩张映射, 故

$$
\|TAv_n - Ap\| \leqslant \|Av_n - Ap\|, \quad 任意\ n \in \mathbf{N}. \tag{10.8}
$$

根据引理 1.6 的 (3) 和 (10.8) 式得

$$
\begin{aligned}
2\lambda\beta\langle v_n - p, A^*(T-I)Av_n\rangle &= 2\lambda\beta\langle A(v_n-p) + (T-I)Av_n - (T-I)Av_n, (T-I)Av_n\rangle \\
&= 2\lambda\beta(\langle TAv_n - Ap, (T-I)Av_n\rangle - \|(T-I)Av_n\|^2) \\
&= 2\lambda\beta\left(\frac{1}{2}\|TAv_n - Ap\|^2 + \frac{1}{2}\|(T-I)Av_n\|^2\right) \\
&\quad -2\lambda\beta\left(\frac{1}{2}\|Av_n - Ap\|^2 + \|(T-I)Av_n\|^2\right) \\
&\leqslant 2\lambda\beta\left(\frac{1}{2}\|(T-I)Av_n\|^2 - \|(T-I)Av_n\|^2\right)
\end{aligned}
$$

$$= -\lambda\beta\|(T-I)Av_n\|^2, \quad n\in\mathbf{N}. \tag{10.9}$$

因为 ρ 是 A^*A 的谱半径, 所以

$$\lambda^2\beta^2\langle(T-I)Av_n, AA^*(T-I)Av_n\rangle \leqslant \rho\lambda^2\beta^2\langle(T-I)Av_n,(T-I)Av_n\rangle$$
$$= \rho\lambda^2\beta^2\|(T-I)Av_n\|^2, \quad n\in\mathbf{N}. \tag{10.10}$$

由 (10.5)—(10.10) 式得

$$\begin{aligned}
\|y_n-p\|^2 &= \|P_C(v_n+\lambda\beta A^*(T-I)Av_n)-P_Cp\|^2\\
&\leqslant \|v_n+\lambda\beta A^*(T-I)Av_n-p\|^2\\
&= \|v_n-p\|^2+\|\lambda\beta A^*(T-I)Av_n\|^2+2\lambda\beta\langle v_n-p, A^*(T-I)Av_n\rangle\\
&= \|v_n-p\|^2+\lambda^2\beta^2\langle(T-I)Av_n, AA^*(T-I)Av_n\rangle\\
&\quad +2\lambda\beta\langle v_n-p, A^*(T-I)Av_n\rangle\\
&\leqslant \|v_n-p\|^2+\rho\lambda^2\beta^2\|(T-I)Av_n\|^2-\lambda\beta\|(T-I)Av_n\|^2\\
&= \|v_n-p\|^2-\lambda\beta(1-\rho\lambda\beta)\|(T-I)Av_n\|^2\\
&\leqslant \|x_n-p\|^2-\lambda\beta(1-\rho\lambda\beta)\|(T-I)Av_n\|^2.
\end{aligned} \tag{10.11}$$

因为 $\lambda\in\left(0,\dfrac{1}{\rho\beta}\right)$, $1-\rho\lambda\beta>0$, 根据 (10.11) 式得

$$\|y_n-p\|^2\leqslant\|v_n-p\|^2$$

和

$$\|y_n-p\|^2\leqslant\|x_n-p\|^2, \quad n\in\mathbf{N}.$$

另一方面, 由 (10.5) 式和 (10.11) 式得

$$\begin{aligned}
\|x_{n+1}-p\|^2 &= \|(1-\alpha_n)(y_n-p)+\alpha_n(Wy_n-p)\|^2\\
&= (1-\alpha_n)\|y_n-p\|^2+\alpha_n\|Wy_n-p\|^2-(1-\alpha_n)\alpha_n\|y_n-Wy_n\|^2\\
&\leqslant (1-\alpha_n)\|y_n-p\|^2+\alpha_n\|y_n-p\|^2-(1-\alpha_n)\alpha_n\|y_n-Wy_n\|^2\\
&= \|y_n-p\|^2-\alpha_n(1-\alpha_n)\|Wy_n-y_n\|^2\\
&\leqslant \|v_n-p\|^2-\alpha_n(1-\alpha_n)\|Wy_n-y_n\|^2
\end{aligned}$$

$$
\begin{aligned}
&-\lambda\beta(1-\rho\lambda\beta)\|(T-I)Av_n\|^2 \\
&\leqslant \|x_n-p\|^2-\alpha_n(1-\alpha_n)\|Wy_n-y_n\|^2 \\
&-\lambda\beta(1-\rho\lambda\beta)\|(T-I)Av_n\|^2.
\end{aligned}
\tag{10.12}
$$

根据 (10.12) 式知序列 $\{\|x_n-p\|\}$ 是非增的, 故 $\lim_{n\to\infty}\|x_n-p\|$ 存在, 并且

$$
\ell:=\lim_{n\to\infty}\|x_n-p\|=\lim_{n\to\infty}\|v_n-p\|=\lim_{n\to\infty}\|y_n-p\|.
$$

由 (10.12) 式和条件 (D1) 得

$$
\lim_{n\to\infty}\|Wy_n-y_n\|=\lim_{n\to\infty}\|(T-I)Av_n\|=0. \tag{10.13}
$$

再从 (10.6) 式得

$$
\lim_{n\to\infty}\|u_n^i-x_n\|=0,\quad \forall i\in I. \tag{10.14}
$$

从 (10.5) 式、(10.14) 式和引理 5.1 得

$$
\lim_{n\to\infty}\|v_n-x_n\|=0. \tag{10.15}
$$

注意到 $\{x_n\}$ 有界, 故 $\{x_n\}$ 存在弱收敛的子列 $\{x_{n_l}\}$. 设 $x_{n_l}\rightharpoonup q$, $q\in C$. 则根据 (10.13)—(10.15) 式得, $u_{n_l}^i\rightharpoonup q$, $v_{n_l}\rightharpoonup q$ 和 $Av_{n_l}\rightharpoonup Aq\in K$. 因为 A 是有界线性算子, 且 $\lim_{n\to\infty}\|(T-I)Av_n\|=0$, 所以

$$
\begin{aligned}
\|y_n-v_n\| &= \|P_C(v_n+\lambda\beta A^*(T-I)Av_n)-P_Cv_n\| \\
&\leqslant \|(v_n+\lambda\beta A^*(T-I)Av_n)-v_n\| \\
&= \|\lambda\beta A^*(T-I)Av_n\|\to 0,\quad n\to\infty,
\end{aligned}
$$

这说明 $y_{n_l}\rightharpoonup q$, $n_l\to\infty$. 由于 W 是零点半闭的拟非扩张映射, 因此根据 (10.13) 式得, $q\in\mathscr{F}(W)$. 注意到 $u_{n_l}^i\rightharpoonup q$, 因此, 根据引理 10.1 的 (2), (10.14) 式以及 (D2), 得 $q\in\bigcap_{i=1}^k EP(f_i)$. 所以, $q\in\mathscr{F}(W)\cap\left(\bigcap_{i=1}^k EP(f_i)\right)=\Omega$. 另一方面, 因为 T 也是零点半闭映射, 故由 (10.13) 式知 $Aq\in\mathscr{F}(T)$, $q\in\Gamma$.

最后证明 $\{x_n\}$ 弱收敛到 $q\in\Gamma$. 否则, 如果存在 $\{x_n\}$ 的子列 $\{x_{n_j}\}$ 满足 $x_{n_j}\rightharpoonup z\in\Gamma$, $z\neq q$. 则根据 Opial 条件知

$$
\liminf_{j\to\infty}\|x_{n_j}-z\|<\liminf_{j\to\infty}\|x_{n_j}-q\|<\liminf_{j\to\infty}\|x_{n_j}-z\|,
$$

矛盾. 因此 $\{x_n\}$ 和 $\{u_n^i\}$ 分别弱收敛到 Γ 中的一个元. 证完.

注 10.2　已知非扩张映射是拟非扩张映射, 因此当 G_i (或者 T) 是非扩张映射时, 定理 10.1 也成立, $i \in I$.

下面给一个例子说明定理 10.1.

例 10.5　设 $\mathbf{H}_1 = \mathbf{H}_2 = \mathbf{H} = \mathbf{R}$, $C := [0,1]$, $K := [-1,0]$. 设 T_1, T_2, W 与例 10.2 和例 10.3 相同. 设 $Ax = -x$, $x \in \mathbf{R}$. 则 A 是从 C 到 K 的有界线性算, A 的自伴算子 $A^* = A$. 设 $f_1(x,y) = x - y$ 和 $f_2(x,y) = 2(x-y)$, $x, y \in C$. 则 f_1 和 f_2 满足条件 (A1)—(A4) 且 $EP(f_1) = EP(f_2) = \{1\}$.

定义 T 为

$$Tx = \begin{cases} -1, & x \neq -1/5, \\ -7/9, & x = -1/5, \end{cases} \quad x \in K.$$

则 $\Gamma := \left\{p \in \left(\bigcap_{i=1}^2 EP(f_i)\right) \cap \left(\bigcap_{i=1}^2 F(T_i)\right) : Ap \in F(T)\right\} = \{1\}$. 而且, 与例 10.2 或者例 10.3 的证明类似, 可知 T 是零点半闭的拟非扩张映射.

设 $\{x_n\}$ 和 $\{u_n^i\}$, $i = 1, 2$, 按以下方式产生:

$$\begin{cases} f_i(u_n^i, y) + \dfrac{1}{r_n}\langle y - u_n^i, u_n^i - x_n\rangle \geqslant 0, \quad y \in C, \quad i = 1, 2, \\ v_n = \dfrac{u_n^1 + u_n^2}{2}, \\ x_{n+1} = (1-\alpha_n) y_n + \alpha_n W y_n, \\ y_n = P_C(v_n + \lambda\beta A^*(T-I)Av_n), \quad \forall n \in \mathbf{N}, \end{cases}$$

其中 P_C 是从 $\mathbf{H}$ 到 C 的投影映射, $\lambda, \beta \in (0,1)$, $\{\alpha_n\} \subset (0,1)$ 和参数 $\{r_n\} \subset (0, +\infty)$ 满足 $r_n \geqslant 1$. 则 $\{x_n\}$ 和 $\{u_n^i\}$ 强收敛到 $q \in \Gamma$, $i = 1, 2$. 而且, $x_{n+1} = u_n^i = 1$, $n \in \mathbf{N}$.

证明　对于 $i \in \{1, 2\}$, 设

$$\begin{aligned} \varphi_i(y,z,w,r) &= i(z-y) + \frac{1}{r}\langle y - z, z - w\rangle \\ &= (z-y)\left(i + \frac{z-w}{r}\right), \quad \forall y, z, w \in C, \quad \forall r \geqslant 1. \end{aligned}$$

容易验证存在唯一的 $z = 1 \in C$ 使得任意 $i \in \{1, 2\}$, 成立

$$\varphi_i(y,z,w,r) = i(z-y) + \frac{1}{r}\langle y - z, z - w\rangle \geqslant 0, \quad \forall y, w \in C, \quad \forall r \geqslant 1.$$

从 $f_i(u_n^i, y) + \dfrac{1}{r_n}\langle y - u_n^i, u_n^i - x_n\rangle \geqslant 0$, $i \in \{1,2\}$ 和 $r_n \geqslant 1$, 可知 $u_n^1 = u_n^2 = 1$, $n \in \mathbf{N}$. 进一步, 可得 $v_n = 1$, $n \in \mathbf{N}$. 根据 T 和 A 的定义, 可知 $(T-I)Av_n = 0$

和 $A^*(T-I)Av_n=0$. 因此

$$y_n = P_C(v_n + \lambda\beta A^*(T-I)Av_n) = 1, \quad x_{n+1} = u_n^i = 1, \quad n \in \mathbf{N}.$$ 证完.

在定理 10.1, 如果 I 是单点集, 则有下面的推论 10.1.

推论 10.1 设 $\mathbf{H}_1$ 和 $\mathbf{H}_2$ 是实 Hilbert 空间. 设 C 和 K 分别是 $\mathbf{H}_1$ 和 $\mathbf{H}_2$ 的闭凸子集. 设 $S: C \to C$ 是零点半闭的拟非扩张映射, f 是从 $C \times C$ 到 $\mathbf{R}$ 的双变量函数, $\Omega = EP(f) \cap F(S) \neq \varnothing$. 设 $A: \mathbf{H}_1 \to \mathbf{H}_2$ 是有界线性算子, 其伴随算子是 A^*, $T: K \to K$ 是零点半闭的拟非扩张映射, 且 $\mathscr{F}(T) \neq \varnothing$. 设 $\beta \in (0,1)$, ρ 是 A^*A 的谱半径, $\lambda \in \left(0, \dfrac{1}{\rho\beta}\right)$.

设 $\{x_n\}$ 和 $\{u_n\}$ 按以下方式产生:

$$\begin{cases} x_1 \in C, \\ f(u_n, y) + \dfrac{1}{r_n}\langle y - u_n, u_n - x_n\rangle \geqslant 0, \quad y \in C, \\ x_{n+1} = (1-\alpha_n)y_n + \alpha_n S y_n, \\ y_n = P_C(u_n + \lambda\beta A^*(T-I)Au_n), \quad \forall n \in \mathbf{N}, \end{cases} \tag{10.16}$$

其中 P_C 是从 $\mathbf{H}_1$ 到 C 的投影算子, 参数 $\{\alpha_n\} \subset (0,1)$ 和 $\{r_n\} \subset (0,+\infty)$ 满足以下条件:

(D1) 存在 $\xi \in (0,1)$ 使得 $\alpha_n \in [\xi, 1-\xi]$, $n \in \mathbf{N}$;

(D2) $\liminf_{n\to\infty} r_n > 0$.

如果 $\Gamma = \{p \in \Omega : Ap \in \mathscr{F}(T)\} \neq \varnothing$, 则序列 $\{x_n\}$ 和 $\{u_n\}$ 分别弱收敛到 $q \in \Gamma$.

如果在推论 10.1 中, $S = I$, 则有下面的推论 10.2.

推论 10.2 设 $\mathbf{H}_1$ 和 $\mathbf{H}_2$ 是实 Hilbert 空间. 设 C 和 K 分别是 $\mathbf{H}_1$ 和 $\mathbf{H}_2$ 的闭凸子集. 设 f 是从 $C \times C$ 到 $\mathbf{R}$ 的双变量函数, 且 $\Omega = EP(f) \neq \varnothing$. 设 $A: \mathbf{H}_1 \to \mathbf{H}_2$ 是有界线性算子, 其伴随算子是 A^*, $T: K \to K$ 是零点半闭的拟非扩张映射, 且 $\mathscr{F}(T) \neq \varnothing$. 设 $\beta \in (0,1)$, ρ 是 A^*A 的谱半径, $\lambda \in \left(0, \dfrac{1}{\rho\beta}\right)$.

设 $x_1 \in C$, $\{x_n\}$ 和 $\{u_n\}$ 按以下方式产生:

$$\begin{cases} x_1 \in C, \\ f(u_n, y) + \dfrac{1}{r_n}\langle y - u_n, u_n - x_n\rangle \geqslant 0, \quad y \in C, \\ x_{n+1} = P_C(u_n + \lambda\beta A^*(T-I)Au_n), \quad \forall n \in \mathbf{N}, \end{cases} \tag{10.17}$$

其中 P_C 是 $\mathbf{H}_1$ 到 C 的投影算子, 参数 $\{\alpha_n\} \subset (0,1)$ 和 $\{r_n\} \subset (0,+\infty)$ 满足:

(D1) 存在 $\xi \in (0,1)$ 使得 $\alpha_n \in [\xi, 1-\xi]$, $n \in \mathbf{N}$;

(D2) $\liminf_{n\to\infty} r_n > 0$.

如果 $\Gamma = \{p \in EP(f) : Ap \in \mathscr{F}(T)\} \neq \varnothing$, 则序列 $\{x_n\}$ 和 $\{u_n\}$ 弱收敛到 $q \in \Gamma$.

在推论 10.1 中, 如果 $f(x,y) = 0$, $x, y \in C$, 有下面的推论 10.3.

推论 10.3 设 $\mathbf{H}_1$ 和 $\mathbf{H}_2$ 是实 Hilbert 空间. 设 C 和 K 分别是 $\mathbf{H}_1$ 和 $\mathbf{H}_2$ 的闭凸子集. 设 $S : C \to C$ 是零点半闭的拟非扩张映射, 且 $\mathscr{F}(S) \neq \varnothing$. 设 $A : \mathbf{H}_1 \to \mathbf{H}_2$ 是有界线性算子, 其伴随算子是 A^*, $T : K \to K$ 是零点半闭的拟非扩张映射, 且 $\mathscr{F}(T) \neq \varnothing$. 设 $\beta \in (0,1)$, ρ 是 A^*A 的谱半径, $\lambda \in \left(0, \dfrac{1}{\rho\beta}\right)$.

设 $x_1 \in C$, $\{x_n\}$ 按以下方式产生:

$$\begin{cases} x_1 \in C, \\ x_{n+1} = (1-\alpha_n)y_n + \alpha_n S y_n, \\ y_n = P_C(x_n + \lambda\beta A^*(T-I)Ax_n), \quad \forall n \in \mathbf{N}, \end{cases} \tag{10.18}$$

其中 P_C 是 $\mathbf{H}_1$ 到 C 的投影算子, 存在 $\xi \in (0,1)$ 使得 $\alpha_n \in [\xi, 1-\xi]$, $n \in \mathbf{N}$. 如果 $\Gamma = \{p \in EP(f) : Ap \in \mathscr{F}(T)\} \neq \varnothing$, 则序列 $\{x_n\}$ 弱收敛到 $q \in \mathscr{F}(T)$. 证完.

注 10.3 推论 10.3 所讨论的问题是分裂公共不动点问题, 是分裂可行性问题和凸可行性问题的推广形式 [11,67].

本章内容来源文献 [32].

第 11 章　伪压缩映射和半压缩映射分裂解问题及其迭代算法

11.1　概念、问题及例子

定义 11.1　设 T 是 Hilbert 空间 $\mathbf{H}$ 中的非线性映射, 其定义域和值域分别是 $\mathscr{D}(T)$ 和 $\mathscr{R}(T)$. 称 T 是

(i) 伪压缩的, 如果

$$\langle Tx-Ty, x-y\rangle \leqslant \|x-y\|^2, \quad \forall x, y \in \mathscr{D}(T),$$

或者等价于

$$\|Tx-Ty\|^2 \leqslant \|x-y\|^2+\|(I-T)x-(I-T)y\|^2, \quad \forall x, y \in \mathscr{D}(T).$$

(ii) 半压缩的, 如果任意 $x \in \mathscr{D}(T)$ 和任意 $p \in \mathscr{F}(T)$($\mathscr{F}(T)$ 表示 T 的不动点集合),

$$\langle Tx-p, x-p\rangle \leqslant \|x-p\|^2,$$

或者等价于

$$\|Tx-p\|^2 \leqslant \|x-p\|^2+\|(I-T)x\|^2.$$

(iii) k-半压缩的, 如果存在一个常数 $k \in [0,1)$ 使得

$$\|Tx-p\|^2 \leqslant \|x-p\|^2+k\|(I-T)x\|^2, \quad \text{任意 } x \in \mathscr{D}(T) \text{ 和 } p \in \mathscr{F}(T).$$

(iv) 拟非扩张的, 如果 T 是 0-半压缩的, 即

$$\|Tx-p\| \leqslant \|x-p\|, \quad \text{任意 } x \in \mathscr{D}(T) \text{ 和 } p \in \mathscr{F}(T).$$

现在, 我们给出一些例子说明伪压缩、半压缩、k-半压缩、拟非扩张和非扩张映射之间的关系.

例 11.1　设 $\mathbf{H}=\mathbf{R}$, 其范数为 $|\cdot|$, 而 $C=[-2,0]$. 设 $T: C \rightarrow C$ 定义为

$$Tx=\begin{cases} x^2-2, & x \in [-1,0], \\ -1, & x \in [-2,-1]. \end{cases}$$

则 $\mathscr{F}(T)=\{-1\}$. 因为

$$|Tx-(-1)|^2 \leqslant |x-(-1)|^2+\frac{1}{2}|Tx-x|^2, \quad 任意\ x\in C,$$

因此 T 是一个 $\frac{1}{2}$-半压缩映射. 然而, 由于

$$\left|T\left(-\frac{1}{2}\right)-(-1)\right| > \left|-\frac{1}{2}-(-1)\right|,$$

故 T 不是拟非扩张映射.

例 11.2 设 $\mathbf{H}=\mathbf{R}$, 其范数取为 $|\cdot|$, $C=\left[\frac{1}{2},2\right]$. 设 $T:C\to C$ 定义为

$$Tx=\frac{1}{x}, \quad \forall\ x\in C.$$

则 $\mathscr{F}(T)=\{1\}$. 因为

$$|Tx-1|^2 \leqslant |x-1|^2+\frac{3}{4}|Tx-x|^2, \quad 任意\ x\in C,$$

所以 T 是 $\frac{3}{4}$-半压缩映射. 而且, T 也是伪压缩映射的.

例 11.3 设 $\mathbf{H}=\mathbf{R}$, 其范数取为 $|\cdot|$. 设 $T:\mathbf{H}\to\mathbf{H}$ 定义为

$$Tx=\begin{cases} -\sqrt{-(1+x)}, & x\leqslant -2, \\ x+1, & x\geqslant -2. \end{cases}$$

容易看到

$$|Tx-Ty|\leqslant|x-y|, \quad 任意\ x,y\in\mathbf{H}.$$

因此 T 是连续的非扩张映射, 且 $\mathscr{F}(T)=\varnothing$.

下面的例子说明存在连续的拟非扩张映射, 但其并不是非扩张映射.

例 11.4 [42] 设 $\mathbf{H}=\mathbf{R}$, 其范数取为 $|\cdot|$, $C=[0,+\infty)$. 定义 $T:C\to C$ 为

$$Tx=\frac{x^2+2}{1+x}, \quad \forall x\in C.$$

显然, $\mathscr{F}(T)=\{2\}$. 容易看到

$$|Tx-2|=\frac{x}{1+x}|x-2|\leqslant|x-2|, \quad \forall x\in C$$

和

$$\left|T(0)-T\left(\frac{1}{3}\right)\right|=\frac{5}{12}>\left|0-\frac{1}{3}\right|.$$

因此, T 是连续的拟非扩张映射, 但不是非扩张映射.

下面的例子说明存在半压缩映射, 但其并不是伪压缩映射, 也不是 k-半压缩映射, $k\in[0,1)$.

例 11.5 设 $\mathbf{H}=\mathbf{R}$, 其范数取为 $|\cdot|$. 设 $T:\mathbf{H}\to\mathbf{H}$ 定义为

$$Tx=\begin{cases}x^2-x+1, & x\in(-\infty,1],\\ \dfrac{x^2+1}{1+x}, & x\in[1,+\infty).\end{cases}$$

则 $\mathscr{F}(T)=\{1\}$. 因为

$$|Tx-1|^2\leqslant|x-1|^2+|Tx-x|^2,\quad x\in\mathbf{H},$$

所以 T 是半压缩映射. 然而, T 并不是伪压缩映射, 因为当 $x=-3$ 和 $y=-2.5$ 时, 成立

$$|Tx-Ty|^2>|x-y|^2+|(x-Tx)-(y-Ty)|^2.$$

也容易看到 T 不是 k-半压缩映射, 任意 $k\in[0,1)$.

下面的例子表明存在不连续的伪压缩映射, 但其不是半压缩映射.

例 11.6 设 $\mathbf{H}=\mathbf{R}$, 其范数取为 $|\cdot|$. 设 $T:\mathbf{H}\to\mathbf{H}$ 定义为

$$Tx=\begin{cases}x^2+1, & x\in(-\infty,0],\\ -1-x^2, & x\in(0,+\infty).\end{cases}$$

则 $\mathscr{F}(T)=\varnothing$. 由于

$$|Tx-Ty|^2\leqslant|x-y|^2+|(I-T)x-(I-T)y|^2,\qquad 任意\ x\in\mathbf{H},$$

因此可知 T 是不连续的伪压缩映射, 但不是半压缩映射.

下面的例子表明, 存在伪压缩映射, 但其不是 k-半压缩映射的, 任意 $k\in[0,1)$.

例 11.7 设 $\mathbf{H}=\mathbf{R}$, 其范数取为 $|\cdot|$. 设 $T:\mathbf{H}\to\mathbf{H}$ 定义为

$$Tx=\begin{cases}2-x^2, & x\in[0,1],\\ 2-x, & x\in[1,2],\\ 0, & x\in[2,+\infty).\end{cases}$$

则 $\mathscr{F}(T)=\{1\}$. 因为

$$|Tx-Ty|^2 \leqslant |x-y|^2+|(I-T)x-(I-T)y|^2, \quad 任意\ x\in \mathbf{H},$$

则 T 是伪压缩映射. 易知对任意 $k\in[0,1)$, T 都不是 k-半压缩映射的.

下面的例子说明存在一个在 θ 点半闭的不连续的 k-半压缩映射, 其中 $k\in[0,1)$, 但它不是伪压缩的, 也不是拟非扩张映射的.

例 11.8 设 $\mathbf{H}=\mathbf{R}$, 其范数取为 $|\cdot|$, $C=[-2,0]$. 定义 $T:C\to C$ 为

$$Tx=\begin{cases} x^2-2, & x\in[-1,0], \\ -\dfrac{1}{8}, & x=-\dfrac{3}{2}, \\ -1, & x\in\left[-2,-\dfrac{3}{2}\right)\cup\left(-\dfrac{3}{2},-1\right]. \end{cases}$$

则有

(a) T 是连续的 $\dfrac{3}{4}$-半压缩映射;

(b) T 在 θ 点是半闭的;

(c) T 不是伪压缩的;

(d) T 不是拟非扩张映射.

证明 显然, $\mathscr{F}(T)=\{-1\}$. 因为

$$|Tx-(-1)|^2\leqslant |x-(-1)|^2+\frac{3}{4}|(I-T)x|^2, \quad x\in C,$$

所以 T 是不连续的 $\dfrac{3}{4}$-半压缩映射, 即 (a) 成立.

现在验证 (b). 事实上, 设 $\{x_n\}\subset[-2,0]$, 且

$$x_n\to z \quad 和 \quad x_n-Tx_n\to 0, \quad n\to\infty.$$

如果 $x_n\in[-1,0]$, 则可以证明 $Tz=z$ 和 $z=-1\in F(T)$. 如果存在子列 $\{x_{n_k}\}\subset[-2,-1]$, 则从 $x_n-Tx_n\to 0$, $n\to\infty$, 可以找到 $\{x_{n_k}\}$ 的子列 $\{x_{n_{k_i}}\}$ 使得任意 i, 有 $x_{n_{k_i}}\neq -\dfrac{3}{2}$. 因此

$$|z-(-1)|\leqslant \left|z-x_{n_{k_i}}\right|+\left|x_{n_{k_i}}-Tx_{n_{k_i}}\right|+\left|Tx_{n_{k_i}}-(-1)\right|\to 0, \quad i\to\infty.$$

这意味着 $z=-1\in\mathscr{F}(T)$.

最后验证 (c) 和 (d). 注意到

$$\begin{aligned}&\left|T\left(-\frac{3}{2}\right)-T\left(-\frac{25}{16}\right)\right|^2\\&>\left|-\frac{3}{2}-\left(-\frac{25}{16}\right)\right|^2+\left|(I-T)\left(-\frac{3}{2}\right)-(I-T)\left(-\frac{25}{16}\right)\right|^2\end{aligned}$$

和

$$\left|T\left(-\frac{3}{2}\right)-(-1)\right|>\left|\left(-\frac{3}{2}\right)-(-1)\right|,$$

因此 T 既不是伪压缩映射也不是拟非扩张映射. 证完.

分裂不动点问题

设 $\mathbf{H}_1$ 和 $\mathbf{H}_2$ 是实 Hilbert 空间. 设 C 和 K 分别是 $\mathbf{H}_1$ 和 $\mathbf{H}_2$ 的闭凸子集. 设 $T:C\to C$, $\mathscr{F}(T)\neq\varnothing$ 和 $S:K\to K$, $\mathscr{F}(S)\neq\varnothing$. 设 $A:\mathbf{H}_1\to\mathbf{H}_2$ 是有界线性算子. 非线性算子分裂不动点问题指的是

$$\text{(SCSP)}\quad 找\ p\in C\ 使得\ Tp=p,\quad u:=Ap\in K\ 满足\ Su=u.$$

分裂公共不动点问题是分裂可行性问题和分裂凸可行性问题的推广. 因此分裂不动点问题是重要的. 关于分裂不动点问题也得到许多作者的关注和研究, 已经有了许多研究成果, 建立各类强收敛和弱收敛的迭代算法, 例如文献 [9, 11, 12, 15, 20, 26, 42, 45, 50, 59, 62, 67, 68, 81—83, 91, 104, 108, 115]. 本章讨论伪压缩映射与 k-半压缩映射分裂解的迭代算法.

11.2 算法及其收敛性

定理 11.1 设 $\mathbf{H}_1$ 和 $\mathbf{H}_2$ 是实 Hilbert 空间, θ_i 是 $\mathbf{H}_i$ 的零向量, $i=1,2$. 设 C 是 $\mathbf{H}_1$ 的非空闭凸子集, $A:\mathbf{H}_1\to\mathbf{H}_2$ 是有界线性算子, B 是其伴随算子. 设 $T:C\to C$ 是 Lipschitz 伪压缩映射, Lipschitz 常数是 L, $\mathscr{F}(T)\neq\varnothing$, $S:\mathbf{H}_2\to\mathbf{H}_2$ 是 k-半压缩映射, $\mathscr{F}(S)\neq\varnothing$, 其在 θ_2 是零点半闭的. 设 $C_1=C$, $\{x_n\}$ 按以下方式产生:

$$\begin{cases}y_n=(1-\alpha)x_n+\alpha Tx_n,\quad x_1\in C_1,\\z_n=\beta x_n+(1-\beta)Ty_n,\\w_n=P_C(z_n+\xi B(S-I)Az_n),\\C_{n+1}=\{v\in C_n:\|w_n-v\|\leqslant\|z_n-v\|\leqslant\|x_n-v\|\},\\x_{n+1}=P_{C_{n+1}}(x_1),\quad\forall n\in\mathbf{N},\end{cases}\tag{11.1}$$

其中 P_{C_n} 是从 $\mathbf{H}_1$ 到 C_n 的投影算子, 参数 α,β,ξ 满足

$$0<1-\beta<\alpha<\frac{1}{2\sqrt{1+L^2}},\quad \xi\in\left(0,\frac{1-k}{\|B\|^2}\right).$$

设

$$\Omega=\{p\in\mathscr{F}(T):Ap\in\mathscr{F}(S)\}\neq\varnothing.$$

则存在 $q\in\Omega$, 使得

(a) $x_n\to q,\ n\to\infty$;

(b) $Ax_n\to Aq,\ n\to\infty$.

证明 分为下面几步证明.

步骤 1 设 $p\in\Omega$, 证明

$$\|w_n-p\|^2\leqslant\|z_n-p\|^2-\xi(1-k-\xi\|B\|^2)\|(S-I)Az_n\|^2. \tag{11.2}$$

因为

$$\begin{aligned}
&\|w_n-p\|^2\\
\leqslant&\|z_n+\xi B(S-I)Az_n-p\|^2\\
=&\|z_n-p\|^2+\|\xi B(S-I)Az_n\|^2+2\xi\langle z_n-p,B(S-I)Az_n\rangle\\
=&\|z_n-p\|^2+\|\xi B(S-I)Az_n\|^2+2\xi\langle Az_n-Ap,(S-I)Az_n\rangle\\
=&\|z_n-p\|^2+\|\xi B(S-I)Az_n\|^2\\
&+2\xi\langle Az_n-Ap+(S-I)Az_n-(S-I)Az_n,(S-I)Az_n\rangle\\
=&\|z_n-p\|^2+\|\xi B(S-I)Az_n\|^2\\
&+2\xi\langle SAz_n-Ap,(S-I)Az_n\rangle-2\xi\|(S-I)Az_n\|^2\\
\leqslant&\|z_n-p\|^2+\xi^2\|B\|^2\|(S-I)Az_n\|^2\\
&+2\xi\langle SAz_n-Ap,(S-I)Az_n\rangle-2\xi\|(S-I)Az_n\|^2
\end{aligned}$$

和

$$\begin{aligned}
&2\xi\langle SAz_n-Ap,(S-I)Az_n\rangle\\
=&\xi\{\|SAz_n-Ap\|^2+\|(S-I)Az_n\|^2-\|Az_n-Ap\|^2\}\\
\leqslant&\xi\{\|Az_n-Ap\|^2+k\|(S-I)Az_n\|^2+\|(S-I)Az_n\|^2\}-\xi\|Az_n-Ap\|^2\\
\leqslant&\xi\{-\|Az_n-Az_n\|^2+k\|(S-I)Az_n\|^2+\|(S-I)Az_n\|^2\}\\
=&\xi\{k\|(S-I)Az_n\|^2+\|(S-I)Az_n\|^2\},
\end{aligned}$$

所以

$$\|w_n-p\|^2 \leqslant \|z_n-p\|^2 - \xi(1-k-\xi\|B\|^2)\|(S-I)Az_n\|^2.$$

步骤 2 证明

$$\|z_n - p\| \leqslant \|x_n - p\|, \quad n \in \mathbf{N}. \tag{11.3}$$

设 $n \in \mathbf{N}$, 根据 (11.1) 式, 得

$$\begin{aligned}
&\|z_n-p\|^2\\
=&\beta\|x_n - p\|^2 + (1-\beta)\|Ty_n - p\|^2 - (1-\beta)\beta\|Ty_n - x_n\|^2\\
\leqslant&\beta\|x_n - p\|^2 + (1-\beta)\|y_n - p\|^2 + (1-\beta)\|Ty_n - y_n\|^2\\
&-(1-\beta)\beta\|Ty_n - x_n\|^2\\
\leqslant&\beta\|x_n - p\|^2 + (1-\beta)((1-\alpha)\|x_n - p\|^2 + \alpha\|Tx_n - x_n\|^2\\
&-(1-\alpha)\alpha\|Tx_n - x_n\|^2) + (1-\beta)\|Ty_n - y_n\|^2 - (1-\beta)\beta\|Ty_n - x_n\|^2\\
\leqslant&\|x_n - p\|^2 + (1-\beta)(\alpha\|Tx_n - x_n\|^2 - (1-\alpha)\alpha\|Tx_n - x_n\|^2)\\
&-(1-\beta)\beta\|Ty_n - x_n\|^2 + (1-\beta)\|(1-\alpha)(x_n - Ty_n) + \alpha(Tx_n - Ty_n)\|^2\\
\leqslant&\|x_n - p\|^2 + (1-\beta)(\alpha\|Tx_n - x_n\|^2 - (1-\alpha)\alpha\|Tx_n - x_n\|^2)\\
&-(1-\beta)\beta\|Ty_n - x_n\|^2 + (1-\beta)((1-\alpha)\|x_n - Ty_n\|^2\\
&+\alpha\|Tx_n - Ty_n\|^2 - (1-\alpha)\alpha\|Tx_n - x_n\|^2)\\
\leqslant&\|x_n - p\|^2 + (1-\beta)(\alpha\|Tx_n - x_n\|^2 - (1-\alpha)\alpha\|Tx_n - x_n\|^2)\\
&-(1-\beta)\beta\|Ty_n - x_n\|^2 + (1-\beta)((1-\alpha)\|x_n - Ty_n\|^2\\
&+\alpha L^2\|x_n - y_n\|^2 - (1-\alpha)\alpha\|Tx_n - x_n\|^2)\\
\leqslant&\|x_n - p\|^2 + (1-\beta)(\alpha\|Tx_n - x_n\|^2 - (1-\alpha)\alpha\|Tx_n - x_n\|^2)\\
&-(1-\beta)\beta\|Ty_n - x_n\|^2 + (1-\beta)((1-\alpha)\|x_n - Ty_n\|^2\\
&+\alpha^3 L^2\|x_n - Tx_n\|^2 - (1-\alpha)\alpha\|Tx_n - x_n\|^2)\\
=&\|x_n - p\|^2 - (1-\beta)(\alpha+\beta-1)\|Ty_n - x_n\|^2\\
&-(1-\beta)\alpha(1-2\alpha-\alpha^2L^2)\|Tx_n - x_n\|^2.
\end{aligned} \tag{11.4}$$

因为 $\alpha+\beta>1$ 和 $\alpha < \dfrac{1}{2\sqrt{1+L^2}}$, 从 (11.4) 式得, $\|z_n - p\|^2 \leqslant \|x_n - p\|^2$, 或者, 等价地,

$$\|z_n - p\| \leqslant \|x_n - p\|. \tag{11.5}$$

步骤 3 证明 C_n 是非空闭凸集, $n \in \mathbf{N}$.

任取 $p \in \Omega$, 根据 (11.2) 式和 (11.5) 式得

$$\|w_n - p\| \leqslant \|z_n - p\| \leqslant \|x_n - p\|.$$

因此, $\Omega \subset C_n$, 即 $C_n \neq \varnothing$, $n \in \mathbf{N}$. 容易验证 C_n 是闭凸集, $n \in \mathbf{N}$.

步骤 4 证明 $\{x_n\}$ 是 C 中的柯西序列, 从而 $x_n \to q$, $n \to \infty$, $q \in C$.

因为 $\Omega \subset C_{n+1} \subset C_n$, $x_{n+1} = P_{C_{n+1}}(x_1) \subset C_n$, 可知

$$\|x_{n+1} - x_1\| \leqslant \|p - x_1\|, \quad p \in \Omega$$

和

$$\|x_n - x_1\| \leqslant \|x_{n+1} - x_1\|, \quad n \in \mathbf{N},$$

这说明 $\{x_n\}$ 是有界的, 且 $\{\|x_n - x_1\|\}$ 在 $[0, \infty)$ 中是单调增的. 因此 $\lim_{n\to\infty} \|x_n - x_1\|$ 存在. 对任意 $m, n \in \mathbf{N}$, $m > n$, 从 $x_m = P_{C_m}(x_1) \subset C_n$ 和 (11.1) 式得

$$\begin{aligned} \|x_m - x_n\|^2 + \|x_1 - x_n\|^2 &= \|x_m - P_{C_n}(x_1)\|^2 + \|x_1 - P_{C_n}(x_1)\|^2 \\ &\leqslant \|x_m - x_1\|^2. \end{aligned} \tag{11.6}$$

不等式 (11.6) 式意味着

$$\lim_{m,n\to\infty} \|x_n - x_m\| = 0.$$

因此 $\{x_n\}$ 是柯西序列. 由此可得

$$\lim_{n\to\infty} \|x_{n+1} - x_n\| = 0. \tag{11.7}$$

根据 C 的封闭性, 存在 $q \in C$ 使得 $x_n \to q$, $n \to \infty$.

步骤 5 证明以下事实:

(i) $q \in \Omega$;

(ii) $Ax_n \to Aq$, $n \to \infty$.

对任意 $n \in \mathbf{N}$, 因为 $x_{n+1} = P_{C_{n+1}}(x_1) \in C_{n+1} \subset C_n$, 根据 (11.1) 式得

$$\|z_n - x_n\| \leqslant \|z_n - x_{n+1}\| + \|x_{n+1} - x_n\| \leqslant 2\|x_{n+1} - x_n\| \tag{11.8}$$

和

$$\|w_n - x_n\| \leqslant \|w_n - x_{n+1}\| + \|x_{n+1} - x_n\| \leqslant 2\|x_{n+1} - x_n\|. \tag{11.9}$$

由 (11.7) 式、(11.8) 式和 (11.9) 式得

$$\lim_{n\to\infty} \|z_n - x_n\| = 0, \tag{11.10}$$

$$\lim_{n\to\infty}\|w_n - x_n\| = 0,$$

进一步, 得

$$\lim_{n\to\infty}\|w_n - z_n\| = 0. \tag{11.11}$$

根据 (11.4) 式和 (11.10) 式, 得

$$\begin{aligned}&\alpha(1-2\alpha-\alpha^2L^2)\|Tx_n - x_n\|^2 + (\alpha+\beta-1)\|Ty_n - x_n\|^2\\ \leqslant\ &\frac{1}{1-\beta}(\|x_n - p\|^2 - \|z_n - p\|^2)\\ \leqslant\ &\frac{2}{1-\beta}\|x_n - z_n\|\|x_n - p\|\\ &\to 0, \quad n\to\infty.\end{aligned}$$

从上式可知

$$\lim_{n\to\infty}\|Tx_n - x_n\| = \lim_{n\to\infty}\|Ty_n - x_n\| = 0. \tag{11.12}$$

因为 $x_n \to q$, $n\to\infty$, 所以根据 (11.12) 式和范数 $\|\cdot\|$ 的连续性, 以及 T 是 Lipschitz 伪压缩映射得 $Tq = q$, 即 $q \in \mathscr{F}(T)$. 另一方面, 根据 (11.2) 式和 (11.11) 式得

$$\begin{aligned}&\xi(1-k-\xi\|B\|^2)\|(S-I)Az_n\|^2\\ \leqslant\ &\|z_n - p\|^2 - \|w_n - p\|^2\\ \leqslant\ &\|z_n - w_n\|(\|z_n - p\| + \|w_n - p\|)\\ &\to 0, \quad n\to\infty,\end{aligned}$$

即得

$$\lim_{n\to\infty}\|(S-I)Az_n\| = 0. \tag{11.13}$$

因为 k-半压缩映射 S 在 θ_2 是半闭的, 因此根据

$$x_n \to q, \quad Ax_n \to Aq, \quad \|z_n - x_n\| \to 0$$

和 (11.13) 式, 得

$$Az_n \to Aq$$

和

$$Aq \in \mathscr{F}(S).$$

所以 $q \in \Omega$. 证完.

根据定理 11.1, 可以得下面的推论 11.1 和推论 11.2.

推论 11.1 设 $\mathbf{H}_1$ 和 $\mathbf{H}_2$ 是实 Hilbert 空间, θ_i 是 $\mathbf{H}_i$ 的零向量, $i=1,2$. C 是 $\mathbf{H}_1$ 的非空闭凸子集, $T: C\to C$ 是 Lipschitz 伪压缩映射, Lipschitz 常数 $L>0$, $\mathscr{F}(T)\neq\varnothing$, $S:\mathbf{H}_2\to\mathbf{H}_2$ 是非扩张映射, $\mathscr{F}(S)\neq\varnothing$. $A:\mathbf{H}_1\to\mathbf{H}_2$ 是有界线性算子, B 是其伴随算子. 设 $C_1=C$, $\{x_n\}$ 按以下方式产生:

$$\begin{cases} x_1\in C_1, \\ y_n=(1-\alpha)x_n+\alpha Tx_n, \\ z_n=\beta x_n+(1-\beta)Ty_n, \\ w_n=P_C(z_n+\xi B(S-I)Az_n), \\ C_{n+1}=\{v\in C_n:\|w_n-v\|\leqslant\|z_n-v\|\leqslant\|x_n-v\|\}, \\ x_{n+1}=P_{C_{n+1}}(x_1), \quad \forall n\in\mathbf{N}, \end{cases}$$

其中 P_{C_n} 是从 $\mathbf{H}_1$ 到 C_n 的投影算子, 参数 α,β,ξ 满足

$$0<1-\beta<\alpha<\frac{1}{2\sqrt{1+L^2}}, \quad \xi\in\left(0,\frac{1}{\|B\|^2}\right).$$

设 $\Omega=\{p\in\mathscr{F}(T):Ap\in\mathscr{F}(S)\}\neq\varnothing$. 则存在 $q\in\Omega$, 使得

(a) $x_n\to q$, $n\to\infty$;

(b) $Ax_n\to Aq$, $n\to\infty$.

证明 因为 S 是非扩张映射, 所以 S 是 0-半压缩映射. 所以只要在定理 11.1 中, 取 $k=0$ 即可. 证完.

推论 11.2 设 $\mathbf{H}_1$ 和 $\mathbf{H}_2$ 是实 Hilbert 空间, θ_i 是 $\mathbf{H}_i$ 的零向量, $i=1,2$. C 是 $\mathbf{H}_1$ 的非空闭凸子集, $T: C\to C$ 是 Lipschitz 伪压缩映射, Lipschitz 常数 $L>0$, 且 $\mathscr{F}(T)\neq\varnothing$, $S:\mathbf{H}_2\to\mathbf{H}_2$ 是在 θ_2 处半闭的拟非扩张映射, $\mathscr{F}(S)\neq\varnothing$. $A:\mathbf{H}_1\to\mathbf{H}_2$ 是有界线性算子, B 是其伴随算子. 设 $C_1=C$, 序列 $\{x_n\}$ 按以下方式产生:

$$\begin{cases} x_1\in C_1, \\ y_n=(1-\alpha)x_n+\alpha Tx_n, \\ z_n=\beta x_n+(1-\beta)Ty_n, \\ w_n=P_C(z_n+\xi B(S-I)Az_n), \\ C_{n+1}=\{v\in C_n:\|w_n-v\|\leqslant\|z_n-v\|\leqslant\|x_n-v\|\}, \\ x_{n+1}=P_{C_{n+1}}(x_1), \quad \forall n\in\mathbf{N}, \end{cases}$$

其中 P_{C_n} 是从 $\mathbf{H}_1$ 到 C_n 的投影算子, 参数 α, β, ξ 满足

$$0 < 1 - \beta < \alpha < \frac{1}{2\sqrt{1+L^2}}, \quad \xi \in \left(0, \frac{1}{\|B\|^2}\right).$$

设 $\Omega = \{p \in \mathscr{F}(T) : Ap \in \mathscr{F}(S)\} \neq \varnothing$, 则存在 $q \in \Omega$, 使得

(a) $x_n \to q$, $n \to \infty$;

(b) $Ax_n \to Aq$, $n \to \infty$.

例 11.9 设 $\mathbf{H}_1 = \mathbf{R}$, 其范数取为 $|\cdot|$. $\mathbf{H}_2 = \left[\frac{1}{\sqrt{2}}, \sqrt{2}\right]^2$, 其范数和内积分别是

$$\|\alpha\| = (a_1^2 + a_2^2)^{\frac{1}{2}}, \quad \alpha = (a_1, a_2) \in \mathbf{H}_2$$

和

$$\langle \alpha, \beta \rangle = \sum_{i=1}^{2} a_i b_i, \quad \alpha = (a_1, a_2), \quad \beta = (b_1, b_2) \in \mathbf{H}_2.$$

设 $A : \mathbf{H}_1 \to \mathbf{H}_2$, $Ax = (x, x)$, $x \in \mathbf{R}$. 则 A 是有界线性算子, 其伴随算子 $Bz = z_1 + z_2$, $z = (z_1, z_2) \in \mathbf{H}_2$. 显然, $\|A\| = \|B\| = \sqrt{2}$. 设 $C = \left[\frac{1}{\sqrt{2}}, \sqrt{2}\right]$. $T : C \to C$ 和 $S : \mathbf{H}_2 \to \mathbf{H}_2$ 分别定义为

$$Tx = \frac{1}{x}, \quad x \in C$$

和

$$Sz = \left(\frac{1}{z_1}, \frac{1}{z_2}\right), \quad z = (z_1, z_2) \in \mathbf{H}_2.$$

易知

- $\mathscr{F}(T) = \{1\}$;
- $\mathscr{F}(S) = \{(1, 1)\}$;
- $\Omega = \{p \in \mathscr{F}(T) : Ap \in \mathscr{F}(S)\} = \{1\} \neq \varnothing$;
- T 是 Lipschitz 伪压缩映射, Lipschitz 常数是 $L = \sqrt{2}$;
- T 和 S 都是 $\frac{3}{4}$-半压缩映射.

取参数 α, β, ξ 满足 $0 < 1 - \beta < \alpha < \frac{1}{2\sqrt{3}}$ 和 $\xi \in \left(0, \frac{1}{8}\right)$, 则根据算法 (11.1) 可验证 $x_n \to 1$ 以及

$$Ax_n \to A(1) = (1, 1) \in \mathscr{F}(S), \quad n \to \infty.$$

11.3 应　　用

设 C 是 Hilbert 空间 $\mathbf{H}$ 的非空闭凸子集. 前面已经介绍, 一个映射 $U:C\to C$ 被称为增生映射, 如果

$$\langle Ux-Uy,x-y\rangle\geqslant 0,\quad \text{任意 } x,y\in C.$$

显然, $U:C\to C$ 是增生的当且仅当 $I-U:C\to C$ 是伪压缩的. 而且,

$$\mathscr{F}(I-U)=U^{-1}(\theta):=\{x\in C:Ux=\theta\},$$

其中 θ 是 $\mathbf{H}$ 的零向量.

应用定理 11.1 得到一个关于 Lipschitz 增生映射和一个 k-半压缩映射 (非扩张映射、拟非扩张映射) 的公共分裂解算法, 即下面的定理 11.2 及其推论.

定理 11.2 设 $\mathbf{H}_1$ 和 $\mathbf{H}_2$ 是实 Hilbert 空间, θ_i 是 $\mathbf{H}_i$ 的零向量, $i=1,2$. $A:\mathbf{H}_1\to\mathbf{H}_2$ 是有界线性算子, 其伴随算子是 B, $U:\mathbf{H}_1\to\mathbf{H}_1$ 是 Lipschitz 增生映射, Lipschitz 常数是 $L>0$, $U^{-1}(\theta_1)\neq\varnothing$. 设 $S:\mathbf{H}_2\to\mathbf{H}_2$ 是在 θ_2 处半闭的 k-半压缩映射, $\mathscr{F}(S)\neq\varnothing$. 序列 $\{x_n\}$ 按以下方式产生:

$$\begin{cases}x_1\in\mathbf{H}_1,\\ y_n=x_n-\alpha Ux_n,\\ z_n=\beta x_n+(1-\beta)(I-U)y_n,\\ w_n=z_n+\xi B(S-I)Az_n,\\ C_{n+1}=\{v\in C_n:\|w_n-v\|\leqslant\|z_n-v\|\leqslant\|x_n-v\|\},\\ x_{n+1}=P_{C_{n+1}}(x_1),\quad\forall n\in\mathbf{N},\end{cases}\tag{11.14}$$

其中 P_{C_n} 是从 $\boldsymbol{H}_1$ 到 C_n 的投影算子, 参数 α,β,ξ 满足

$$0<1-\beta<\alpha<\frac{1}{2\sqrt{1+L^2}},\quad \xi\in\left(0,\frac{1-k}{\|B\|^2}\right).$$

设

$$\Omega=\{p\in U^{-1}(\theta_1):Ap\in\mathscr{F}(S)\}\neq\varnothing.$$

则存在 $q\in\Omega$, 使得

(a) $x_n\to q$, $n\to\infty$;

(b) $Ax_n\to Aq$, $n\to\infty$.

证明 设 $C_1 = \mathbf{H}_1$. 则 (11.14) 式可以重写为如下的形式:

$$\begin{cases} x_1 \in C_1, \\ y_n = (1-\alpha)x_n + \alpha(I-U)x_n, \\ z_n = \beta x_n + (1-\beta)(I-U)y_n, \\ w_n = z_n + \xi B(S-I)Az_n, \\ C_{n+1} = \{v \in C_n : \|w_n - v\| \leqslant \|z_n - v\| \leqslant \|x_n - v\|\}, \\ x_{n+1} = P_{C_{n+1}}(x_1), \quad \forall n \in \mathbf{N}. \end{cases}$$

设 $T := I - U$, 则 $\mathscr{F}(T) = U^{-1}(\theta_1)$, T 是一个具有 Lipschitz 常数为 $1+L$ 的 Lipschitz 伪压缩映射. 于是由定理 11.1 即可得到本定理成立. 证完.

推论 11.3 设 $\mathbf{H}_1$ 和 $\mathbf{H}_2$ 是实 Hilbert 空间, θ_i 是 $\mathbf{H}_i$ 的零向量, $i=1,2$. 设 $A:\mathbf{H}_1 \to \mathbf{H}_2$ 是有界线性算子, 其伴随算子是 B. $U:\mathbf{H}_1 \to \mathbf{H}_1$ 是 Lipschitz 增生映射, Lipschitz 常数为 L, $U^{-1}(\theta_1) \neq \varnothing$. 设 $S:\mathbf{H}_2 \to \mathbf{H}_2$ 在 θ_2 点是半闭的拟非扩张映射, $\mathscr{F}(S) \neq \varnothing$. 设 $\{x_n\}$ 按以下方式产生:

$$\begin{cases} x_1 \in \mathbf{H}_1, \\ y_n = x_n - \alpha U x_n, \\ z_n = \beta x_n + (1-\beta)(I-U)y_n, \\ w_n = z_n + \xi B(S-I)Az_n, \\ C_{n+1} = \{v \in C_n : \|w_n - v\| \leqslant \|z_n - v\| \leqslant \|x_n - v\|\}, \\ x_{n+1} = P_{C_{n+1}}(x_1), \quad \forall n \in \mathbf{N}, \end{cases}$$

其中 P_{C_n} 是从 $\mathbf{H}_1$ 到 C_n 的投影算子, 参数 α,β,ξ 满足

$$0 < 1-\beta < \alpha < \frac{1}{2\sqrt{1+L^2}}, \quad \xi \in \left(0, \frac{1}{\|B\|^2}\right).$$

设 $\Omega = \{p \in U^{-1}(\theta_1) : Ap \in \mathscr{F}(S)\} \neq \varnothing$. 则存在 $q \in \Omega$, 使得

(a) $x_n \to q$, $n \to \infty$;

(b) $Ax_n \to Aq$, $n \to \infty$.

推论 11.4 设 $\mathbf{H}_1$ 和 $\mathbf{H}_2$ 是实 Hilbert 空间, θ_i 是 $\mathbf{H}_i$ 的零向量, $i=1,2$. 设 $A:\mathbf{H}_1 \to \mathbf{H}_2$ 是有界线性算子, 其伴随算子是 B. 设 $U:\mathbf{H}_1 \to \mathbf{H}_1$ 是 Lipschitz 增生映射, Lipschitz 常数为 L, $U^{-1}(\theta_1) \neq \varnothing$. 设 $S:\mathbf{H}_2 \to \mathbf{H}_2$ 是非扩张映射, $\mathscr{F}(S) \neq \varnothing$. 序列 $\{x_n\}$ 按以下方式产生:

$$\begin{cases} x_1 \in \mathbf{H}_1, \\ y_n = x_n - \alpha U x_n, \\ z_n = \beta x_n + (1-\beta)(I-U)y_n, \\ w_n = z_n + \xi B(S-I)Az_n, \\ C_{n+1} = \{v \in C_n : \|w_n - v\| \leqslant \|z_n - v\| \leqslant \|x_n - v\|\}, \\ x_{n+1} = P_{C_{n+1}}(x_1), \quad \forall n \in \mathbf{N}, \end{cases}$$

其中 P_{C_n} 是从 $\mathbf{H}_1$ 到 C_n 的投影映射, 参数 α, β, ξ 满足

$$0 < 1 - \beta < \alpha < \frac{1}{2\sqrt{1+L^2}}, \quad \xi \in \left(0, \frac{1}{\|B\|^2}\right).$$

设 $\Omega = \{p \in U^{-1}(\theta_1) : Ap \in \mathscr{F}(S)\} \neq \varnothing$. 则存在 $q \in \Omega$, 使得

(a) $x_n \to q$, $n \to \infty$;

(b) $Ax_n \to Aq$, $n \to \infty$.

注 11.1　在定理 11.1 和定理 11.2 中, 如果参数 α 和 β 分别用 $\{\alpha_n\}$ 和 $\{\beta_n\}$ 取代, 其中, $0 < \varepsilon < 1 - \beta_n < \alpha_n < \dfrac{1}{2\sqrt{1+L^2}}$, 则定理的结论同样成立.

注 11.2　显然, 当 $\mathbf{H}_1 = \mathbf{H}_2$ 时, 本章的所有结果都成立. 本章的结果是文献 [14, 24, 84, 89, 114] 等结果的推广.

本章内容来自于文献 [47].

第 12 章　拟非扩张映射分裂解问题及其迭代算法

第 11 章给出了非线性算子分裂不动点问题, 并且研究了伪压缩映射分裂不动点问题的近似解算法, 本章讨论拟非扩张映射分裂不动点问题的近似解.

12.1　问题及其研究情况

问题　设 $\mathbf{H}_1$ 和 $\mathbf{H}_2$ 是实 Hilbert 空间. $A:\mathbf{H}_1\to\mathbf{H}_2$ 是有界线性算子, A^* 是 A 的伴随算子. $T_1:\mathbf{H}_1\to\mathbf{H}_1$ 和 $T_2:\mathbf{H}_2\to\mathbf{H}_2$ 都是拟非扩张映射, $F(T_1)\neq\varnothing$, $F(T_2)\neq\varnothing$. 下面的 (12.1) 式称为 T_1 和 T_2 的分裂不动点问题:

$$\text{找 } x\in F(T_1) \text{ 使得 } Ax\in F(T_2). \tag{12.1}$$

Moudafi [67] 在无穷维 Hilbert 空间研究了拟非扩张映射分裂不动点问题, 并获得下面的结果.

定理 M [67]　设 $\mathbf{H}_1$ 和 $\mathbf{H}_2$ 是实 Hilbert 空间. $A:\mathbf{H}_1\to\mathbf{H}_2$ 是有界线性算子, $U:\mathbf{H}_1\to\mathbf{H}_1$ 和 $T:\mathbf{H}_2\to\mathbf{H}_2$ 都是拟非扩张映射, 且 $F(U)\neq\varnothing$ 和 $F(T)\neq\varnothing$. 设 $U-I$ 和 $T-I$ 在 θ 处是半闭的. 序列 $\{x_n\}$ 按以下方式产生:

$$\begin{cases} x_1\in H_1,\\ u_n=x_n+\gamma\beta A^*(T-I)Ax_n,\\ x_{n+1}=(1-\alpha_n)u_n+\alpha_nU(u_n), \quad \forall n\in\mathbf{N}, \end{cases} \tag{12.2}$$

其中 $\beta\in(0,1)$, $\{\alpha_n\}\subset(\delta,1-\delta)$, $\delta>0$, $\gamma\in\left(0,\dfrac{1}{\lambda\beta}\right)$, λ 是 A^*A 的谱半径, 则 $\{x_n\}$ 弱收敛到 $x^*\in\{x^*\in F(U):Ax^*\in F(T)\}$.

注意到定理 M 是一个弱收敛的定理, 而强收敛定理应用时更方便, 因此本章的目的是, 为问题 (12.1) 建立一个强收敛算法, 同时把问题 (12.1) 推广到一可数族的拟非扩张映射分裂公共不动点问题, 给出强收敛算法.

12.2 强收敛定理

定理 12.1 设 $\mathbf{H}_1$ 和 $\mathbf{H}_2$ 是实 Hilbert 空间. C 和 K 分别是 $\mathbf{H}_1$ 和 $\mathbf{H}_2$ 的非空闭凸子集. $T_1 : C \to \mathbf{H}_1$ 和 $T_2 : \mathbf{H}_2 \to \mathbf{H}_2$ 是拟非扩张映射, $F(T_1) \neq \varnothing$ 和 $F(T_2) \neq \varnothing$. $A : \mathbf{H}_1 \to \mathbf{H}_2$ 是有界线性算子. 设 $T_1 - I$ 和 $T_2 - I$ 在 θ 点是半闭的. 设 $x_0 \in C$, $C_0 = C$, 序列 $\{x_n\}$ 按以下方式产生:

$$\begin{cases} y_n = \alpha_n z_n + (1-\alpha_n)T_1 z_n, \\ z_n = P_C(x_n + \lambda A^*(T_2 - I)Ax_n), \\ C_{n+1} = \{x \in C_n : \|y_n - x\| \leqslant \|z_n - x\| \leqslant \|x_n - x\|\}, \\ x_{n+1} = P_{C_{n+1}}(x_0), \quad \forall n \in \mathbf{N} \cup \{0\}, \end{cases} \tag{12.3}$$

其中 P 是投影算子, A^* 是 A 的伴随算子, 参数 α_n, η, λ 满足

$$\{\alpha_n\} \subset (0, \eta] \subset (0,1), \quad \lambda \in \left(0, \frac{1}{\|A^*\|^2}\right).$$

设 $\Gamma = \{p \in F(T_1) : Ap \in F(T_2)\} \neq \varnothing$, 则 $x_n \to x^* \in \Gamma$ 和 $Ax_n \to Ax^* \in F(T_2)$.

证明 易证 C_n 是闭凸集, $n \in \mathbf{N} \cup \{0\}$. 现在证明 $\Gamma \subset C_n$, $n \in \mathbf{N} \cup \{0\}$. 设 $p \in \Gamma$, 则

$$\begin{aligned} & 2\lambda\langle x_n - p, A^*(T_2Ax_n - Ax_n)\rangle \\ = & 2\lambda\langle A(x_n - p) + (T_2Ax_n - Ax_n), T_2Ax_n - Ax_n\rangle \\ & -2\lambda\langle T_2Ax_n - Ax_n, T_2Ax_n - Ax_n\rangle \\ = & 2\lambda(\langle T_2Ax_n - Ap, T_2Ax_n - Ax_n\rangle - \|T_2Ax_n - Ax_n\|^2) \\ = & 2\lambda\left(\frac{1}{2}\|T_2Ax_n - Ap\|^2 + \frac{1}{2}\|T_2Ax_n - Ax_n\|^2\right) \\ & -2\lambda\left(\frac{1}{2}\|Ax_n - Ap\|^2 - \|T_2Ax_n - Ax_n\|^2\right) \quad (\text{根据引理 } 1.6) \\ \leqslant & 2\lambda\left(\frac{1}{2}\|T_2Ax_n - Ax_n\|^2 - \|T_2Ax_n - Ax_n\|^2\right) \\ = & -\lambda\|T_2Ax_n - Ax_n\|^2. \end{aligned} \tag{12.4}$$

从 (12.3) 式和 (12.4) 式知

$$\|z_n - p\|^2 \leqslant \|x_n + \lambda A^*(T_2Ax_n - Ax_n) - p\|^2$$

$$
\begin{aligned}
&= \|x_n - p\|^2 + \|\lambda A^*(T_2Ax_n - Ax_n)\|^2 \\
&\quad +2\lambda\langle x_n - p, A^*(T_2Ax_n - Ax_n)\rangle \\
&\leqslant \|x_n - p\|^2 - \lambda(1-\lambda\|A^*\|^2)\|T_2Ax_n - Ax_n\|^2.
\end{aligned} \tag{12.5}
$$

再根据 $p \in \Gamma$, (12.3) 式和 (12.5) 式得

$$
\|y_n - p\| \leqslant \|z_n - p\| \leqslant \|x_n - p\|. \tag{12.6}
$$

因此, $p \in C_n$, 即 $\Gamma \subset C_n$, $n \in \mathbf{N} \cup \{0\}$.

类似于前面的证明, 可以证明 $\lim_{n\to\infty} \|x_n - x_m\| = 0$. 因此, $\{x_n\}$ 是柯西序列.

设 $x_n \to x^*$. 因为 $x_{n+1} = P_{C_{n+1}}(x_0) \in C_{n+1} \subset C_n$, 所以

$$
\begin{aligned}
\|z_n - x_n\| &\leqslant \|z_n - x_{n+1}\| + \|x_{n+1} - x_n\| \\
&\leqslant 2\|x_{n+1} - x_n\| \\
&\to 0, \\
\|y_n - x_n\| &\leqslant \|y_n - x_{n+1}\| + \|x_{n+1} - x_n\| \\
&\leqslant 2\|x_{n+1} - x_n\| \\
&\to 0, \\
\|y_n - z_n\| &\leqslant \|y_n - x_n\| + \|x_n - z_n\| \\
&\to 0.
\end{aligned} \tag{12.7}
$$

注意到 $\lambda(1-\lambda\|A^*\|^2) > 0$, 因此根据 (12.5) 式和 (12.7) 式得

$$
\begin{aligned}
\|T_2Ax_n - Ax_n\|^2 &\leqslant \frac{\|x_n - p\|^2 - \|z_n - p\|^2}{\lambda(1-\lambda\|A^*\|^2)} \\
&\leqslant \frac{1}{\lambda(1-\lambda\|A^*\|^2)}\|x_n - z_n\|\{\|x_n - p\| + \|z_n - p\|\} \\
&\to 0.
\end{aligned} \tag{12.8}
$$

再从 (12.3) 式和 (12.7) 式得

$$
\|T_1z_n - z_n\| = \|(T_1 - I)z_n\| \to 0. \tag{12.9}
$$

因为 $x_n \to x^*$, 根据 (12.7) 式得 $z_n \to x^*$, 这意味着 $z_n \rightharpoonup x^*$. 根据半闭性知, $x^* \in F(T_1)$.

现在, 我们证明 $Ax^* \in F(T_2)$. 因为 A 是有界线性算子, 故由 $x_n \to x^*$ 知 $\|Ax_n - Ax^*\| \to 0$. 而 $\|T_2Ax_n - Ax_n\| \to 0$ 和 $T_2 - I$ 在 θ 处半闭, 所以 $Ax^* \in F(T_2)$. 这样已经证明 $x^* \in \Gamma$, 且 $\{x_n\}$ 强收敛到 $x^* \in \Gamma$. 证完.

注 12.1 在定理 12.1 中, 如果 T_1 和 T_2 是连续的, 那么可以去掉 T_1 和 T_2 的半闭性条件.

现在, 我们考虑一有限族拟非扩张映射的分裂公共不动点问题的迭代算法.

引理 12.1 [67] 设 $T:\mathbf{H}\to\mathbf{H}$ 是拟非扩张映射, $T_\alpha := (1-\alpha)I + \alpha T$, $\alpha \in (0,1]$. 则

$$\|T_\alpha x - p\| \leqslant \|x - p\| - \alpha(1-\alpha)\|Tx - x\|, \quad p \in F(T), \quad x \in H.$$

而且, $F(T_\alpha) = F(T)$.

引理 12.2 设 $T_1, T_2 : \mathbf{H} \to \mathbf{H}$ 是拟非扩张映射,

$$S_{\xi_1} := (1-\xi_1)I + \xi_1 T_1, \quad S_{\xi_2} := (1-\xi_2)I + \xi_2 T_2, \quad \xi_1, \xi_2 \in (0,1).$$

再令 $S = \tau S_{\xi_1} + (1-\tau)S_{\xi_2}$, $\tau \in (0,1)$, 则 S 是拟非扩张映射, 且 $F(S) = \bigcap_{i=1}^2 F(S_{\xi_i}) = \bigcap_{i=1}^2 F(T_i)$.

证明 (1) 容易验证 $\bigcap_{i=1}^2 F(S_{\xi_i}) = \bigcap_{i=1}^2 F(T_i)$. 只需要证明 $F(S) = \bigcap_{i=1}^2 F(S_{\xi_i})$. 显然, $\bigcap_{i=1}^2 F(S_{\xi_i}) \subset F(S)$. 另一方面, 对于 $p \in F(S)$ 和 $p_1 \in \bigcap_{i=1}^2 F(S_{\xi_i})$, 成立

$$\begin{aligned}
\|p - p_1\|^2 &= \|\tau S_{\xi_1}p + (1-\tau)S_{\xi_2}p - p_1\|^2 \\
&= \|\tau(S_{\xi_1}p - p_1) + (1-\tau)(S_{\xi_2}p - p_1)\|^2 \\
&= \tau\|S_{\xi_1}p - p_1\|^2 + (1-\tau)\|S_{\xi_2}p - p_1\|^2 - \tau(1-\tau)\|S_{\xi_1}p - S_{\xi_2}p\|^2 \\
&\leqslant \tau\|p - p_1\|^2 - \tau\xi_1(1-\xi_1)\|T_1p - p\|^2 + (1-\tau)\|p - p_1\|^2 \\
&\quad -(1-\tau)\xi_2(1-\xi_2)\|T_2p - p\|^2 \\
&= \|p - p_1\|^2 - \tau\xi_1(1-\xi_1)\|T_1p - p\|^2 - (1-\tau)\xi_2(1-\xi_2)\|T_2p - p\|^2,
\end{aligned}$$

由此可知 $\|T_1p - p\| = \|T_2p - p\| = 0$, 即 $p \in \bigcap_{i=1}^2 F(T_i) = \bigcap_{i=1}^2 F(S_{\xi_i})$. 故 $F(S) = \bigcap_{i=1}^2 F(S_{\xi_i})$.

(2) 设 $x \in \mathbf{H}$ 和 $p \in F(S)$. 则

$$\|Sx - p\| = \|\tau S_{\xi_1}x + (1-\tau)S_{\xi_2}x - p\|$$

$$
\begin{aligned}
&= \|\tau(S_{\xi_1}x - p) + (1-\tau)(S_{\xi_2}x - p)\| \\
&\leqslant \tau\|x - p\| + (1-\tau)\|x - p\| \\
&= \|x - p\|.
\end{aligned}
$$

因此, S 是拟非扩张映射. 证完.

引理 12.3 设 $T_1, T_2, \cdots, T_k : \mathbf{H} \to \mathbf{H}$ 是 k 个拟非扩张映射, 且 $S = \sum_{i=1}^{k} \tau_i S_{\xi_i}$, 其中 $\tau_i \in (0,1)$ 满足

$$
\sum_{i=1}^{k} \tau_i = 1, \quad S_{\xi_i} := (1-\xi_i)I + \xi_i T_i, \quad \xi_i \in (0,1), \quad i = 1, 2, \cdots, k.
$$

则 S 是拟非扩张映射, 且 $F(S) = \bigcap_{i=1}^{k} F(S_{\xi_i}) = \bigcap_{i=1}^{k} F(T_i)$.

证明 根据数学归纳法可以证明结论成立. 证完.

定理 12.2 设 $\mathbf{H}_1$ 和 $\mathbf{H}_2$ 是实 Hilbert 空间, C 和 K 分别是 $\mathbf{H}_1$ 和 $\mathbf{H}_2$ 的非空闭凸子集. $T_1, \cdots, T_k : C \to \mathbf{H}_1$ 是 k 个拟非扩张映射, $\bigcap_{i=1}^{k} F(T_i) \neq \varnothing$. $G_1, \cdots, G_l : \mathbf{H}_2 \to \mathbf{H}_2$ 是 l 个拟非扩张映射, $\bigcap_{j=1}^{l} F(G_j) \neq \varnothing$. $A : \mathbf{H}_1 \to \mathbf{H}_2$ 是有界线性算子. 设 $T_i - I(i = 1, 2, \cdots, k)$ 和 $G_j - I(j = 1, 2, \cdots, l)$ 在 θ 处是半闭的. 设 $x_0 \in C$, $C_0 = C$, 序列 $\{x_n\}$ 按以下方式产生:

$$
\begin{cases}
y_n = \alpha_n z_n + (1-\alpha_n) \displaystyle\sum_{i=1}^{k} \tau_i T_{\xi_i} z_n, \\
z_n = P_C \left(x_n + \lambda A^* \left(\displaystyle\sum_{i=1}^{l} \varepsilon_j G_{\theta_j} - I \right) A x_n \right), \\
C_{n+1} = \{ v \in C_n : \|y_n - v\| \leqslant \|z_n - v\| \leqslant \|x_n - v\| \}, \\
x_{n+1} = P_{C_{n+1}}(x_0), \quad \forall n \in \mathbf{N} \cup \{0\},
\end{cases}
\tag{12.10}
$$

其中 P 是投影算子, A^* 表示 A 的伴随算子, 参数 α_n, η, λ 满足

$$
\{\alpha_n\} \subset (0, \eta] \subset (0,1), \quad \lambda \in \left(0, \frac{1}{\|A^*\|^2}\right),
$$

$\tau_i \in (0,1)$, $\varepsilon_j \in (0,1)$ 满足 $\sum_{i=1}^{k} \tau_i = 1$, $\sum_{j=1}^{l} \varepsilon_j = 1$, 且

$$
\begin{aligned}
T_{\xi_i} &:= (1-\xi_i)I + \xi_i T_i, \quad \xi_i \in (0,1), \quad i = 1, 2, \cdots, k, \\
G_{\theta_j} &:= (1-\theta_j)I + \theta_j G_j, \quad \theta_j \in (0,1), \quad j = 1, 2, \cdots, l.
\end{aligned}
$$

设 $\Gamma = \left\{p \in \bigcap_{i=1}^k F(T_i) : Ap \in \bigcap_{j=1}^l F(G_j)\right\} \neq \varnothing$, 则序列 $\{x_n\}$ 强收敛到 $q \in \Gamma$.

证明 设 $T = \sum_{i=1}^k \tau_i T_{\xi_i}$, $S = \sum_{i=1}^l \varepsilon_j G_{\theta_j}$, 根据引理 12.3 知

$$F(T) = \bigcap_{i=1}^k F(T_i) \neq \varnothing, \quad F(S) = \bigcap_{j=1}^l F(G_j) \neq \varnothing,$$

且易知 T 和 S 是拟非扩张映射.

现在验证 $T-I$ 和 $S-I$ 在 θ 处都是半闭的. 根据假设知 T_i-I 和 G_j-I 在 θ 处是半闭的, $i=1,\cdots,k$, $j=1,\cdots,l$. 故 $T_{\xi_i}-I = \xi_i(T_i-I)$ 和 $G_{\theta_j}-I = \theta_j(G_j-I)$ 在 θ 处也是半闭的, 因而

$$T - I = \sum_{i=1}^k \tau_i(T_{\xi_i} - I), \quad S - I = \sum_{i=1}^l \varepsilon_j(G_{\theta_j} - I)$$

在 θ 处是半闭的.

再根据定理 12.1 知本定理成立. 证完.

如果在定理 12.1 和定理 12.2 中, $C = \mathbf{H}_1$, 则有下面的推论.

推论 12.1 设 $\mathbf{H}_1$ 和 $\mathbf{H}_2$ 是实 Hilbert 空间. $T_1 : \mathbf{H}_1 \to \mathbf{H}_1$ 和 $T_2 : \mathbf{H}_2 \to \mathbf{H}_2$ 是拟非扩张映射, $F(T_1) \neq \varnothing$, $F(T_2) \neq \varnothing$. $A : \mathbf{H}_1 \to \mathbf{H}_2$ 是有界线性算子. $T_1 - I$ 和 $T_2 - I$ 在 θ 处是半闭的. 设 $x_0 \in \mathbf{H}_1$, $C_0 = \mathbf{H}_1$, 序列 $\{x_n\}$ 按以下方式产生:

$$\begin{cases} y_n = \alpha_n z_n + (1-\alpha_n) T_1 z_n, \\ z_n = x_n + \lambda A^*(T_2 A x_n - A x_n), \\ C_{n+1} = \{v \in C_n : \|y_n - v\| \leqslant \|z_n - v\| \leqslant \|x_n - v\|\}, \\ x_{n+1} = P_{C_{n+1}}(x_0), \quad \forall n \in \mathbf{N} \cup \{0\}, \end{cases}$$

其中 P 是投影算子, A^* 是 A 的伴随算子, $\{\alpha_n\} \subset (0, \eta] \subset (0,1)$, $\lambda \in \left(0, \dfrac{1}{\|A^*\|^2}\right)$. 设 $\Gamma = \{p \in F(T_1) : Ap \in F(T_2)\} \neq \varnothing$, 则序列 $\{x_n\}$ 强收敛到 $x^* \in \Gamma$.

推论 12.2 设 $\mathbf{H}_1$ 和 $\mathbf{H}_2$ 是实 Hilbert 空间. $T_1, \cdots, T_k : \mathbf{H}_1 \to \mathbf{H}_1$ 是 k 个拟非扩张映射, $\bigcap_{i=1}^k F(T_i) \neq \varnothing$. $G_1, \cdots, G_l : \mathbf{H}_2 \to \mathbf{H}_2$ 是 l 个拟非扩张映射, $\bigcap_{j=1}^l F(G_j) \neq \varnothing$. $A : \mathbf{H}_1 \to \mathbf{H}_2$ 是有界线性算子. 设 $T_i - I (i = 1, 2, \cdots, k)$ 和 $G_j - I (j = 1, 2, \cdots, l)$ 在 θ 处是半闭的. 设 $x_0 \in \mathbf{H}_1$, $C_0 = \mathbf{H}_1$, 序列 $\{x_n\}$ 按以下

方式产生:

$$\begin{cases} y_n = \alpha_n z_n + (1-\alpha_n)\sum_{i=1}^{k}\tau_i T_{\xi_i} z_n, \\ z_n = x_n + \lambda A^*\left(\sum_{i=1}^{k}\tau_i G_{\theta_j} A x_n - A x_n\right), \\ C_{n+1} = \{v \in C_n : \|y_n - v\| \leqslant \|z_n - v\| \leqslant \|x_n - v\|\}, \\ x_{n+1} = P_{C_{n+1}}(x_0), \quad \forall n \in \mathbf{N} \cup \{0\}, \end{cases}$$

其中 P 是投影算子, A^* 是 A 的伴随算子, 参数 α_n, η, λ 满足

$$\{\alpha_n\} \subset (0, \eta] \subset (0,1), \quad \lambda \in \left(0, \frac{1}{\|A^*\|^2}\right),$$

$\tau_i \in (0,1)$ 和 $\varepsilon_j \in (0,1)$ 满足 $\sum_{i=1}^{k}\tau_i = 1$, $\sum_{j=1}^{l}\varepsilon_j = 1$, 且

$$T_{\xi_i} := (1-\xi_i)I + \xi_i T_i, \quad \xi_i \in (0,1), \quad i = 1, 2, \cdots, k,$$
$$G_{\theta_j} := (1-\theta_j)I + \theta_j G_j, \quad \theta_j \in (0,1), \quad j = 1, 2, \cdots, l.$$

设 $\Gamma = \left\{p \in \bigcap_{i=1}^{k} F(T_i) : Ap \in \bigcap_{j=1}^{l} F(G_j)\right\} \neq \varnothing$, 则序列 $\{x_n\}$ 强收敛到 $q \in \Gamma$.

如果 $\mathbf{H}_1 = \mathbf{H}_2 := \mathbf{H}$, A 是恒等算子, 由定理 12.1 和定理 12.2 有下面的推论.

推论 12.3　设 $\mathbf{H}$ 是实 Hilbert 空间, C 是 $\mathbf{H}$ 的非空闭凸子集. $T_1 : C \to \mathbf{H}$ 和 $T_2 : \mathbf{H} \to \mathbf{H}$ 是拟非扩张映射, $\Gamma := F(T_1) \cap F(T_2) \neq \varnothing$. 设 $T_1 - I$ 和 $T_2 - I$ 在 θ 处是半闭的. 设 $x_0 \in C$, $C_0 = C$, 序列 $\{x_n\}$ 按以下方式产生:

$$\begin{cases} y_n = \alpha_n z_n + (1-\alpha_n) T_1 z_n, \\ z_n = P_C((1-\lambda)x_n + \lambda T_2 x_n), \\ C_{n+1} = \{x \in C_n : \|y_n - x\| \leqslant \|z_n - x\| \leqslant \|x_n - x\|\}, \\ x_{n+1} = P_{C_{n+1}}(x_0), \quad \forall n \in \mathbf{N} \cup \{0\}, \end{cases}$$

其中 P 是投影算子, $\{\alpha_n\} \subset (0, \eta] \subset (0,1)$, $\lambda \in (0,1)$. 则 $x_n \to x^* \in \Gamma$.

推论 12.4　设 C 是实 Hilbert 空间 $\mathbf{H}$ 的非空闭凸子集. $T_1, \cdots, T_k : C \to \mathbf{H}$ 是 k 个拟非扩张映射, $\bigcap_{i=1}^{k} F(T_i) \neq \varnothing$. $G_1, \cdots, G_l : \mathbf{H} \to \mathbf{H}$ 是 l 个拟非扩张映射, $\bigcap_{j=1}^{l} F(G_j) \neq \varnothing$. 设 $T_i - I (i = 1, 2, \cdots, k)$ 和 $G_j - I (j = 1, 2, \cdots, l)$ 在 θ 处

是半闭的. 设 $x_0 \in C$, $C_0 = C$, 序列 $\{x_n\}$ 按以下方式产生:

$$\begin{cases} y_n = \alpha_n z_n + (1-\alpha_n)\sum_{i=1}^{k} \tau_i T_{\xi_i} z_n, \\ z_n = P_C\left((1-\lambda)x_n + \lambda \sum_{i=1}^{l} \varepsilon_j G_{\theta_j} x_n\right), \\ C_{n+1} = \{v \in C_n : \|y_n - v\| \leqslant \|z_n - v\| \leqslant \|x_n - v\|\}, \\ x_{n+1} = P_{C_{n+1}}(x_0), \quad \forall n \in \mathbf{N} \cup \{0\}, \end{cases}$$

其中 P 是投影算子, $\{\alpha_n\} \subset (0,\eta] \subset (0,1)$, $\lambda \in (0,1)$, $\tau_i \in (0,1)$ 和 $\varepsilon_j \in (0,1)$ 满足 $\sum_{i=1}^{k} \tau_i = 1$, $\sum_{j=1}^{l} \varepsilon_j = 1$,

$$T_{\xi_i} := (1-\xi_i)I + \xi_i T_i, \quad \xi_i \in (0,1), \quad i = 1, 2, \cdots, k,$$

$$G_{\theta_j} := (1-\theta_j)I + \theta_j G_j, \quad \theta_j \in (0,1), \quad j = 1, 2, \cdots, l.$$

设 $\Gamma := \left(\bigcap_{i=1}^{k} F(T_i)\right) \cap \left(\bigcap_{j=1}^{l} F(G_j)\right) \neq \varnothing$, 则序列 $\{x_n\}$ 强收敛到 $q \in \Gamma$.

如果 $C = \mathbf{H} := \mathbf{H}_1 = \mathbf{H}_2$ 和 A 是恒等算子, 由定理 12.1 和定理 12.2 有下面的推论 12.5 和推论 12.6.

推论 12.5 设 $\mathbf{H}$ 是实 Hilbert 空间. $T_1, T_2 : \mathbf{H} \to \mathbf{H}$ 是拟非扩张映射, $\Gamma := F(T_1) \cap F(T_2) \neq \varnothing$. $T_1 - I$ 和 $T_2 - I$ 在 θ 处是半闭的. 设 $x_0 \in C$, $C_0 = C$, 序列 $\{x_n\}$ 按以下方式产生:

$$\begin{cases} y_n = \alpha_n z_n + (1-\alpha_n)T_1 z_n, \\ z_n = (1-\lambda)x_n + \lambda T_2 x_n, \\ C_{n+1} = \{x \in C_n : \|y_n - x\| \leqslant \|z_n - x\| \leqslant \|x_n - x\|\}, \\ x_{n+1} = P_{C_{n+1}}(x_0), \quad \forall n \in \mathbf{N} \cup \{0\}, \end{cases}$$

其中 P 是投影算子, $\{\alpha_n\} \subset (0,\eta] \subset (0,1)$, $\lambda \in (0,1)$, 则 $x_n \to x^* \in \Gamma$.

推论 12.6 设 $\mathbf{H}$ 是实 Hilbert 空间. $T_1, \cdots, T_k : \mathbf{H} \to \mathbf{H}$ 是 k 个拟非扩张映射, $\bigcap_{i=1}^{k} F(T_i) \neq \varnothing$. $G_1, \cdots, G_l : \mathbf{H} \to \mathbf{H}$ 是 l 个拟非扩张映射, $\bigcap_{j=1}^{l} F(G_j) \neq \varnothing$. $T_i - I (i = 1, 2, \cdots, k)$ 和 $G_j - I (j = 1, 2, \cdots, l)$ 在 θ 点是半闭的. 设 $x_0 \in C$, $C_0 = C$, 序列 $\{x_n\}$ 按以下方式产生:

$$
\begin{cases}
y_n = \alpha_n z_n + (1-\alpha_n)\sum_{i=1}^{k} \tau_i T_{\xi_i} z_n, \\
z_n = (1-\lambda)x_n + \lambda \sum_{i=1}^{l} \varepsilon_j G_{\theta_j} x_n, \\
C_{n+1} = \{v \in C_n : \|y_n - v\| \leqslant \|z_n - v\| \leqslant \|x_n - v\|\}, \\
x_{n+1} = P_{C_{n+1}}(x_0), \quad \forall n \in \mathbf{N} \cup \{0\},
\end{cases}
$$

其中 P 是投影算子, $\{\alpha_n\} \subset (0,\eta] \subset (0,1)$, $\lambda \in (0,1)$, $\tau_i \in (0,1)$ 和 $\varepsilon_j \in (0,1)$ 满足 $\sum_{i=1}^{k} \tau_i = 1$ 和 $\sum_{j=1}^{l} \varepsilon_j = 1$,

$$
\begin{aligned}
T_{\xi_i} &:= (1-\xi_i)I + \xi_i T_i, \quad \xi_i \in (0,1), \quad i = 1,2,\cdots,k, \\
G_{\theta_j} &:= (1-\theta_j)I + \theta_j G_j, \quad \theta_j \in (0,1), \quad j = 1,2,\cdots,l.
\end{aligned}
$$

设 $\Gamma := \left(\bigcap_{i=1}^{k} F(T_i)\right) \cap \left(\bigcap_{j=1}^{l} F(G_j)\right) \neq \varnothing$, 则 $\{x_n\}$ 强收敛到 $q \in \Gamma$.

注 12.2 在定理 M 中, 参数 $\{\alpha_n\} \subset (\delta, 1-\delta)$, $\delta > 0$ 被替换成 $\{\alpha_n\} \subset (0,\eta] \subset (0,1)$. 这使得在本章中, $\alpha_n = \dfrac{1}{n+1}$ 也成立, 这样的参数是自然的选择.

12.3 问题 (12.1) 的进一步推广

这一节, 我们把问题 (12.1) 推广到两个可数族的拟非扩张映射的分裂不动点问题, 建立相应的迭代算法. 算法 (12.10) 是关于有限个拟非扩张映射的分裂解的算法, 无法直接推广到可数个拟非扩张映射的情形, 因此有必要建立新的迭代算法, 用于求解这类分裂解问题.

先回忆一个引理.

引理 12.4 [34] 正整数方程

$$
n = i + \frac{(m-1)m}{2}, \quad m \geqslant i, \quad n = 1,2,3,\cdots \tag{12.11}
$$

的唯一解是

$$
i = n - \frac{(m-1)m}{2}, \quad m = -\left[\frac{1}{2} - \sqrt{2n + \frac{1}{2}}\right] \geqslant i, \quad n = 1,2,3,\cdots, \tag{12.12}
$$

其中, $[x]$ 表示不超过 x 的最大整数.

定理 12.3 设 $\mathbf{H}_1$ 和 $\mathbf{H}_2$ 是实 Hilbert 空间, C 是 $\mathbf{H}_1$ 的非空闭凸子集. $A: \mathbf{H}_1 \to \mathbf{H}_2$ 是有界线性算子. $\{T_i\}_{i=1}^{\infty}: C \to \mathbf{H}_1$ 和 $\{G_i\}_{i=1}^{\infty}: \mathbf{H}_2 \to \mathbf{H}_2$ 是可数个

拟非扩张映射, 且 $\Gamma = \left\{p \in \bigcap_{i=1}^{\infty} F(T_i) : Ap \in \bigcap_{j=1}^{\infty} F(G_j)\right\} \neq \varnothing$. 设 $x_0 \in C$, $C_0 = C$, 序列 $\{x_n\}$ 按以下方式产生:

$$\begin{cases} y_n = \alpha_n z_n + (1-\alpha_n) T_{i_n} z_n, \\ z_n = P_C(x_n + \lambda A^*(G_{i_n} - I)Ax_n), \\ C_{n+1} = \{v \in C_n : \|y_n - v\| \leqslant \|z_n - v\| \leqslant \|x_n - v\|\}, \\ x_{n+1} = P_{C_{n+1}}(x_0), \quad \forall n \in \mathbf{N} \cup \{0\}, \end{cases} \tag{12.13}$$

其中 P 是投影算子, A^* 是 A 的伴随算子, $\{\alpha_n\} \subset (0, \eta] \subset (0,1)$, $\lambda \in \left(0, \dfrac{1}{\|A^*\|^2}\right)$, i_n 满足 (12.12), 即 $i_n = n - \dfrac{(m-1)m}{2}$ 和 $m \geqslant i_n$, $n = 1, 2, \cdots$, 则 $\{x_n\}$ 强收敛到 $q \in \Gamma$.

证明 与定理 12.1 证明一样, 可以获得下面的事实 (I)—(IV):

(I) 对于 $p \in \Gamma$,

$$2\lambda\langle x_n - p, A^*(G_{i_n} - I)Ax_n\rangle \leqslant -\lambda\|(G_{i_n} - I)Ax_n\|^2, \tag{12.14}$$

$$\|z_n - p\|^2 \leqslant \|x_n - p\|^2 - \lambda(1 - \lambda\|A^*\|^2)\|(G_{i_n} - I)Ax_n\|^2 \tag{12.15}$$

和

$$\|y_n - p\| \leqslant \|z_n - p\| \leqslant \|x_n - p\|. \tag{12.16}$$

(II) $\Gamma \subset C_n$, 且 C_n 也是闭凸集, $n \in \mathbf{N} \cup \{0\}$.

(III) $\{x_n\}$ 是柯西序列, 且

$$\lim_{n\to\infty} \|z_n - x_n\| = \lim_{n\to\infty} \|y_n - x_n\| = \lim_{n\to\infty} \|y_n - z_n\| = 0. \tag{12.17}$$

(IV)

$$\lim_{n\to\infty} \|(T_{i_n} - I)z_n\| = 0, \quad \lim_{n\to\infty} \|(G_{i_n} - I)Ax_n\| = 0. \tag{12.18}$$

对每一个 $i \in \mathbf{N}$, 设 $K_i = \left\{k \geqslant 1 : k = i + \dfrac{(m-1)m}{2}, m \geqslant i, m \in \mathbf{N}\right\}$. 因为 $n = i_n + \dfrac{(m-1)m}{2}$, $m \geqslant i_n$ 和 $m \in \mathbf{N}$, $n = 1, 2, \cdots$, 根据 K_i 的定义可知 $i_k \equiv i$, $k \in K_i$. 注意到, $\{k\}$ 是 $\{n\}$ 的子列, 因此, 对于 $k \in K_i$ 和 $i \in \mathbf{N}$, 由 (12.18) 式得

$$\lim_{k\to\infty} \|(T_i - I)z_k\| = \lim_{k\to\infty} \|(T_{i_k} - I)z_k\| = 0,$$

$$\lim_{k\to\infty}\|(G_i-I)Ax_k\|=\lim_{k\to\infty}\|(G_{i_k}-I)Ax_k\|=0. \tag{12.19}$$

设 $x_n\to x^*$. 由 (12.17) 式知 $z_n\to x^*$. 根据 (12.19) 式得 $x^*\in F(T_i)$.

现在验证 $Ax^*\in F(G_i)$. 因为 A 是有界线性算子且 $x_n\to x^*$, 故 $\|Ax_n-Ax^*\|\to 0$. 结合 $\|(G_i-I)Ax_n\|\to 0$ 可得, $Ax_n\to Ax^*\in F(G_i)$. 因此, $x^*\in\Gamma$, 而 $\{x_n\}$ 强收敛到 $x^*\in\Gamma$. 证完.

如果 $C=\mathbf{H}_1$, 则有下面的推论 12.7.

推论 12.7 设 $\mathbf{H}_1$ 和 $\mathbf{H}_2$ 是实 Hilbert 空间. $A:\mathbf{H}_1\to\mathbf{H}_2$ 是有界线性算子. $\{T_i\}_{i=1}^{\infty}:\mathbf{H}_1\to\mathbf{H}_1$ 和 $\{G_i\}_{i=1}^{\infty}:\mathbf{H}_2\to\mathbf{H}_2$ 是可数个拟非扩张映射, 且 $\Gamma=\left\{p\in\bigcap_{i=1}^{\infty}F(T_i):Ap\in\bigcap_{j=1}^{\infty}F(G_j)\right\}\neq\varnothing$. 设 $T_i-I(i=1,2,\cdots)$ 和 $G_j-I(j=1,2,\cdots)$ 在 θ 点是半闭的. 设 $x_0\in C$, $C_0=\mathbf{H}_1$, 序列 $\{x_n\}$ 按以下方式产生:

$$\begin{cases} y_n=\alpha_n z_n+(1-\alpha_n)T_{i_n}z_n,\\ z_n=x_n+\lambda A^*(G_{i_n}-I)Ax_n,\\ C_{n+1}=\{v\in C_n:\|y_n-v\|\leqslant\|z_n-v\|\leqslant\|x_n-v\|\},\\ x_{n+1}=P_{C_{n+1}}(x_0),\quad \forall n\in\mathbf{N}\cup\{0\}, \end{cases} \tag{12.20}$$

其中 P 是投影算子, A^* 是 A 的伴随算子, $\{\alpha_n\}\subset(0,\eta]\subset(0,1)$, $\lambda\in\left(0,\dfrac{1}{\|A^*\|^2}\right)$, i_n 满足 (12.12) 式, 则序列 $\{x_n\}$ 强收敛到 $q\in\Gamma$.

如果 $\mathbf{H}_1=\mathbf{H}_2:=\mathbf{H}$, A 是恒等算子, 则根据定理 12.1 和推论 12.7 得下面的推论 12.8 和推论 12.9.

推论 12.8 设 $\mathbf{H}$ 是实 Hilbert 空间. C 是 $\mathbf{H}$ 的非空闭凸子集. $\{T_i\}_{i=1}^{\infty}:C\to\mathbf{H}$ 和 $\{G_i\}_{i=1}^{\infty}:\mathbf{H}\to\mathbf{H}$ 是可数个拟非扩张映射, $\Gamma:=\left(\bigcap_{i=1}^{\infty}F(T_i)\right)\cap\left(\bigcap_{j=1}^{\infty}F(G_j)\right)\neq\varnothing$. 设 $T_i-I(i=1,2,\cdots)$ 和 $G_j-I(j=1,2,\cdots)$ 在 θ 处是半闭的. 设 $x_0\in C$, $C_0=C$, 序列 $\{x_n\}$ 按以下方式产生:

$$\begin{cases} y_n=\alpha_n z_n+(1-\alpha_n)T_{i_n}z_n,\\ z_n=P_C((1-\lambda)x_n+\lambda G_{i_n}x_n),\\ C_{n+1}=\{v\in C_n:\|y_n-v\|\leqslant\|z_n-v\|\leqslant\|x_n-v\|\},\\ x_{n+1}=P_{C_{n+1}}(x_0),\quad \forall n\in\mathbf{N}\cup\{0\}, \end{cases} \tag{12.21}$$

其中 P 是投影算子, $\{\alpha_n\} \subset (0,\eta] \subset (0,1)$, $\lambda \in (0,1)$, i_n 满足 (12.12) 式, 则序列 $\{x_n\}$ 强收敛到 $q \in \Gamma$.

推论 12.9 设 $\mathbf{H}$ 是实 Hilbert 空间. $\{T_i\}_{i=1}^{\infty}: \mathbf{H} \to \mathbf{H}$ 和 $\{G_i\}_{i=1}^{\infty}: \mathbf{H} \to \mathbf{H}$ 是可数个拟非扩张映射, $\Gamma = \left\{p \in \left(\bigcap_{i=1}^{\infty} F(T_i)\right) \cap \left(\bigcap_{j=1}^{\infty} F(G_j)\right)\right\} \neq \varnothing$. 设 $T_i - I(i=1,2,\cdots)$ 和 $G_j - I(j=1,2,\cdots)$ 在 θ 处是半闭的. 设 $x_0 \in \mathbf{H}$, $C_0 = \mathbf{H}$, 序列 $\{x_n\}$ 按以下方式产生:

$$\begin{cases} y_n = \alpha_n z_n + (1-\alpha_n) T_{i_n} z_n, \\ z_n = (1-\lambda) x_n + \lambda G_{i_n} x_n, \\ C_{n+1} = \{v \in C_n : \|y_n - v\| \leqslant \|z_n - v\| \leqslant \|x_n - v\|\}, \\ x_{n+1} = P_{C_{n+1}}(x_0), \quad \forall n \in \mathbf{N} \cup \{0\}, \end{cases} \tag{12.22}$$

其中 P 是投影算子, $\{\alpha_n\} \subset (0,\eta] \subset (0,1)$, $\lambda \in (0,1)$, i_n 满足 (12.12) 式, 即 $i_n = n - \dfrac{(m-1)m}{2}$ 和 $m \geqslant i_n$, $n = 1,2,\cdots$, 则序列 $\{x_n\}$ 强收敛到 $q \in \Gamma$.

结论 (1) 本章给出了关于拟非扩张映射分裂不动点问题的强收敛算法, 改进了文献 [67] 的结果.

(2) 定理 12.2 讨论了一可数族拟非扩张映射分裂不动点问题, 但是定理的条件要求每一个拟非扩张映射都在 θ 处是半闭的, 这个条件非常强. 因此, 定理 12.2 仍有改进的空间.

(3) 分裂不动点问题的迭代算法, 得到许多作者关注, 例如文献 [1,4,58,61,66, 76,90,96,101,107,109,110] 及其参考文献.

本章内容来源于文献 [60].

参考文献

[1] Ansari Q H, Rehan A. Split feasibility and fixed point problems[M]// Nonlinear Analysis: Approximation Theory, Optimization and Applications. New Delhi: Birkhäuser, 2014.

[2] Atsushiba S, Takahashi W. Strong convergence theorems for a finite family of nonexpansive mappings and applications[J]. Indian Journal of Mathematics, 1999, 41: 435-453.

[3] Barbu V. Nonlinear Semigroups and Differential Equations in Banach Spaces[M]. Leyden: Noordhoff, 1976.

[4] Bauschke H H. A note on the paper by Eckstein and Svaiter on "general projective splitting methods for sums of maximal monotone operators"[J]. SIAM J. Control Optim., 2009, 48: 2513-2515.

[5] Blum E, Oettli W. From optimization and variational inequalities to equilibrium problems[J]. Math. Stud., 1994, 63: 123-145.

[6] Bnouhachem A, Noor M A, Rassias T M. Three-steps iterative algorithms for mixed variational inequalities[J]. Appl. Math. Comput., 2006, 183: 436-446.

[7] Brezis H. Operateurs maximaux Monotone et Semigroupes de Contractions dans les Espaces de Hilbert[M]. Amsterdam: North-Holland, 1973.

[8] Byrne C. Iterative oblique projection onto convex sets and the split feasibility problem[J]. Inverse Problems, 2002, 18: 441-453.

[9] Byrne C, Censor Y, Gibali A, Reich S. The split common null point problem[J]. J. Nonlinear Convex Anal., 2012, 13: 759-775.

[10] Censor Y, Elfving T. A multiprojection algorithm using Bregman projections in a product space[J]. Numerical Algor., 1994, 8: 221-239.

[11] Censor Y, Segal A. The split common fixed point problem for directed operators[J]. J. Convex Anal., 2009, 16: 587-600.

[12] Censor Y, Gibali A, Reich S. Algorithms for the split variational inequality problem[J]. Numerical Algor., 2012, 59: 301-323.

[13] Ceng L C, Yao J C. Hybrid viscosity approximation schemes for equilibrium problems and fixed point problems of infinitely many nonexpansive mappings[J]. Appl. Math. Comput., 2008, 198: 729-741.

[14] Ceng L C, Petrusel A, Yao J C. Strong convergence of modified implicit iterative algorithms with perturbed mappings for continuous pseudocontractive mappings[J]. Appl. Math. Comput., 2009, 209: 162-176.

[15] Ceng L C, Homidan S A, Ansari Q H, Yao J C. An iterative scheme for equilibrium problems and fixed point problems of strict pseudo-contraction mappings[J]. Journal of Computational and Applied Mathematics, 2009, 2: 967-974.

[16] Chang S S. Some problems and results in the study of nonlinear analysis[J]. Nonlinear Anal., 1997, 30: 4197-4208.

[17] Chang S S, Lee J H W, Chan C K. Generalized system for relaxed cocoercive variational inequalities in Hilbert spaces[J]. Applied Mathematics Letters, 2007, 20: 329-334.

[18] Chang S S, Lee H W J, Chan C K. A new method for solving equilibrium problem fixed point problem and variational inequality problem with application to optimization[J]. Nonlinear Anal., 2009, 70: 3307-3319.

[19] Chang S S, Wang L, Tang Y K, et al. Moudafi's open question and simultaneous iterative algorithm for general split equality variational inclusion problems and general split equality optimization problems[J]. Fixed Point Theory Appl., 2014, 2014: 215.

[20] Chen R, Song Y, Zhou H. Convergence theorems for implicit iteration process for a finite family of continuous pseudocontractive mappings[J]. J. Math. Anal. Appl., 2006, 314: 701-709.

[21] Chen R, Zhu Z. Viscosity approximation method for accretive operator in Banach space[J]. Nonlinear Anal., 2008, 69: 1356-1363.

[22] 陈汝栋. 不动点理论及应用 [M]. 北京: 国防工业出版社, 2012.

[23] Chidume C E, Osilike M O. Ishikawa iteration process for nonlinear Lipschitz strongly accretive mappings[J]. J. Math. Anal. Appl., 1995, 192: 727-741.

[24] Chidume C E, Zegeye H. Approximate fixed point sequences and convergence theorems for Lipschitz pseudo-contractive maps[J]. Proc. Amer. Math. Soc., 2003, 132: 831-840.

[25] Chidume C E, Chidume C O. Iterative approximation of fixed points of nonexpansive mappings[J]. J. Math. Anal. Appl., 2006, 318: 288-295.

[26] Chidume C O, Souza G D. Convergence of a Halpern-type iteration algorithm for a class of pseudo-contractive mappings[J]. Nonlinear Anal., 2008, 69: 2286-2292.

[27] Cho Y J, Qin X, Kang J. Convergence theorems based on hybrid methods for generalized equilibrium problems and fixed point problems[J]. Nonlinear Anal., 2009, 71: 4203-4214.

[28] Cholamjiak P, Suantai S. A new hybrid algorithm for variational inclusions, generalized equilibrium problems, and a finite family of quasi-nonexpansive mappings[J]. Fixed Point Theory Appl., 2009: 350979.

[29] Colao V, Acedo G L, Marino G. An implicit method for finding common solutions of variational inequalities and systems of equilibrium problems and fixed points of infinite family of nonexpansive mappings[J]. Nonlinear Anal., 2009, 71: 2708-2715.

[30] Colao V, Marino G. Strong convergence for a minimization problem on points of equilibrium and common fixed points of an infinite family of nonexpansive mappings[J]. Nonlinear Anal., 2010, 73: 3513-3524.

[31] Combettes P L, Hirstoaga A. Equilibrium programming in Hilbert spaces[J]. J. Nonlinear Convex Anal., 2005, 6: 117-136.

[32] Du W S, He Z. Feasible iterative algorithms for split common solution problems[J]. Journal of Nonlinear and Convex Anal., 2015, 16: 697-710.

[33] Du W S. Hybrid inclusion and disclusion systems with applications to equilibria and parametric optimization[J]. J. Glob Optim., 2010, 47: 119-132.

[34] Deng W Q. A new approach to the approximation of common fixed points of an infinite family of relatively quasinonexpansive mappings with applications[J]. Abstract and Applied Analysis, 2012: 437430.

[35] Flam S D, Antipin A S. Equilibrium programming using proximal-like algorithms[J]. Math. Program., 1997, 78: 29-41.

[36] Geobel K, Reich S. Uniform Convexity, Nonexpansive Mappings, and Hyperbolic Geometry[M]. New York: Marcel Dekker, 1984.

[37] Goebel K, Kirk W A. Topics in Metric Fixed Point Theory in "Cambridge Studies in Advanced Mathematics"[M]. Cambridge: Cambridge Univ. Press, 1990.

[38] He Z. Iterative approximation a common zero of a finite family of m-accretive mappings[J]. Math. Sci. Res. J., 2008, 12: 172-182.

[39] He Z, Gu F. Generalized system for relaxed cocoercive mixed variational inequalities in Hilbert spaces[J]. Appl. Math. Comput., 2009, 214: 26-30.

[40] He Z. Strong convergence theorem for accretive mapping in Banach spaces[J]. Math. Commun., 2010, 15(2): 393-400.

[41] He Z, Du W S. Strong convergence theorems for equilibrium problems and fixed point problems: A new iterative method, some comments and applications[J]. Fixed Point Theory and Appl., 2011, 2011: 33.

[42] He Z. A new iterative scheme for equilibrium problems and fixed point problems of strict pseudo-contractive mappings and its application[J]. Math. Commun., 2012, 17: 411-422.

[43] He Z. The split equilibrium problem and its convergence algorithms[J]. J. Inequal. Appl., 2012, 2012: 162.

[44] He Z, Du W S. Nonlinear algorithms approach to split common solution problems[J]. Fixed Point Theory and Appl., 2012, 2012: 130.

[45] He Z, Du W S. On hybrid split problem and its nonlinear algorithms[J]. Fixed Point Theory and Appl., 2013, 2013: 47.

[46] He Z, Du W S. New feasible iterative algorithms and strong convergence theorems for bilevel split equilibrium problems[J]. Fixed Point Theory Appl., 2014, 2014: 187.

[47] He Z, Du W S. On split common solution problems: new nonlinear feasible algorithms, strong convergence results and their applications[J]. Fixed Point Theory Appl., 2014, 2014: 219.

[48] He Z, Sun J. The problem of split convex feasibility and its alternating approximation algorithms[J]. Acta Mathematica Sinica, English Series, 2015, 31: 1857-1871.

[49] Imnang S, Suantai S. Strong convergence theorems for a general system of variational inequality problems, mixed equilibrium problems and fixed points problems with applications[J]. Mathematical and Computer Modelling, 2010, 9: 1682-1696,

[50] Ishikawa S. Fixed points by a new iteration method[J]. Proc. Amer. Math. Soc., 1974, 4(1): 147-150.

[51] Jaiboon C, Kumam P. A general iterative method for addressing mixed equilibrium problems and optimization problems[J] . Nonlinear Anal., 2010, 72: 1180-1202.

[52] Jaiboon C, Kumam P. Strong convergence theorems for solving equilibrium problems and fixed point problems of ξ-strict pseudo-contraction mappings by two hybrid projection methods[J]. Journal of Computational and Applied Mathematics, 2010, 3: 722-732.

[53] Jung J S. Strong convergence of composite iterative methods for equilibrium problems and fixed point problems[J]. Appl. Math. Comput., 2009, 213: 498-505.

[54] Kangtunyakarn A, Suantai S. A new mapping for finding common solutions of equilibrium problems and fixed point problems of finite family of nonexpansive mappings[J]. Nonlinear Anal., 2009, 71: 4448-4460.

[55] Katchang P, Jitpeera T, Kumam P. Strong convergence theorems for solving generalized mixed equilibrium problems and general system of variational inequalities by the hybrid method[J]. Nonlinear Analysis: Hybrid Systems, 2010, 4: 838-852.

[56] Kumam P. A hybrid approximation method for equilibrium and fixed point problems for a monotone mapping and a nonexpansive mapping[J]. Nonlinear Analysis: Hybrid Systems, 2008, 2: 1245-1255.

[57] Kim T H, Xu H K. Strong convergence of modified Mann iterations[J]. Nonlinear Appl., 2005, 61: 51-60.

[58] Lin L J, Chen Y D, Chuang C S. Solutions for a variational inclusion problem with applications to multiple sets split feasibility problems[J]. Fixed Point Theory and Appl., 2013, 2013: 333.

[59] Li C L, Liou Y C, Yao Y. A damped algorithm for the split feasibility and fixed point problems[J]. J. Inequal. Appl., 2013, 2013: 379.

[60] Li R, He Z. A new iterative algorithm for split solution problems of quasi-nonexpansive mappings[J]. J. Inequal. Appl., 2015, 2015: 131.

[61] López G, V. Martín-Márquez, Wang F, Xu H. Solving the split feasibility problem without prior knowledge of matrix norms[J]. Inverse Problems, 2012, 28: 085004.

[62] Morales C H, Jung J S. Convergence of paths for pseudocontractive mappings in Banach spaces[J]. Proc. Amer. Math. Soc., 2000, 128: 3411-3419.

[63] Moudafi A, Théra M. Proximal and dynamical approaches to equilibrium problems[C] // Lecture Notes in Economics and Mathematical Systems, vol 477. Berlin, Heidelberg: Springer, 1999: 187-201.

[64] Moudafi A. Viscosity approximation methods for fixed-points problems[J]. J. Math. Anal. Appl., 2000, 241: 46-55.

[65] Moudafi A. Second-order differential proximal methods for equilibrium problems[J]. J. Inequal. Pure Appl. Math., 2003, 18: 1-17.

[66] Moudafi A. The split common fixed-point problem for demicontractive mappings[J]. Inverse Problems, 2010, 26: 055007.

[67] Moudafi A. A note on the split common fixed-point problem for quasi-nonexpansive operators[J]. Nonlinear Anal., 2011, 74: 4083-4087.

[68] Moudafi A. Split monotone variational inclusions[J]. Journal Optimization Theory and Appl., 2011, 150: 275-283.

[69] Moudafi A. A relaxed alternating CQ-algorithm for convex feasibility problems[J]. Nonlinear Anal., 2013, 79: 117-121.

[70] Moudafi A. Alternating CQ-algorithm for convex feasibility and split fixed-point problems[J]. J. Nonlinear and Convex Anal., 2014, 15: 809-818.

[71] Noor M A. An implicit method for mixed variational inequalities[J]. Appl. Math. Lett., 1998, 11: 109-113.

[72] Opial Z. Weak convergence of the sequence of successive approximations for nonexpansive mappings[J]. Bull. Amer. Math. Soc., 1967, 73: 591-597.

[73] Qin X, Su Y. Approximation of a zero point of accretive operator in Banach spaces[J]. J. Math. Anal. Appl., 2007, 329: 415-424.

[74] Qin X, Cho Y J, Kang S M. Viscosity approximation methods for generalized equilibrium problems and fixed point problems with applications[J]. Nonlinear Anal., 2010, 72: 99-112.

[75] Qin X, Cho S Y. Strong convergence of shrinking projection methods for quasi-nonexpansive mappings and equilibrium problems[J]. Journal of Computational and Applied Mathematics, 2010, 234: 750-760.

[76] Qin X, Cho S Y, Wang L. Convergence of splitting algorithms for the sum of two accretive operators with applications[J]. Fixed Point Theory and Appl., 2014, 2014: 166.

[77] Rapeepan K, Satit S. On split common fixed point problems[J]. J. Math. Anal. Appl., 2014, 415: 513-524.

[78] Saeidi S. Iterative algorithms for finding common solutions of variational inequalities and systems of equilibrium problems and fixed points of families and semigroups of nonexpansive mappings[J]. Nonlinear Anal., 2009, 70: 4195-4208.

[79] Suzuki T. Strong convergence theorems for infinite families of nonexpansive mappings in general Banach spaces[J]. Fixed Point Theory Appl., 2005, 2005: 1.

[80] Su Y F, Shang M J, Qin X L. An iterative method of solution for equilibrium and optimization problems[J]. Nonlinear Anal., 2008, 69: 2709-2719.

[81] Song Y. Strong convergence of viscosity approximation methods with strong pseudocontraction for Lipschitz pseudocontractive mappings[J]. Positivity, 2009, 13: 643-655.

[82] Song Y. A note on the paper "A new iteration process for generalized Lipschitz pseudocontractive and generalized Lipschitz accretive mappings"[J]. Nonlinear Anal., 2008, 68: 3047-3049.

[83] Schu J. Approximating fixed points of Lipschitzian pseudocontractive mappings[J]. Houston J. Math., 1993, 19: 107-115.

[84] Shahzad N, Zegeye H. Approximating a common point of fixed points of a pseudocontractive mapping and zeros of sum of monotone mappings[J]. Fixed Point Theory Appl., 2014, 2014: 85.

[85] Tada A, Takahashi W. Weak and strong convergence theorems for a nonexpansive mapping and an equilibrium problem[J]. J. Optim Theory Appl., 2007, 133: 359-370.

[86] Takahashi W. Nonlinear Functional Analysis, Fixed Point Theory and Its Applications[M]. Yokohama: Yokohama Publishers, 2000.

[87] Takahashi S, Takahashi W. Viscosity approximation methods for equilibrium problems and fixed point problems in Hilbert spaces[J]. J. Math. Anal. Appl., 2007, 331: 506-515.

[88] Takahashi S, Takahashi W. Strong convergence theorem for a generalized equilibrium problem and a nonexpansive mapping in a Hilbert space[J]. Nonlinear Anal., 2008, 69: 1025-1033.

[89] Tang Y C, Peng J G, Liu L W. Strong convergence theorem for pseudocontractive mappings in Hilbert spaces[J]. Nonlinear Anal., 2011, 74: 380-385.

[90] Tseng P. A modified forward-backward splitting method for maximal monotone mappings[J]. SIAM J.Control Optim., 2000, 38: 431-446.

[91] Udomene A. Path convergence, approximation of fixed points and variational solutions of Lipschitz pseudocontractions in Banach spaces[J]. Nonlinear Anal., 2007, 67: 2403-2414.

[92] Verma R U. General convergence analysis for two-step projection methods and applications to variational problems[J]. Appl. Math. Lett., 2005, 18: 1286-1292.

[93] Wang S, Hu C, Chai G. Strong convergence of a new composite iterative method for equilibrium problems and fixed point problems[J]. Appl. Math. Comput., 2010, 215: 3891-3898.

[94] 王学武. 非线性算子的迭代序列的收敛性 [M]. 北京: 清华大学出版社, 2013.

[95] Wattanawitoon K. Strong convergence theorems by a new hybrid projection algorithm for fixed point problems and equilibrium problems of two relatively quasi-nonexpansive mappings[J]. Nonlinear Analysis: Hybrid Systems, 2009, 3: 11-20.

[96] Wairojjana N, Jitpeera T, Kumam P. The hybrid steepest descent method for solving variational inequality over triple hierarchical problems[J]. J. Inequal. Appl., 2012, 2012: 280.

[97] Xu H K. Iterative algorithms for nonlinear operators[J]. J. London. Math. Soc., 2002, 2: 240-256.

[98] Xu H K. An iterative approach to quadratic optimization[J]. J. Optim. Theory Appl., 2003, 116: 659-678.

[99] Xu H K. Viscosity approximation methods for nonexpansive mappings[J]. J. Math. Anal. Appl., 2004, 298: 279-291.

[100] Xu H K. Strong convergence of an iterative method for nonexpansive and accretive operators[J]. J. Math. Anal. Appl., 2006, 314: 631-643.

[101] Xu H K. Iterative methods for the split feasibility problem in infinite-dimensional Hilbert spaces[J]. Inverse Problems, 2010, 26: 105018.

[102] Xu Z B, Roach G F. A necessary and sufficient condition for convergence of steepest descent approximation to accretive operator equations[J]. J. Math. Anal. Appl., 1992, 167: 340-354.

[103] Xu Y. Ishikawa and Mann iterative processes with errors for nonlinear strongly accretive operator equations[J]. J. Math. Anal. Appl., 1998, 224: 91-101.

[104] Yao Y, Liou Y C, Chen R. Strong convergence of an iterative algorithm for pseudocontractive mappings in Banach spaces[J]. Nonlinear Anal., 2007, 67: 3311-3317.

[105] Yao Y, Chen R, Yao J C. Strong convergence and certain control conditions for modified Mann iteration[J]. Nonlinear Anal., 2008, 68: 1687-1693.

[106] Yao Y, Noor M A, Liou Y C. On iterative methods for equilibrium problems[J]. Nonlinear Anal., 2009, 70: 497-509.

[107] Yao Y, Postolache M, Liou Y C. Strong convergence of a self-adaptive method for the split feasibility problem[J]. Fixed Point Theory Appl., 2013, 2013: 201.

[108] Yao Y, Postolache M, Liou Y C. Coupling Ishikawa algorithms with hybrid techniques for pseudocontractive mappings[J]. Fixed Point Theory Appl., 2013, 2013: 211.

[109] Yang Q. The relaxed CQ algorithm for solving the split feasibility problem[J]. Inverse Problems, 2004, 20: 1261-1266.

[110] Yu X, Shahzad N, Yao Y. Implicit and explicit algorithms for solving the split feasibility problem[J]. Optim.Lett., 2012, 6: 1447-1462.

[111] Zegeye H, Shahzad N. Strong convergence theorems for a common zero of a finite family of m-accretive mappings[J]. Nonlinear Anal., 2007, 66: 1161-1169.

[112] Zegeye H, Ofoedu E U. Convergence theorems for equilibrium problem, variational inequality problem and countably infinite relatively quasi-nonexpansive mappings[J]. Appl. Math. Comput., 2010, 12: 3439-3449.

[113] Chang S S, Cho Y J, Zhou H Y. Iterative Methods for Nonlinear Operator Equations in Banach Spaces[M]. New York: Nova Science Published, Inc., 2002.

[114] Zhou H Y. Convergence theorems of fixed points for Lipschitz pseudo-contractions in Hilbert spaces[J]. J. Math. Anal. Appl., 2008, 343: 546-556.

[115] Zhou H Y. Strong convergence of an explicit iterative algorithm for continuous pseudo-contractions in Banach spaces[J]. Nonlinear Anal., 2009, 70: 4039-4046.

[116] 周海云. 不动点与零点的迭代方法及其应用 [M]. 北京: 国防工业出版社, 2016.

索　引